生命科学の近現代史

廣野喜幸＋市野川容孝＋林真理 編

The Modern History of Life Sciences

keiso shobo

はじめに
——生命科学・医学の歴史を知ることの意味

編　者

現代は、バイオテクノロジーの急速な発達や医療技術のめざましい進歩が見られる時代である。生命についてのさまざまな謎が次々に解決されると同時に、私たちの豊かさ・幸福・福祉などのために、生命はますます操作され利用されるようになってきている。

そういった現状は多くの問題も生み出してきた。問題はまず、生命観や倫理観の混乱に見られる。生命(いのち)をどのようなものとして理解・把握し、それにどのような価値を与えるべきなのかをめぐってさまざまな、「倫理的」と言われる問題が生じている。また、「自然」の効率的な利用が取り返しのつかない自然破壊を生み出す、病気を治すための医療が人間の人工的な改良へとつながる、食糧増産が貧富の差のいっそうの拡大を導く、といったような社会的な問題も生みだされている。

こういった事態からわかるように、生命科学・技術をめぐる問題は、現代における思想的問題・社会的問題の大きな部分を占めるようになったのである。現代が、生命科学に大きな飛躍が見られ、それが人々に大きな影響を与え、さらに問題を投げかけている時代であることは、誰もが認めることだろう。

これらの問題を考えるためには、生物学あるいは医学などが、どのようにして今のような状態にまでなったかという歴史を知ることが必要になってくる。というのも、近年急速に現れたかに見えるさまざまな問題、たとえば環境の中での人間のあり方についての問題、医療技術をどのように開発していくべきかという問題、人間の生物学的性質についての知識と社会制度の問題などは、単に近年のみの問題ではなく、それぞれ長い歴史をもっているからである。そういった問題にどのように対処し、またどのように問題を解決していったらよいのかについて考えるために、歴史的な観点から考察することは、今後ますます重要になっていくに違いない。二一世紀には、バイオテクノロジーが巨大な産業になると言われているし、現にそうなりつつある。また、国民医療費も相変わらず伸び続けており、医療はますます重要な産業になりつつある。そういった科学・技術の歴史性が問い返されるのに今ほど相応しい時はないだろう。

もちろん、これまでも生命科学・医学の歴史について、すぐれた研究が行われてきている。その主な目的は、現在の学説の由来を描くことを目標とし、時代ごとに見られる生物についての科学的知識の積み重ねを明らかにすることであった。いわゆる、学説史、科学思想史、内的アプローチである。ここで、科学史研究における内的アプローチ（インターナル・アプローチ）と外的アプローチ（エクスターナル・アプローチ）について、簡単に説明しておこう。科学史研究ではもちろんある科学的成果、たとえばダーウィン（Charles Robert Darwin 一八〇九―一八八二）の進化論を研究の対象とする。このとき、まず学説史の面からの研究アプローチがありうる。ダーウィンが進化論というアイディアを得るにあたり、ラマルク（Jean-Baptiste de Lamarck 一七四四―一八二九）からどの程度の影響を受けた（あるいは受けなかった）のだろうか。これはラマルクの進化論という学説とダーウィンの進化論という学説間の関係を調べる典型的な学説史の研究と言えよう。

次に、科学思想の側面からアプローチする方向性もある。生命の見方にはそれまで生気論と機械論の対立があったが、機械論的な方式で進化を見事に説明しきったところにダーウィンの新機軸があった云々……。生物を機械と見なすべきか否かは一般の人にとってはさして関心事であるまい。したがって、生物を機械と見なすべきか否かは、一般思想というよりは特殊な生命思想、科学思想の次元に属する。かくして科学思想史の上にダーウィンの進化論を位置づけようとするタイプの研究もある。

第三に、科学思想はそれのみが孤立しているわけではなく、広く一般の社会思想と連携をもっている。ダーウィンの時代のイギリスには、自然の研究から神学を構成しようとする人々がいた。自然の精巧さを解明することは、その製作者である神の御業を明らかにすることであるとする、科学思想の枠内に収まらない一般的なテーゼが存在したのである。ヒトがサルから進化したという考え方も、一見聖書への離反には見えるが、当事者意識にあっては、必ずしも神自体への反逆ではなかった。ダーウィンの初期研究を導いたのもこの一般テーゼであって、機械論的・無神論的進化論を確定したのは、「改心」後であった。このように、ある科学説を広く一般思想に結びつける研究法も存在する。

第四に、ダーウィンは進化論の提唱として高名だが、「進化学」の研究者ではなかった。というのも、当時は進化学なる学問分野は成立していなかったからである。彼は博物学者であった。大航海時代からダーウィンまでの時代は、資源獲得のため海外の生物調査が社会的に要請されていたのであり、そのため博物学の知識も爆発的に増えていった。そうした知識の蓄積があってはじめてダーウィンも進化論を着想し得た。こうした議論は、科学者集団に及ぶ社会的影響を扱うものであり、「科学の社会史」および「科学者集団の社会学」と言われる。

最後に、ダーウィンの生きた時代は、自由競争、資本主義の盛んであった社会であった。そこでは競争が社会改善のための方策として重視されていた。こうした一般思想が広く浸透しはじめていた状況があってこそ、ダーウィンも生存競争概念を確定しえたとする見解もある。こうして、科学者集団のあり方が社会から規定されるだけでなく、科学的な知識そのものさえ社会から規定されるのだとする立場もあり、こうした立場からの説明法は「科学知識の社会学」と呼ばれる。

もとより、これで科学史のアプローチが網羅されているわけではない。それでも、学説史・科学思想史・一般思想史・科学の社会史・科学者集団の社会学・科学知識の社会学といったさまざまなアプローチの存在を指摘できるのである。こうした中で、前者であるほど、視線は科学者集団の内部にのみ注がれることになる。後者であるほど、科学者集団外にも目配りしなければならないことを意味する。それゆえ、前者のアプローチは内的アプローチ、後者のそれは外的アプローチと言われることが多い。ただし、こうした呼称は便利ではあるのだが、内的アプローチと外的アプローチが截然と区別できるわけではないことは注意を要する。また、学説史のみを内的アプローチとする者もいれば、学説史・科学思想史・一般思想史を内的アプローチとする者もいる。

科学における学説に影響を与えるのはもっぱら他の学説であり、他のタイプの研究は無意味であるとする者もいる。進化論を例に取れば、進化学の泰斗であり、進化学史にも造詣が深いマイアー(Ernst Mayr 一九〇四年生)はこの立場に近く、主義としてのインターナリストと言えるだろう。対照的に、科学説は外部からの影響が圧倒的に強いと考えるものもいる。「相対主義者」「社会構成主義者」「社会構築主義者」と言われる人々がこの立場をとる、主義としてのエクスタナーリストであることが多い。昨今話題になったサイエンス・ウォーズは、主義としてのインターナリズムか主義としてのエクスタナーリズムかが、対立軸の一つであった。穏当な立場の研究者はすべてのアプローチがさしあたり試みられる価値を有するのであって、どの要因がもっとも影響力をもつかは、個別対象ごとにさぐるべきであると考える。外的アプローチの重要性を認めながらも、自身の研究はもっぱら内的アプローチをとる方法論的なインターナリストもいれば、その逆もある。

前述したように、これまで生命科学・医学史については、多くのすぐれた研究がある。こうした研究に基づく、日本語で書かれた一般向けのすぐれた通史もわれわれは何冊かもっている。しかし、今ここで、便宜上、学説史を内的アプローチ、それ以外を外的アプローチに区分するとすれば、これらはいわゆる内的アプローチによる成書が多かった。しかし、ここ最近、まったく別の角度から生命科学・医学の歴史に挑むアプローチが進んでいる。こういった新しい切り口や手法を取り入れることによって、歴史は新たに書き直されつつある。

学問史の基本は、その学問においてどのように学説が洗練され、成長し、現在に至ったかを探ることであった。これは、ある意味で当然である。そのため、生命科学・医学論、生命科学・医学史においても、偉大な研究者たちの業績、現在から見て重要な研究の現在に至るまでの流れなどについて整理がなされてきた。つまり、内的なアプローチによる研究が先行してきた。しかし、ともすればそれは、普遍的な真理を人類がいかにして獲得してきたかといった話に偏しがちであったと言えるだろう。だが、現在の科学論では、科学的知識といえども、その時代の社会と深い相関関係にあることが明らかにされている。いわゆる普遍的真理は、社会から超越したものではない。

総じて、新たなアプローチや後記の諸分野への関心は、学問の正しい発展という視点ではなく、むしろ同時代の思想や制度といったことと関連づけて考える視点、エクスターナルな問題意識から生じてきているのである。こうした動向を受けた本書の構成を簡単に述べると以下のようなっている。

現在、私たちは、一定の了解のもとで、ある社会制度のうちに、生命科学・医学をとらえている。

そうした了解にどっぷりとつかっている私たちには、その了解がしごく当たり前のものにしか見えず、ことさら問題視することはまずない。しかし、かつて、今から見ると非常に特殊な、キリスト教的文化背景をもった生命観が存在した（第五章）。そうした生命観について、そして、その歴史について知ることは有意義であり、私たちの生命観や生命科学・医学に対する了解を反省する契機を与えてくれるだろう。そして、生命観とそのときの社会のあり方にいかに深い関係があるかも教えてくれるだろう。

かつて生命思想は生命研究のあり方に深い関連があった。今日では多くの研究者が一定の生命観を共有するようになったため、われわれはそう気づかない。だが、システム論、特に生命システムの研究においては、そして、生命倫理の領域においては、生命思想が今日でも深い関わりを保っている。現在の科学もやはりある生命観に依拠している。この科学的な生命観はそうした生命思想の一つなのである。こうした科学的な生命の見方やそれを元にしたさまざまな医療技術、生命技術が社会に受容されるようになるには、研究を推進するシステムおよび教育や普及のための制度が存在しなければならなかった。したがって、生命科学の発展は、一九世紀以降の先進諸国家がそれを重要なものであると認めて保護、援助してきたものであると言える。そういった、学問の社会的側面にもまた、私たちの注目は向かわなければならない。だが、生命科学・医学は社会から規定を受けていただけではない。また、生命科学・医学において確立されたモデルが社会をも規定するのである。われわれはこうしたダイナミズムを理解する必要がある（第一章―第四章）。ここまでがいわば総論であり、第一部に相当する。

次に、人類学史（第六章）、優生学史（第七章）、環境史（第八章）、性科学史（第九章）といった個別領域を論じた各論が続く。これらが第二部に相当する。

先にも述べたように、近代的生命科学・医学はある了解のもとで生命を眺める。近代的生命科学・医学が成立すると、そうした視線が私たち人間にも注がれるようになったのは歴史の必然であった。近代的人類学の誕生である（第六章）。そうした成立当初の人類学は、今日から見ると、白人による他人種差別に満ちあふれたものであった。普遍的真理を標榜する近代科学が、なぜ露骨とも言える差別を内包させていたのだろうか。その思想的前提とは何だったのだろうか。

また、優生学のように一時期は隆盛を極めたが現在では消滅したかのように一般には思われている分野がある（第七章）。しかし、遺伝子診断や遺伝子治療といった最先端の科学技術をめぐって、新優生思想が台頭しつつある。このような事態をわれわれはどう考えればよいのだろうか。優生学史の検討がわれわれに手がかりを与えてくれるだろう。

生命をシステムと捉える発想においては、細胞によって成立する人体を個人の集積である社会に、あるいはその逆になぞらえながら、認識が発展してきた（第一章—第四章）。そういった社会思想との関係で、生命の見方の歴史が問題とされた。その際、対立の基本的枠組みとなったのが、社会を人体になぞえようとする全体論的な社会有機体説と、人体を自律した構成要素からなる社会としてとらえようとする機械論的発想である。こうした枠組みは生態系なる概念が確立される際の背景でもあった。環境思想が発達するに際しても、生態系なる概念がそうであったように、そのときその ときの生命観・人間観・環境観・社会観に大いに左右されている（第八章）。

人類学史同様、「性」に関する科学は西洋社会がもっている特殊な価値観を背景に成立していた（第九章）。

これらの各論は対象に応じた区分であった。しかし、学的探求は自らの探求方法に応じた区分ももっている。生物学史・医学史において、近年有力なアプローチにフェミニズム科学論とエピステモロジーの二つがある。第一〇章・第一一章はそれぞれが扱われている。この二章は、方法論に関する第三部を構成する。

右記の記述からもわかるとおり、本書では、医学・公衆衛生・性・差別・「人間」の誕生といった話題が大きく取り上げられている。そして、慧眼な読者ならお気づきのように、これらのテーマはフランスの思想家・哲学者フーコー（Michel Foucault 一九二六―一九八四）が探求した領域でもあった。今日の生命科学・医学論、生命科学・医学史に与えたフーコーの影響はきわめて大きい。しかし、フーコーが知の巨人だとしても、彼は突然変異的に現れたわけではない。カンギレム（Georges Canguilhem 一九〇四―一九九五）などのいわゆるフランスのエピステモロジーによる科学論・科学史の伝統を享受し、そこから大きく羽ばたいていったのがフーコーなのである。フーコーを含め、フランスのエピステモロジー流の発想法を知ること（第一一章）は、現在の生命科学・医学論、生命科学・医学史の動向をよりよく理解することを可能にしてくれるだろう。エピステモロジー（科学認識論）流の科学史研究は、内的アプローチと外的アプローチに分けるとすれば、内的アプローチに属する。前述したように、本書はおおむねエクスターナル・アプローチに基づく近年の研究成果を紹介することに主眼が置かれている。しかし、概念史という分析枠組みによるエピステモロジー流の研究アプローチはすぐれて独創的であり、生物学史・医学史に関心をもつ者なら、そうしたアプローチを理解しておく必要がある。

最後に本書の題名について一言。『生命科学の近現代史』なる書名は必ずしも内容を的確に表してはいないのではないかという疑念を招くおそれなしとしない。いささかの注釈が必要であろう。まず、近現代史と言いながら、その内容は中世の生理学や自然誌学にまで及ぶ。われわれは日々歴史を講じているが、そこでぶつかる困難は、我々が近代的システムにどっぷりと浸かっている点にある。近代的システムの特徴を指摘しても、それが至極当然な前提の中で暮らしている聞き手からすると、なんでわざわざ当たり前なことを大仰に言い募るのかといった感想しか持ち得ない事態がしばしば生じる。近代的システムとは異質な世界を想像力豊かに十分遊んでもらった上でないと、それとは違う特徴をもつ近代的システムをまさに近代が実現したことの歴史的意義をよく理解してもらえない。近現代史を知るためには、異質な世界（本書では近代の直前である中世）を知ることが必須に近い作業になる。それゆえ中世の生理学や自然誌学の議論にも力が注がれているのだが、中世から近現代を平板になぞっているわけではなく、主力は確かに近現代史におかれている点は、本書の構成を繙けば容易に知ることができるだろう。

次に生命科学という名称について一言述べておきたい。生命科学という言葉には少なくとも二つの意味がある。英語にしたときに、単数大文字で Life Science と表現すべき意味と、複数小文字の life sciences で表される意味の二つである。単数大文字で英訳されるような生命科学は、生化学や分子生物学の発展を踏まえて、それらの分野が中核をなすような生命研究、しかしそうした生命研究がもたらす社会的影響まで研究対象にしたような分野を含意する言葉として一九六〇年代以降用いられるようになった。あるいは『生命科学の近現代史』という書名は、この意味での生命科学の近現代史、とりわけインターナショナルな近現代史(要するに生化学・分子生物学を主としたインターナル・ヒストリー)が扱われている印象を与えるかもしれない。例えば、ホプキンス(Frederick Gowland Hopkins 一八六一—一九四七)・ワールブルク(Otto Heinrich Warburg 一八八三—一九七〇)・サムナー(James Batcheller Sumner 一八八七—一九五五)が取り上げられている篠原兵庫『生命科学の先駆者』(講談社学術文庫、一九八三年)の生命科学はこの用法だとみなされよう。

この意味での生命科学という概念はせいぜい四〇年の歴史しか持たない。われわれの現在のこうした用法を、そうした概念がなかった過去に遡らせて用い、あたかも過去も同様な概念のもとで研究が営まれていた印象を与えるとしたら、歴史学としてそれは端的に誤りである。過去の営みを過去がもつ文脈にあたうかぎり忠実に甦らせることこそが歴史学であろう。我々としてもそうした端的な遡及的誤用をおかすつもりは微塵もない。書名中の生命科学は、この意味での生命科学ではないことはここでお断りしておきたい。(また、インターナルな近現代史については他日を期したいというのが我々の願いである。）

複数小文字で英訳される生命科学は、医学や生物学などの、生命を対象とする諸科学一般、要するに今日いう生命系の諸科学を表す言葉である。確実にいえるのは、近代初期に存在したのはあくまでも医学や生物学などに包摂される個別分野であることまでである。それらが生命科学としていつから一括してまとめられるようになったかは別途歴史的探求が必要となる。もしこの意味で生命科学も近代初期に存在しなかったとするなら、厳密にいえば、この意味でも、生命科学の近現代史という言い方は遡及的誤用をおかしている可能性がないとはいえない。しかし、学問的厳密さを過度に追求して、『解剖学・生理学、臨床医学、自然誌学、生物学、生物医学、生命科学の近現代史』と銘打つのは煩わしすぎるだろう。それらをまとめた呼称として、生命系諸科学を採用し、『生命系諸科学の近現代史』とする手もあったかもしれない。しかし、木村陽二郎『原典による生命科学入門』（講談社学術文庫、一九九二年）等に見られるように、今日の視点からすると生命系諸科学とされる分野をまとめて生命科学とする呼称が現に流通していること、および簡潔さを考慮し、最終的に『生命科学の近現代史』とするに至った。遡及的誤用を常に念頭に置いておけば、大きな過ちをおかすおそれは低いであろう。読者におかれては、生命科学という言葉で遡及的誤用に誤導されないようにお願いしておきたい。

本書は先に述べたように、視点の上でも方法の上でも新しい近年の科学史研究の成果を用いつつ、現代を生きる私たちにとって重要な歴史的事項と歴史の見方を整理した、入門的な書物として編まれた。ただし、生命科学・医学史に必要な知識を網羅的に挙げたものというよりは、こういった分野の面白さを示すために、現在アクチュアルな研究が行われているトピックのいくつかを各章に配置して、それぞれ独立に読めるように編んである。もちろん、同時にそれらの裾野を学ぶことで、全体として間接的に歴史の流れも知ることができるようにもなっている。

本書はまた、大学などの生命科学・医学史の講義にも用いることができるような構成が目指されている。近年の大学の講義では、通年講義は少なくなり、半年実質一三回程度の授業が行われるのが普通だろう。一回をガイダンスに当てたとしても。本書の一一章をゆうにこなせる構成を目指した。あるいは、いくつかの章をとりあげ、それぞれに二ー三回の授業を当てる方式もあるだろう。活用していただければ幸いである。

なお、進化論史・進化学史を直接扱う章は、本書には存在しない。これらは、生物学史において最もよく研究されてきた分野であり、その蓄積は膨大である。「ダーウィン産業」の名まで奉られているほどである。進化論史・進化学史には、総合学説の成立、進化学と創造科学の対立等、ダーウィン以外にも扱われるべきテーマも多い。もし進化論史・進化学史を正当に扱うとしたら、その分量は、一章ではなく、本書と同じくらい必要であろう。進化論史・進化学史の成書については、他日を期したいと思う所以である。

また、参考文献に関しても、本書を踏み台にして学習できるよう配慮した。この本を手にした方々には、ぜひこういった分野の歴史に関心をもち、問題意識を共有してもらいたい。それが編者の願いである。

生命科学の近現代史／目　次

第一章　近代生物学の思想的・社会的成立条件

林真理・廣野喜幸

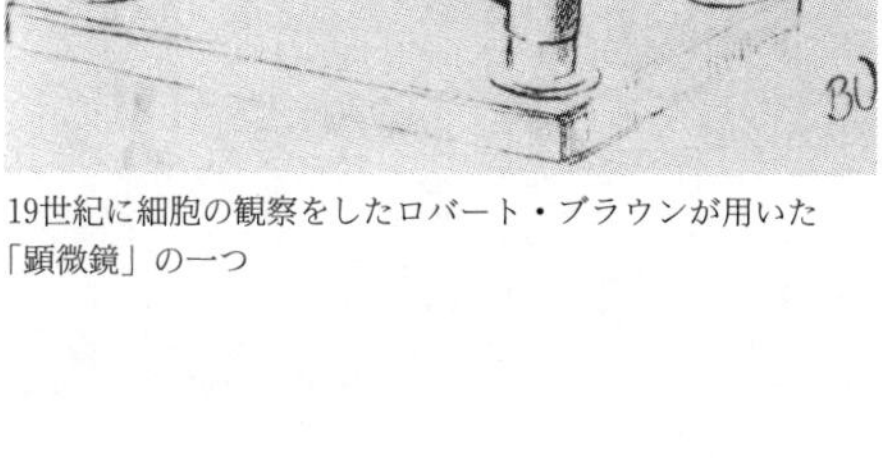

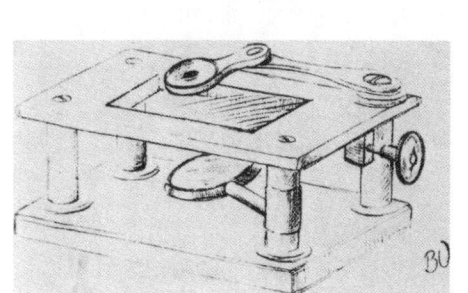

19世紀に細胞の観察をしたロバート・ブラウンが用いた「顕微鏡」の一つ

第一節　生命科学・技術の成立過程——四つの領域

私たちは、自分自身を例に「生きている」ということがどういうことかを感じることができる。また、ともに地球上に暮らす他の生き物についても、いろいろと知ることができる。しかし、そういった生物・生命に関する素朴な知識を積み重ねていっても、必然的に現在のような生命科学が導かれるわけではない。また、単にその積み重ねが応用されることで、現在の生命技術が生じたわけでもない。たとえば、古代や中世にも生物・生命に関する知識は積み重ねられていたが、そこで生まれたのは現在の生命科学とは異質な知識体系であった（第五章参照）。生命について考える私たちの考え方の中に「科学的」なものが生まれ、また私たちの社会がその生命の科学を求めるようになって、初めて生命科学・技術が導かれたのである。つまり、生命の不思議を研究しようと考える研究者集団や、その知識を利用しようとする社会があってこその生命科学・技術だと言えよう。

現在の生命科学がもつ思想的・社会的な条件が獲得されていく過程は、（A）「生物学」の成立、（B）物理・化学的な手法の導入、（C）生物学の社会的認知と制度化、（D）生命科学・技術の進展・産業化の四つの領域に分けて考えると見通しがよいだろう。（A）―（D）における四つのプロセスは、互いに重なり合いつつ、しかし大勢としてはそれぞれ順に、一九世紀から二〇世紀にかけて、主にヨーロッパそしてその他の現在先進国と言われる諸国で生じたものであると言える。ここであらかじめ、（A）—（D）の枠組を簡単に示しておくと以下のようになる。（この分け方・考え方は、歴史を大枠で捉えるための一つの大きな枠組みに過ぎない。したがって、この分け方がすべてと言うわけではないことはあらかじめ指摘しておきたい。）

（A）「生物学」の成立（一九世紀初—中葉）

まず、生命一般という対象領域が存在すること、次に、そうした生命一般が示す生命現象には一定の規則性があること、つまり、生命＝有機体が、ある決まった法則にしたがった（合法則的な）振る舞いをすること、さらに、その法則は、生命現象に固有のものであるという確信が生まれる。それは、「生物学」という分野の成立を意味していると言える。

（B）物理・化学的な手法の導入（一九世紀後半—二〇世紀初）

次に、生命現象の規則性が、すでに発展していた物理学や化学の方法によって解明されることが確信され、実際に次々に明らかにされていく。生命＝有機体を構成している元素の種類に始まり、有機化合物の構造、細胞内での化学反応のプロセスなどが次々に明らかになっていく。

（C）生物学の社会的認知と制度化（一九世紀後半—二〇世紀中葉）

そういった多くの知識は、社会的な有用性を認められるようになる。生命＝有機体に関する事実やその法則を知ること、それらの知識を上手に応用して自然環境や、あるいは私たち自身の身体を改変することが、社会にとって重要なことであるとされていく（社会的認知）。たとえば、近代国家においては公衆衛生政策が推進された。国家の発展は、国民の健康に基づいているとされ、医学知識の発展と、それに伴う医療の発展が必要なものとされた。また、食糧政策上の見地から農産物を増産するため、生物に関する知識が導入された。そして、これらの知識を得るための研究機関が設けられた。そういった結果として、国家による医学、生命科学研究の推進体制ができあがっていく(制度化)。

(D) 生命科学・技術の進展・産業化(二〇世紀前半以降)

生命に関する技術が、農業、医学の枠を出て、工業化される。それは同時に、国家の担っていた公共性をもつ医学・農学研究に代わって、むしろ企業による商品開発のための研究が行われるようになることでもあった。こうして、国家、企業、研究者集団が相互に依存しつつ、技術開発を推進する機構ができあがる。

以下、これらを順により詳しく見ていくことにしよう。

第二節　生物学の成立

前史

一八世紀末から一九世紀初頭にかけて、「生物学」の「成立」が起こったと言われる。それは、現代的に言えば「生命科学の近代化への第一歩」、あるいは思想史的には「ナチュラル・ヒストリーの終焉」などと呼ばれることもある出来事である。といっても、出来事の発生を示す特定の年を指定することはできないし、少数の人物や特定の地域にその始まりを帰することができるわけでもない。これは、西欧全体の生命を扱う研究において、徐々に浸透した出来事であると言えよう。ここで生まれた新しい考え方は、生命は一つのまとまった対象を示しており、そこには隠れた法則が存在していて、それは科学的に解明可能であるという、現代の生命科学ではあまりにも当たり前のことになっていて、あえて疑ってみようとされることもない考え方である。

ここで、あらかじめ、「生命」をめぐる言説の一九世紀以前の歴史を簡単に振り返っておこう。近代生物学以前の生命探求は、基本的に、（広義の）ナチュラル・ヒストリーであった(1)。ナチュラル・ヒストリーは、自然の事物についてさまざまな観点から記述を行う学問であった。この分野の起源は古代にまで遡ることが可能である。

まず、アリストテレス（Aristotelēs 前三八四―前三二二）の動物研究（『霊魂論』『動物誌』『動物発生論』『動物部分論』）やテオフラストス（Theophrastos 前三七二―前二八七）の植物研究（『植物誌』『植物原因論』）以来、今日言う「生命」に関する体系的知識を得る手段は、基本的に観察とその記載によってきた。観察不可能な部分は想像によって補わざるをえず、したがって、そこには今日から見ると荒唐無稽な話も混ざってくる。しかし、その一事をもってかつてのギリシャの生物研究が劣っていたとは言えないだろう。今日では観察以外に実験などの手法が増えたとはいえ、経験不可能な部分（超越論的成分）は想像によるしかないという構造は、現在と変わりはないからである。

ローマ時代になると、自ら観察せずに、他者の本を参照・引用・整理するのがナチュラル・ヒストリーの主な作業になる。つまり、ローマ期の（広義の）ナチュラル・ヒストリーは、ブッキッシュな様相を濃くしていったと言えるだろう。その集大成がプリニウス（Plinius 二三／二四―七九）の『博物誌』（七七年頃）である。彼は、動物・植物のみならず各地のさまざまな地質や地形についての（「誤った」ものを含んだ）伝聞情報を残している。

その後、キリスト教が支配的になるにつれ、「生命」に関する言説は、キリスト教の教義に基づく寓意を表現するものになっていった。中世においては、自然の観察という要素はさして重んじられなくなったのだった。フィジオロゴスと呼ばれる、純粋な観察記述だけではない生物に関する「物語」的な記述（第五章第六節参照）が、その後ナチュラル・ヒストリーという分野の歴史を支配することになる。

しかし、こうした性格を打ち破る要素が、キリスト教自身の中に胚胎してもいた。それが自然神学である。近代分類学の創始者と言われるリンネ（Carl von Linné 一七〇七―一七七八）[2]も、その動機は自然神学にあったという。自然神学において、自然は、聖書とともに、神に近づく非常に重要な手段である。自然に潜む秩序を明らかにすることは、神がこの世を創造した計画を明らかにすることであり、その秩序の素晴らしさを解明することは、神の御業をたたえることに通じたのである。こうしてリンネの『自然の体系』（一七三五年）が生み出された。

自然の秩序を明らかにするためには、個々の生物種が区分され、それらの位置づけが解明される必要がある。そして、個々の生物種を区分するためには、ひとつひとつの生物種が精確に認識されなければならない。リンネの分類学は、俗に「性の体系」とも言われる。これは、リンネの分類が、おしべやめしべの本数によっていたためである。彼の構想においては、おしべやめしべの本数が正確に数え上げられなければならなかった。こうして、自然の精密な観察が再び日の目をみるようになったのである。これが（狭義の）ナチュラル・ヒストリーの始まりである。

このようにナチュラル・ヒストリーの分野に大きな進展が起こるためには、かなりの時間を要した。大航海時代以後のヨーロッパでは新しい生物情報が大量に流入して、多くの研究者がそれに夢中になった。また、一七世紀には顕微鏡が発明され、微生物の存在が知られるようになって、ナチュラル・ヒストリーはその世界をミクロな領域にも拡大していった。だが、こういった研究活動の段階においても、キリスト教が大きな影響を与えていた。そしてその場合、研究対象である生物は「被造物」として観察された。たとえば、一七世紀の著名なイギリスの研究者ジョン・レイ（John Ray 一六二七頃―一七〇五）は、自身の研究対象を「被造物に具現された神の叡智」であると述べている。

ナチュラル・ヒストリーの研究は一八世紀に最盛期を迎える。この時代のナチュラル・ヒストリーは、観察記述を重視し、知識の蓄積を目的としていた。自然界のさまざまな事物は、整理されて報告された。この時代の研究は、伝承報告を無批判に重ねた時代のものとは異なり、現在にも生かせるような知識の宝庫である。

また生物は、その生成（発生）のプロセスにおいてではなく、むしろ静的な形において注目された。生物は進化によって生じたものではなく、種ごとに神によって創造されたと考えられた。分類は外面的な形態から行われた。一八世紀の発生学には、「前成説」と呼ばれる立場がある。そこでは、生物の身体はあらかじめ小さな形でできあがっていており、その「展開」が成長であると考えられた。それに対して、生成に注目し、観察にとどまらず隠れた法則を見つけようとする試みが、新しい生物学を導くことになる。

生物学の成立

生物学の成立は、こうしたナチュラル・ヒストリーの終焉と並行して起こった。まず、「生物」という一つの領域があることがはっきりする。それまで、動物と植物は別の「世界」に属するものとされていた。これは、「自然の三界」という見方、すなわち自然は「鉱物界」「植物界」「動物界」に三分されるという見方によるものである。

今日の発想からすると、物質・物体は、まず生物と無生物に分かれ、その後の下位分類として、生物が動物と植物に区分される。いわば、動物と植物を分かつ溝は、生物と非生物を画する溝よりも、相当浅いのである。(3) しかし、「自然の三界」という見方においては、「鉱物界」「植物界」「動物界」それぞれの区分は同等のものなのである。こう見てくると、現在の発想と「自然の三界」のそれの違いが明確になるであろう。

動物と植物のあいだに根本的な分離があるとする考え方は、古代にまで遡ることができる。先にも言及した、動物学の祖と呼ばれることもあるアリストテレスは、すでに紀元前四世紀において、動物と植物の違いをはっきりと示している。彼は「霊魂論」（または「心について」）と呼ばれる著作において、動物の能力として感覚、運動の能力を挙げ、それが植物の能力（栄養、呼吸）とは区別されることを述べている。また、伝統的に植物学の研究は薬草研究という観点から行われており、そういう視点の違いが、必ずしも動物と植物を同じように扱わない傾向をもたらしていた。

「自然の三界」は、一八世紀に栄えたナチュラル・ヒストリーの基本的な考え方の一つでもあった。しかし、一九世紀初頭になると、「鉱物界」「植物界」「動物界」に代わって、「生物」「無生物」もしくは「有機物」「無機物」なる区分が基礎的な地位を占めるようになったのである。

また、かつて広く存在した考え方は、生命は科学的に解明できないというものであった。それは、次のような理由からである。「人間は自己の自由な意思によって動いている。少なくとも自分自身についてはそう信じている。そして、自分について、人間について言えることは、他の生き物についても同じであると想定することもできなくはない。そうすると、生物は自由意志にしたがって動くのであり、その意志は他者にとって不可知であるか、またはせいぜい共感によってしか理解できないものになる。」つまり、生命が科学の研究対象に相応しくないという考え方は、決まった法則というものが存在しないと考えるところから来ている。

しかし、一七世紀にニュートン（Isaac Newton 一六四二―一七二七）によって確立された古典物理学の成功などによって科学的な知識への信頼が高まり、一八世紀における諸元素の発見などによって生命現象解明のための手段も整いつつあった。また、生命を科学的に扱うことの哲学的な正当化（詳しくは第三章参照）もなされていく。一九世紀になろうとする頃、「生命の神秘」は科学によって払拭可能であるという見方が強くなっていったのは、無理もないことであろう。

右に述べたようなナチュラル・ヒストリーの諸前提に疑問を抱き、生命とはいったい何のことなのかと自問し、それにいろいろな解答を与えていった人々を仮に「最初の生物学者たち」と呼ぶことにしよう。彼らの活躍は、一八世紀末から一九世紀初頭にかけてのことである。ちょうど古代ギリシアにおいて、自然哲学者と後に呼ばれることになる人たちが自然に関する問を初めて立て、そもそも自然の始まりはいったい何だろうかと考えたのと同じようなものだと言えるだろう。たとえば、ドイツ語とフランス語で「生物学」という言葉が使われるようになったのは、一九世紀になる頃（現在に近い意味での文献的な初出は一八〇二年）のことであった。（英語ではもっと後になる。）それまで、動物学、植物学という言葉はあっても、生物学という呼び方はなかった。生命（bios）の学（logos）を意味するこの単語が登場したときに今で言う生命科学が誕生したのだということはできない。しかし、生命とは何かという「新しい問い方」をしたのが彼らであった。そういった人々の一人にドイツの医師トレヴィラヌス（Gottfried Reinhold Treviranus 一七七六―一八三七）がいる。トレヴィラヌスは次のように言う。

われわれの研究の対象は、生命のさまざまな形態とさまざまな現象であるし、また、その諸形態・諸現象が生じる際の諸条件と諸法則であるし、また、その諸形態・諸現象を生じさせる諸原因である。こうした対象に関わる科学をわれわれは生物学あるいは生命の科学と呼ぼう（Treviranus［1802］S.4）。

われわれはここに、動物・植物・鉱物といった従来の博物学・自然史（自然誌）に基づくカテゴリーではない、「生命」という「新しい問い方」を認めることができるだろう。また、同時に同様な構想を打ち出したラマルク（Jean-Baptiste de Lamarck 一七四四—一八二九）は、彼の著書『水理地質学』（一八〇二年）の中で、以下のように述べる。

生物学、これは地球物理学の三部門の一つである。これは生きている物体（生物体）に属する全てを含む（全てを対象とする）、あるいは、特に、生物の有機構成、生物の発展過程、生命運動の長期作用に結果する構造的複雑性、一つの中心に活動を焦点化することで特殊な諸器官を創造しその諸器官を分離する傾向性、などなどに関わる全てを含む（全てを対象とする）（Lamarck［1802］）。

トレヴィラヌスは、「生命」とは「力」であると考えた。自然は非有機的な自然と有機的な自然の二つの世界に分けることができ、その違いは働いている力の違いによるものであるとされる。有機的な世界に働いている力は「生命力（Lebenskraft）」と呼ばれ、その法則は非有機的な自然に働いている力の法則（＝物理学の法則）と違ってまだ発見されていないが、そういう一律の原因のもとに有機的な世界の現象が成立しているので、人々はその法則を発見するように努力すべきであるというのがトレヴィラヌスの主張であった。彼の著作『生物学』（一八〇二―一八二二年）は「有機的な自然の哲学」という副題をもつ、全六巻から成る膨大な書物である。その膨大さは、彼が有機体に関するそれまでの集積を大切にしていたことを意味している。しかし、トレヴィラヌスはそういった集積をただ無秩序に放り出したのではなく、自分自身が考案した体系の中に位置づけようとする。すなわち、それまでのナチュラル・ヒストリーの成果に秩序を与え、それを生物学という学問の形で再構成しようとしていたわけである。

このように生命の世界に何とか統一的な説明を見いだそうとする体系化の試みは、一八世紀末から一九世紀初頭に続出する。この時代には、生命とは、小さな球である、繊維である、原型である、といったさまざまな解答を与える研究者たちが存在した。しかし、これらは現代の観点から見ると明らかに間違っている。そういった人々に対して、生命とは細胞であるという今日と基本的に同じ答えを与えたのが、ドイツのシュライデン（Matthias Jacob Schleiden 一八〇四―一八八一）とシュヴァン（Theodor Ambrose Hubert Schwann 一八一〇―一八八二）である。シュライデンは論文「植物発生論」（一八三八年）において、シュヴァンは著書『動物と植物の構造と機能の一致に関する顕微鏡的研究』（一八三九年）において、それぞれ植物および動物に共通の構造および機能が存在しており、それは細胞とその形成であることを主張した。「すべての生物は細胞という共通の単位からできている」という細胞説の意味は、単に生物の微細な構造が詳細にわかったということではなく、すべての生き物が同じ基礎の上に存在していることと、そこには「すべての生物は細胞という共通の単位からできている」という秩序・規則性・合法則性があることを示したことであった。その後、細胞は生物を研究する基礎となる。すなわち「生命現象とは細胞の現象である」と理解されるようになる。たとえば、細胞分裂のメカニズムの発見は、発生、遺伝、生殖といった現象を説明することになった。「生命」という範疇に統一性があり、そこに法則性があることは、「力」あるいは「生命力」といった目に見えないものによるではなく、経験（観察）可能な「細胞」という物質的実体を基盤にしていることが定立されていったのである。

細胞説と同じような歴史的意味をもつ一九世紀の発見に、進化論がある。現存する生物は別の祖先となる生物に由来したものであるという考え方は一九世紀以前から広く認められていたが、一九世紀になるとすべての生物は共通の祖先種に由来するという「強い」進化論が徐々に広がっていく。ダーウィン（Charles Robert Darwin 一八〇九―一八八二）は、進化の仕組みとして自然選択説を提案することによって（『種の起源』一八五九年）、進化論を広めるのに重要な役割を果たした。この進化論は、すべての生物の単一の起源があるという意味で生命界に統一性があることを、そして、そこに自然選択という規則性があることを示すものであった。

現代の生命科学が前提としている重要な基礎的な考え方である生命の統一性という見方は、さまざまな試みの後に、細胞説と進化論によって一九世紀に確立されたと言える。あえて対比的に述べるならば、前者は空間的に、後者は時間的に生物の統一性を保証したと言うことができるだろう。

第三節　生物学への物理・化学的手法の導入

「科学」である学問とそうでない学問の区別という問題については、「科学哲学」という分野でさまざまな考察が行われてきた。ここではこういった抽象的な問題には触れないが、解答の一つとして「物理・化学的な説明を行うことが、生命現象の科学である」という考え方があることに注目しよう。この考え方は、おおよそ一七世紀の物理学の成立とともに始まり、一八世紀に元素についての知識が豊かになって化合物の知識が整うにしたがい強くなっていく。そして、生物学を立派な（まともな）科学の一分野にするという意図に沿ったものとして、多くの生命の研究者に共有されていった考え方でもあった。たとえば、シュヴァンはその著書において、細胞の形成の原理を結晶形成の原理になぞらえたことでよく知られている。（今日では誤りとされる。現在の理解では、「生命の起源」の場面を除くと、細胞は細胞からしか生み出されない。）結晶の形成は物理学・化学的に解明可能な現象であり、細胞形成もまた、結晶形成と同じように因果的に説明がつくはずだというのがシュヴァンの主張であった。生命科学の進展の一つの重要な要素は、まさに物理・化学的な手法の導入であったと言える。こういう手法を進めようとする態度は「(生命現象の物理・化学現象への)還元主義」と呼ばれることもある。

こういった考え方は、具体的にはまず物理学の手法であった「測定」「分析」「実験」という方法を、生命の研究にも用いるようになることに現れる。たとえば、医物理学派と呼ばれることもある一七世紀の一群の人々などは、筋肉の力や樹液の圧力など生命過程の基本的な測定を行って、生命現象を物理現象と同様に捉えようとする試みが可能であることを示した。さらに一八世紀になるとイギリスのヘールズ(Stephen Hales 一六七七—一七六一)によって植物の生長、蒸散といった現象が測定にかけられた。このように一七—一八世紀を通じて、いくつかの重要な試みはすでになされていた。

このような方法の生命現象への適用には、思想的な後ろ盾も存在していた。そういった根拠を与えた人物としては、デカルト(René Descartes 一五九六—一六五〇)の名前を挙げることができるだろう。デカルトはいわゆる「動物機械論」を主張し、生命現象を物質の働きとして理解する道があることを示した。まず、デカルトは粒子によって満たされた宇宙という像を描いて見せた。延長をもつ(すなわち空間を占める)ものとしては粒子がすべてであり、生物もそういった粒子でできているものであるから、物理学の法則に従わないはずがないという考え方がここから出てくることになる。こうしてデカルトは、精神の固有性を人間のみに帰すことによって、他の生物を機械になぞらえることができると考えた(4)。

もっと本格的に物理学・化学的な方法に基づいて生命現象の研究が行われるのは、一九世紀になってからである。それを中心的、先駆的に担ったのはドイツの研究者たちであった。一九世紀のベルリン大学教授ヨハネス・ミュラー（Johannes Peter Müller 一八〇一―一八五八）は、その後に続く多くの研究者に多大な影響を与えたことで知られる人物であるが、物理学と化学の成果やその方法を生物に適用するということを意図的、体系的に行った。ミュラーは、生体を構成している元素の分析を行い、神経を電気的に刺激する実験を行っている。そして、ミュラーの弟子であったヘルムホルツ（Hermann Ludwig Ferdinand von Hermholtz 一八二一―一八九四）は、ミュラーを受けて神経伝達の速度の研究を行う。その他、動物電気や、筋肉と神経の関係など、さまざまなテーマに対する取り組みがミュラーの後継者たちによって行われた。

また、その少し前に同じドイツのギーセン大学のリービッヒ（Justus Freiherr von Liebig 一八〇三―一八七三）が、食べ物と排泄物に含まれる元素の種類と量を分析して、生体内で起こっている化学反応を推測していた。リービッヒは、生物学者というよりむしろ化学者という立場から生命現象の解明に乗り出した人物ということができる。ただし、リービッヒの貢献は研究の内容だけに限らない。実験という手法を用いて研究を行うこと、実習によってその手法を学生に教えること、そういった研究・教育を行う場として、一連の実験装置をそろえた実験室を「学校」の形で準備するといったことを行ったのがリービッヒであった点も注目される。

医学の研究もまた、一九世紀に実験的な手法が導入され、大きな変化をとげた。それは、たとえばフランスの医学者クロード・ベルナール（Claude Bernard 一八一三―一八七八）によって行われた。ベルナールにとってむしろ人間の身体はその中身がはっきりとは見えないブラックボックスのようなものであった。したがってその中で起こっている化学反応を、物質の化学的変化を時間的に追うことによって間接的に明らかにしようという実証的な研究スタイルが特徴的であった。たとえば、消化に関わる内分泌現象などに注目した（第一一章第二節参照）。ベルナールが後世に与えた影響は大きい。

このようにいくつかの重要な成果が積み重なることで、生命現象の物理学・化学的な解明によせる信頼が大きくなっていく。それは、一九世紀末に起こった発生機構学において、最も特徴的に見ることができる。単純な構造の受精卵から複雑な生物ができあがっていく発生現象は、生命現象のうちでも最も解明が困難な、生命の根本に関わる現象であると考えられていた。ドイツの発生学者ルー（Wilhelm Roux 一八五〇―一九二四）は、その発生現象を因果的、力学的に説明できるはずだと考えて研究を進め、「発生機構学」（Entwicklungsmechanik）を構想した。実際にルーが残した業績は多くはなかったが、こういった意図は次の世代の研究者に引き継がれた。ドイツ生まれでアメリカにわたったレーブ（ロエブ、ロイブなどとも表記される）（Jacques Loeb 一八五九―一九二四）は、受精卵を物理的に刺激したり、培養液の物質濃度を変化させることで発生現象に影響を与えることができることを示して見せた。

二〇世紀になると、生命現象を物理・化学的に解明するというのは、単なる研究者の意図や希望ではなくなり、実際に当たり前のように次々に行われる具体的な研究となっていった。そういった中でも非常に重要な例として挙げられるのは、ワールブルグ（Otto Heinrich Warburg 一八八三—一九七〇）による呼吸現象の化学的基礎の解明である。呼吸とは、生物がエネルギーを得るために酸素などを取り入れて別の物質を排出する反応であり、それは生命に固有の非常に重要な反応である。それが、生体の中でどのような順序で進行しているのかというプロセスの化学的解明を行ったうちの重要な一人がワールブルグであった。このように生命を構成する分子を明らかにし、その分子が合成・分解されるプロセスを解明していく学問は「生化学」と呼ばれた。生化学は、現在でも非常に多くの研究者たちによって研究されている分野である。生命現象の化学的なレベルでの解明は、一九世紀に始まり、二〇世紀になって本格化し、今もとどまるところを知らず進み続けていると言ってよいであろう。

さらに、物質の化学的な分析に加えて、生命に固有な高分子化合物の構造を明らかにすることが目標となっていく。こういった学問は、「生物物理学」と呼ばれることになった。そしてその中で、特にDNAやタンパク質などの物質の構造を調べる学問は「分子生物学」と呼ばれることになった。物理学的な手法が生命科学に貢献したもののうち最も目立った事例は、ワトソン（James Dewey Watson 一九二八年生）とクリック（Francis Harry Compton Crick 一九一六年生）によるDNAの分子構造の解明であった（一九五三年）。DNA（デオキシリボ核酸）という非常に大きな分子が遺伝現象を担っているということは、肺炎双球菌を使ったエイヴリー（アヴェリー）（Oswald Theodore

Avery 一八七七―一九五五）の実験（一九四四年）などが明らかにしつつあったが、ＤＮＡがどのような分子構造をもつかは明らかでなかった。ワトソンとクリックは、二本の鎖が弱い力（水素結合）で結びついており、各々の鎖に四種類の塩基が並ぶことによって遺伝暗号が成立しているという分子モデルを、分子にＸ線を照射して得られた像（Ｘ線回折像）によって確信することができた。この手法は、その後も生物を構成する高分子の構造を明らかにするために用いられる。

現代では、遺伝子の発現、ホルモンの働き、免疫作用の仕組み、ガン細胞の形成など、いろいろな分野で、物理・化学的な理解が急速に発展しているが、まだまだ解明が待たれている部分も多い。生命現象が物理・化学的に解明されるということは、人間による操作が可能になることを意味している。たとえば、人体における化学反応が解明されてこそ、実際に効果のある薬が作れる。したがって、生命現象の物理・化学的解明は、生物学の知識を進めるというだけでなく、生命現象に人間が介入する力を得るということを示していると言えるだろう。

第四節　生物学の社会的認知と制度化

一八世紀末から一九世紀初頭に誕生した「生物学」は、すでに見たように大きな思想的、方法的推進力を得て、その後二世紀のあいだに長足の進歩を遂げた。しかし、これまで述べてきたような学問内部での転換だけが、生命の科学に起こった大きな変化のすべてではない。生命について研究することの社会的な意味が変化してきた点も見逃してはならない。すなわち、生命を研究することの有用性が社会に広く認められ、その研究が社会に一定の地位と役割を占めるようになる（社会化）。さらに、研究および教育の制度が整えられていき（制度化）、国家の支援と一体になって研究が進行するようになる（体制化）。そういった動きもまた、もう一つの面からの生命科学の確立として見ることが可能である。生命科学の社会史・制度史は、近年その重要性が訴えられているテーマである。

科学研究における制度と言えば、まず学会を挙げることができる。学会は、科学研究者による研究発表や情報交換の場として位置づけられる。そういった学会の誕生は、学問の確立の一つの段階を示しているということができるだろう。歴史的に見ると、科学研究は多くの場合個人的な興味関心から始まるが、それが単なる個人的な楽しみでなく、社会として認められるべきものへと発展する。そしてそうなるためには、社会におけるいろいろな認知承認の過程を必要とする。たとえば、どちらも一七世紀にその起源をもつ、イギリスのロイヤル・ソサエティー（「王立協会」と訳されることが多いが、「王認協会」と訳すべきとする意見もある）およびフランスのアカデミー・ド・シアンスは、（程度の差こそあれ）どちらも学問という営みが、国によって認められたということを意味していると言ってよいであろう。もっとも、この一七世紀の時点では科学一般が認められたのであって、必ずしも生命に関する学問の重要性が認められたわけではない。また、国家の方が積極的に援助するという体制でもなかった。

こういった学会が成立するまでは、そして成立してからもずっと、学問という営みは多くの場合大学（あるいは大学から離れた個人によって）で研究されてきた。西洋社会は、すでに一二・三世紀から大学をもっており、その歴史は長い。しかし、大学は、せいぜい医学、法学、神学という三つの学部のみを擁するのが普通であり、そこではそれぞれの学問の研究とともに教育が行われてきた（中世の大学については第五章を参照）。こういった大学において、生物に関わる学問は、医学の基礎をなす領域として重要性をもってきた。動物の解剖は、人体の解剖の参考にされてきた。また、植物学は薬草についての知識を明らかにするものであった。しかし一般的には、これらの実用的な三つの学問以外は哲学部といういわゆる「一般教育課程」で教育されていた。そして、現在自然科学と呼ばれ、「理学部」という学部で学ばれている分野の多くは、伝統的には「哲学」の範疇に属するものの一部とされており、重要な位置を与えられていなかった。

このように大学という場は、伝統的に自然科学とりわけ動物学や植物学を本格的に研究・教育しては来なかった。しかし、そういった中でも、ナチュラル・ヒストリーの研究は国家的なバックアップを得ることになった。帝国主義時代のイギリス、フランス等ヨーロッパの強国は、その強力な国家的力を使って、博物館を建設し、そこに世界のさまざまな物品（それには動植物以外のものももちろん含まれる）を収集しようとした。また、新たに自分たちのものにしようとする土地の調査が、植民地主義の国家において重要な意味をもつとされたことは想像に難くないであろう（これについては、第六章を参照）。新しい土地に進出することは、その土地から何らかの価値を収奪することを意味する。そのために、地質、気候などに加えて、（人間＝ヒトを含めて）どのような生物が棲息しているのかを調べ、その土地の「価値」を評価することが重要であった。こういう目的のため、ナチュラル・ヒストリー研究は国家にとって有用なものとして認識されるようになる。フランスでは一八世紀に植物研究が盛んになるが、これは王立植物園の存在ぬきには考えられないことであったし、その後一九世紀にかけてフランスで比較解剖学が発展した、とりわけラマルク（Jean-Baptiste de Lamarck 一七四四―一八二九）やキュヴィエ（Georges Léopold Chrétien Frédéric Dagobert Cuvier 一七六九―一八三二）といった重要な人物を輩出したのも、自然史博物館があったからこそであると言えよう。

また、一九世紀なってからも、ダーウィンがガラパゴス諸島で地理的隔離による変種形成の実例を見ることになったのは、地球規模での測量を目的としたイギリスの船ビーグル号の航海という絶好の機会を得たからであったと言えよう（進化論と社会のつながりについては第六章第五節および第七章）。さらに、一九世紀末に行われた英国海軍船チャレンジャー号による探検は、海洋および地球に関するさまざまなデータや地理的な知識を提供すると同時に、海洋の生物学に大きな影響を与えた。このように、西洋国家の膨張政策によって、生物学研究が援助されるようになっていった。

こういった科学研究と国家の関係の強化は、研究の側からの働きかけによるところもある。これは生物学だけではなく、他の物理科学の分野についても言えることであるが、一九世紀には研究が少しずつ大がかりなものになり、それまで以上に資金を必要とし、また研究における競争も激しくなっていく。このことを受けて、研究者たちが自分たちの存在を社会において、とりわけ国家に対してアピールしていくということが起こる。そのための組織であるイギリス科学振興協会（BAAS）、アメリカ科学振興協会（AAAS）といったものが設立されるのは一九世紀になってからである。フランスは、それらに先んじて国が理工科学校（エコール・ポリテクニク）を設けるなど科学の重要性を国家が明確に認識していた。そういう動きの中で、一九世紀はさらに科学の社会化が強化されることになる。以下、そういった例をいくつか挙げよう。

農業生産を向上させることは、近代的な都市が増えて、人口増加が起こっている一九世紀の西欧国家において非常に重要なことであった。そこでは、生産性を上げるための学問として、農芸化学が重要な意味を見いだされることになる。その代表的な指導者の一人が、すでに名前をあげたリービッヒであった。リービッヒは、「合理的耕作」を行うために、植物の生育には土中のどのような成分が必要かを研究していた。化学肥料、土壌改良の研究は、食糧生産という目的に基づいて組織化されたものであった。そして、逆にそういった目的に基づいて行われた研究の中から、さまざまな植物学上の発見が生じていく。

植物の遺伝について研究していた育種学、後にメンデル（Gregor Johann Mendel 一八二二―一八八四）を初めとする人々によって植物遺伝学として研究されていくことになる学問も、同様に国家の農業生産を向上させることに貢献するものとされて重要視されるようになっていった。植物の遺伝学的研究はよりよい食糧生産をあげるという目的のもとに発達した。そして、それと同時に現在では遺伝に関するさまざまな基本的知見が明らかになっていった。

遺伝学の重要性は植物研究にとどまらない。一九世紀末から二〇世紀初頭にかけて、国民のさまざまな状態（衛生状態、健康状態、教育など）を向上させることによって国力を高めたいと考える西洋諸国家において、優生学（詳しくは第七章を参照）が重んじられた。人間に遺伝学を適用しようというこの試みは、現在から見れば非常に夢想的、非倫理的で、したがって現実的ではないように見えるのであるが、当時は国家の支持をえたため、実際に有用な結果は残さないにしても遺伝学研究の発展を支えることになった。イギリスでもドイツでも、遺伝学のための研究所が国によって創設された。

ドイツのコッホ（Robert Koch 一八四三—一九一〇）が行ったような微生物学研究は、国民の健康を守るという公衆衛生政策のもと、流行病の予防という観点から推進されることになった。フランスで言えばパストゥール（Louis Pasteur 一八二二—一八九五）が同じような役割を演じている。パストゥールは、ワクチンによる感染症対策を研究して国民衛生に寄与し、家畜の流行病研究によって畜産業の科学的改善を提案し、酵母の研究によって醸造業に貢献した人物である。しかし、それだけでなくそういった貢献がフランスという国家にとって有用であることを宣伝し、さらに科学研究一般の国家的な価値を主張して、研究所の設立を国に働きかけた。

ドイツのヴィルヒョウ（ウィルヒョー、フィルヒョーとも呼ばれる）（Rudolf Ludwig Karl Virchow 一八二一—一九〇二）は『細胞病理学』（一八五八年）という著作で有名な医師であり政治家でもあった人物であるが、彼は細胞研究という医学の基礎が、国民の健康を守るということを通じて、どのように国家に貢献しうるかというモデル（社会医学）を明確にした人物として特筆するに値しよう。（ヴィルヒョウについては第四章を参照。）

医学という学問は、そもそも古くから医療の実践と結びついていたため、臨床経験という自然の実験場をもっていた。それらの臨床経験は、各医学者によって蓄積されてデータとなって残っていく。あるいは、病理解剖学も病気に関する知識を高めるのに貢献してきた。しかし、それらのデータは散発的なものであり、それらを系統立てて整理するのは難しかった。

それに対して、臨床データの組織化されない蓄積を超える試みが一九世紀になるころ始まっていく。これが「臨床医学の誕生」と言われる事態である。これによって医学研究が臨床と一体化する。現在でも大学病院や大病院は、臨床の場であると同時に研究の場でもある。臨床医たちは、特に珍しい患者、その病気のメカニズムがまだ十分に解明されていない患者、効能が十分に確立されていない薬品についてのデータを得ようとして、実験を組織する。特に早くからこういった面で成功を収めたのは、フランスのパリ病院であった。この病院は、その後の臨床研究型の病院のモデルとなっていく。国民の福祉に配慮する国家が研究と臨床の両方を推進し、臨床データの蓄積が研究をさらに推進する。国家間の競争がさらにそれに拍車をかける。そういった流れができあがっていった。

ここまで、ずっと西洋社会における生命科学の起源の歴史を見てきた。それに対して日本はどうだったのかということに、ここで少し触れておこう。生物学の知識の獲得という面に関して、日本には江戸時代まででも独特の蓄積があった。博物学的な研究が行われていたからである。しかし、この章で論じているような、一九世紀以後に西洋で誕生したような生物学が日本でも行われるようになるのは、明治時代になってからのことである。日本で最初の国立大学である東京大学が設立されたとき（一八七七年）、その理科大学内に動植物学科が存在していた。また、その他医学校や農学校でも生物学の教育はなされていた。これらは、明治政府の西洋学問輸入政策に沿ったものであった。このように、日本では近代化の初めから、生物学の研究と教育は制度化されていたと言える。生物学という科学が存在することは、西洋に学問の範を取った日本においては、自明なことであった。第二節、第三節で述べたような思想的な転換を日本生物学はあっというまに通過し（あるいはそれを経ないで）、ただちに社会化の段階に突入した。

国家と結びついて体制化した生命科学の研究は、強力な後ろ盾を得ることで研究資金を得、大規模に行われることになるが、それは研究内容が国の方針に左右されるということでもあった。たとえば、第一次世界大戦から用いられるようになった生物兵器の研究があげられるであろう。それは、国家との結びつきを強めることになった一つの大きな要因であったが、逆に生命科学の発展を後押ししてもいる。このような結びつきの結果、日本の七三一部隊の例でわかるように、人権を無視して行われた人体実験のような悲劇が起こったこと、しかしながらそれによっていろいろな知識がもたらされたことも見逃すことはできない。

第五節　生物学とテクノロジー

このように、一九世紀を通じて社会化、制度化され、二〇世紀になって社会の中にしっかりと一定の位置を占めるようになった生物学であるが、現代の生命科学という新しい段階に進むには、もう一つの転換が必要であった。それは、生命科学がただ国家の支援と統制を受けるだけでなく、産業界によって巨大な利益の源泉と見なされ、その追究が莫大な資本を投下される対象となり、結果として国家経済を推進する大きな力の一つにもなるという転換であった。これは、主に一九七〇年代以降に起こったできごとである。生化学そして分子生物学の目覚ましい成果を利用して物質生産を行う新たな産業は、主に医薬品、食料品といった私たちの生命活動の維持に貢献することを目的とするものであった。また、逆にそういった産業に牽引されることによって、新しい生命科学的な知識が生産されていくことにもなった。

もちろん、それまでも農業、酪農業、養蚕業、醸造業などにおいて、生物学研究の成果が生かされていなかったわけではない。寒冷地で発育可能なイネを育種によって開発するなどの植物の品種改良、微生物を利用した発酵技術など、さまざまな技術が生物学の知識に基づいて開発されてきた。しかし、それらは生化学的なプロセスについての詳細な理解に基づき、人工的に反応を細かく制御して行われたものではない。むしろ、自然界で生じている一連の物質生産のプロセスを巧妙に利用することで、結果として生み出される成果を期待するというものであった。それに対して一九七〇年代以降に起こったことは、自然の物質生産の速度を飛躍的に向上させ、本来ならば少量しかない物質を大量に生産したり、人工的な環境や物質配置のもとで自然界ではまず起こり得ないような反応を導くようにしたものである。また、第一次産業における生産拡大につながる研究は、食糧生産を確保すべき国家的なプロジェクトとして行われてきたのに対して、製薬産業、食品工業、化学産業などの基礎となる研究の多くは、その企業（それらは多国籍企業化することもある）において行われるようになっていく。

すでに前節で述べたように、伝染病予防の研究を初めとする医学・医療研究もまた、国民の健康を守る厚生政策の一環として前世紀から存在したものである。しかし、生命科学の発展はその医学・医療研究のあり方も変えていく。たとえば薬品は単に自然界から得られるだけでなく、人工的に合成され、大量生産される物質へと変わっていく。薬効は臨床経験的に確かめられるだけでなく、物質の化学的性質に基づいて判断されるものになる。検査法は、医師の経験と勘に頼るものから、生体データや試料の分析に基づく科学的なものになる。病気はその徴候と症状、予後によって理解されるだけでなく、その発病、進行、治癒などのメカニズムが化学的に解明されるようになる。こういった事態は、全体としてバイオメディシン＝生物医学の誕生と呼ばれる。この傾向は、研究の中身の上では「物理・化学的手法の導入」であり、すでに他の分野で徐々に進みつつあったものであったが、それが医療の分野で大きく進んだのは、二〇世紀の後半であると言ってよいであろう。

たとえば、こういった開発の中では先駆けであると同時に典型的なものとして、抗生物質「ペニシリン」の生産が例に挙げられる。一部の病原体に対してもっている効果から結核などの治療に用いられてきた抗生物質ペニシリンは、本来はアオカビなどが生産する一群の微量な物質であった。シャーレの中で培養していた細菌の増殖がアオカビによって抑制されることを偶然にも見いだしたフレミング（Alexander Fleming 一八八一―一九五五）の発見（一九二九年）がきっかけとなって、研究者たちは一群の細菌の成長を阻害するこの物質の正体をつかもうとしてきた。そして、アオカビの生成するさまざまな物質の中から、細菌の細胞壁の形成を妨げ、したがって感染症に対する薬効をもつペニシリンという物質が分離された。最初は少量しか手に入らなかったこの物質に対して、次には大量生産を行うための方法が考えられた。そして、生産にもっとも適切な株が選ばれ、大量に生産するための反応条件が整えられ、ペニシリンを分解するペニシリナーゼによる汚染から生産物を守る方法が考えられた。

このペニシリンの生産の例からわかるように、生命科学の知識によって、自然な化学反応のプロセスに対する人間の介入の度合いが強まっていった。工業的な薬品・食品生産によって、さまざまな製品が社会に送り出されていった。

たとえば、一九五五年に、植物の細胞分裂促進物質であるカイネチンが発見される。一九五六年には、ウイルスの増殖を抑制する効果のある体内物質であるインターフェロンが発見されている。これらは、生命機能調節の効果をもつため、生命現象を制御するために用いられることが予想された。そして、こういった生体内に微量に含まれる化合物の発見が、さらに次々に行われるようになる。それらは反応性などに基づいて分子式を決定され、X線回折などで立体的分子構造が見いだされる。そしてそれらを精製し(あるいは人工的に合成して)、その効果を把握し、有効に利用しようとする動きが見られるようになる。たとえば、植物ホルモンによって農業生産の可能性が広がった。医学においては、ホルモン、ビタミンを初めとしてその他微量物質の分析が進んでそれが病気の治療や健康の維持に用いられるようになる。

こういった傾向に対して、さらに画期的な役割を果たした手法が、組換えDNA技術であったと言える。DNAの分子構造についてはすでに述べたように一九五〇年代に把握されていた。それに対して、転写・翻訳などの仕組みがわかってくるのが六〇年代である。そして、七〇年代にはコーエン(Stanley Cohen 一九二二年生)とボイヤー(Herbert Boyer 一九三六年生)によってDNA組換えの手法が実際に用いられるに至った。これは制限酵素の発見、大腸菌のプラスミドの性質の研究などに基づいていた。その後組換え方法の多様化、またDNAの塩基配列決定の方法の開発もなされて、その後急激な発展を見る新しい技術の基盤が築かれた。

一九八〇年代に突入すると、こういった研究は新たな社会的環境のもとに置かれる。その環境は、一方では「遺伝子工学」と名付けられたこの産業を推進する装置であり、他方ではそれに対する制限、警告を与えるものであった。たとえば、インターフェロンやヒト成長ホルモンといった物質を、バクテリアに組み込んだDNAによって大量生産させる手法、特殊な性質をもつバクテリア(重油分解菌）などについて、それらが特許として認定されることになる。初めアメリカ合衆国で起こったこの事態は、生命操作技術というものを、私企業の用いる工業技術として国が認定していった過程を表している。

他方で、組換えＤＮＡ技術は初め、多くの社会的問題な問題を引き起こすように思われた。この技術によって生命の世界（または人間の世界）に人間の手で取り返しのつかない混乱（バイオハザード）をもたらす可能性が疑われた。一九七五年にアシロマにおいて生命科学の研究者たちによる会議が開かれて、組換えＤＮＡ技術の使用を一時凍結し、実験のためのガイドラインを設けるという方向が決められた。その後、各国がガイドラインを設けると、実際にはその範囲内で研究が推進されることになった。さまざまな産業への応用の可能性が拓けていることが判明し、またその危険性はそれほどのものではないと見積もられるようになると、研究は徐々に進み始め、さまざまな企業がその産業化に乗り出していった。

こういった中で、アメリカ合衆国という国とその国に由来する企業が、特に大きな働きをなしえたことは注目に値しよう。アメリカ合衆国は一九七〇年代になって、国として生命科学研究に多額の投資をすることを決意する。その目的の一つにはガンの制圧があった。しかし、それだけにとどまらず、遺伝子工学と高度先進医療を精力的に押し進めていくことになる。それを支えたのは、ベンチャー企業とそれに投資する資本家の存在、規制を排除して自由を尊重する経済環境と医療環境、世界貿易の取り決め時における強い発言力、科学技術の次代の展開を読んで投資する国家政策、産学協同体制によって産業に還元される研究を行う体制などである。こういったさまざまな社会的条件が、アメリカ合衆国をそのような姿に導いたということができるだろう。現代の生命科学の姿は、こういった社会構造の産物であると言える。

それに対して、特許権益のもたらす富がアメリカに集中すること、自由主義的貿易政策が各国独自の農業・医療政策を脅かすこと、などに対する批判も強くなってくる。そういった批判は、遺伝子情報を世界共通の資料としてオープンにするという成果を導くと同時に、遺伝子組み換え農作物をめぐる国家間対立も導くことになった。

二〇世紀の終わりにゲノム研究が一段落し、次は遺伝子からタンパク質の形成過程、そしてそれらの情報の相互作用としての有機体の発生・維持のメカニズムが解明されていくことになるだろう。それは、生命の法則を求めて、物理・化学的手法を極める研究の究極の姿である。また、そういった研究は、国際的な競争という環境の下で、国と産業界とが両輪となって推進されていく。現代の生命科学の姿は以上のように総括できる。二一世紀の生命科学は、さらに新たな一歩を進めていくことだろう。だが、最初に述べたように、そこにはいろいろな問題が付随する。それを解きほぐしていくためには、生命科学がもつ、今まで述べてきたような歴史的規定をふまえておくことが必要となるであろう。

注

（1）「ナチュラル・ヒストリー」の日本語訳については、自然誌、自然史、博物学などがある。そのままカタカナ書きされることもある。この世の万物を収集しようとした古代の試みから、自然の秩序に基づいた分類を行う科学的手法にまで広くこの名が用いられるため、論者によっては訳し分けられることもあるので注意が必要な言葉である。

（2）リネーがより原音に近い表記であると言われるが、リネーなる表記がまだ一般的でないため、ここでは慣習に従いリンネと表記しておく。

（3）これは一般的な、あるいは素人的な区分である。生物学者は現在、三ドメイン説や五界説をとっている。しかし、この場合でも、生物と無生物がまず区分され、その後で、生物が三つもしくは五つの主要なグループに分けられるのである。この限りでは、根本的発想は一般のそれとそう変わりはない。また、自然の三界説のさらに上に人間をおくならば自然は「四界」とされることになる。

（4）したがって、デカルトは還元主義の起源ではあっても、生物／無生物・有機物／無機物なる区分とは一線を画している。彼の根本区分は、延長と精神であった。詳しくは第三章第二節を参照。

文献（邦文）

総論的な本章の文献については、ほぼ「おわりに」にまとめたものと重なるので、そちらを参照されたい。

文献（欧文）

Treviranus, G. R. ［1802］ *Biologie, oder Philosophie der lebenden Natur fuer Naturforscher und*

Aerzte. Bd. 1.
Lamarck, J. B. de [1802] *Hydrogeologie*.

第二章　近代生物学・医学と科学革命

廣野喜幸

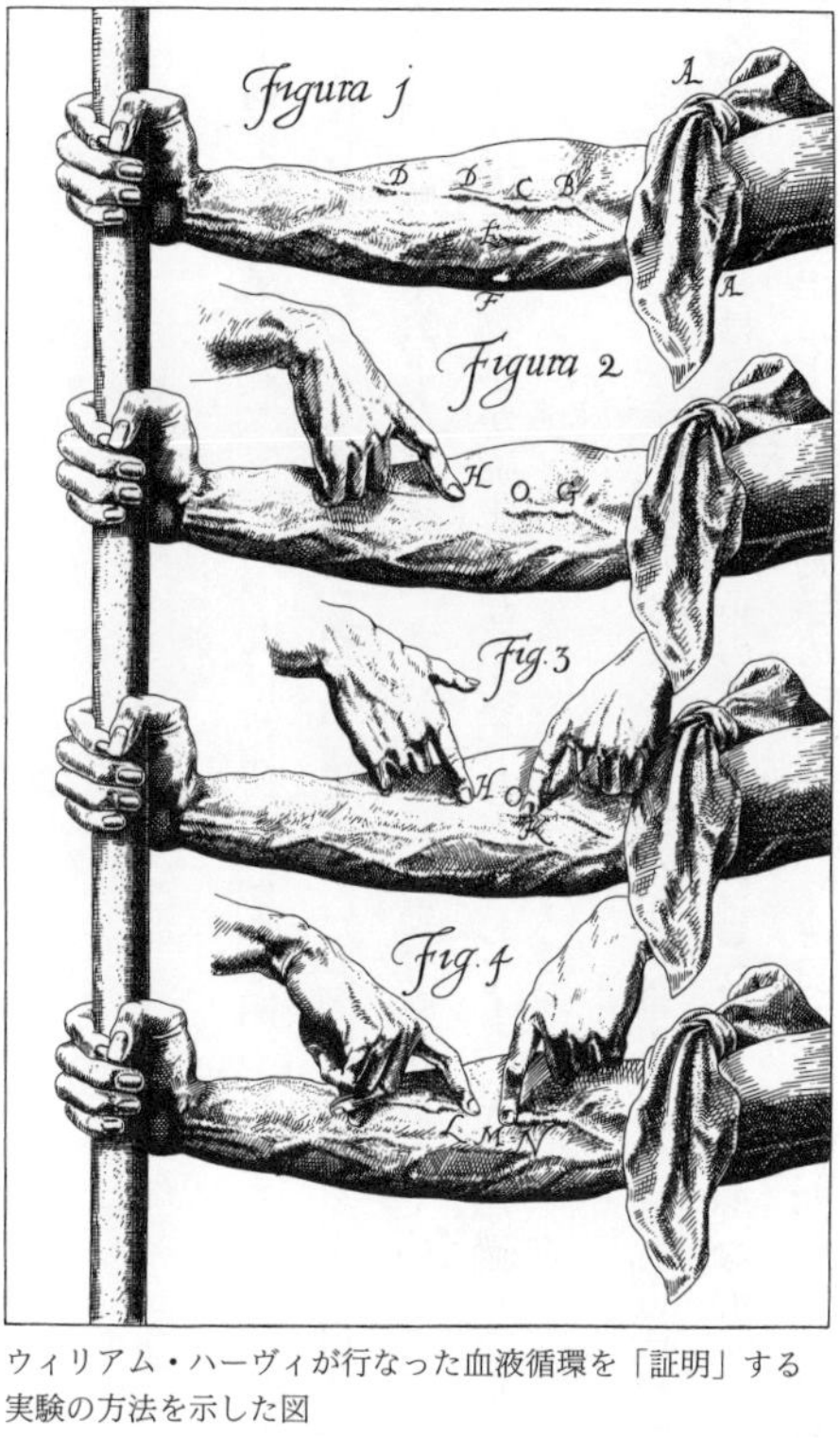

ウィリアム・ハーヴィが行なった血液循環を「証明」する
実験の方法を示した図

第一節　科学革命論

第一章でわれわれは、近代生物学の源泉（の一つ）を一九世紀初頭にまで遡った。そして、それ以前に生物学なる学問分野は存在しないこと、今日の生物学が覆っている領域は、およそ自然誌（史）学・博物学と医学の基礎部門（解剖学および生理学）という独立した分野が扱っていたことを知った。それゆえ、一九世紀初頭に近代生物学が誕生したと表現したとしても、大きな過ちを犯すことにはならないであろう。

だが、このような歴史観をとるとしたら、一九世紀初頭における近代生物学の誕生と「近代科学の誕生」の関係について触れておかなければなるまい。この点を明確にしないと、不要な混乱をもたらすおそれがある。たとえば、中村禎里による『生物学の歴史』は、今日われわれが比較的容易に入手できる、生物学の通史に関する質の高い標準的テキストであり、生物学史に関心をもつ者の必読書の一つであるが、そこでは、「近代生物学の成立」というタイトルをもつ章は一六―一七世紀に関する記述に当てられている（中村［一九七三→八三］第四章）。とすると、中村による『生物学の歴史』と本書をともに手にした者が、はたして、近代生物学の誕生・成立は、一六―一七世紀なのか、一九世紀なのかを疑問に思ったとしても不思議ではない。いささかの注釈を必要とする所以であろう。

歴史を時系列に沿ってたどっていくと、われわれはいくつかの時期の前後に、何らかの質的転換が起こっていることを認める。自然探求の歴史においても、質的転換があった時期がいくつか指摘されてきた。一六―一七世紀に最大級の質的転換が生じ、今日の自然科学の祖形が生み出されたのだ、自然科学の誕生は一六―一七世紀であるとするのが今日の科学史学の通説である[1]。哲学者であり科学史家でもあるコイレ（Alexandre Koyré 一八九二―一九六四）や歴史家バターフィールド（Herbert Butterfield 一九〇〇―一九七九）は、大要、一六―一七世紀に自然科学が誕生したこと、それは「科学革命（Scientific Revolution）」なる名称がふさわしい革命的・画期的出来事であったことを内実とする学説を提唱した。バターフィールドは『近代科学の誕生』（一九五七年）で次のように言う。

この革命は、科学における中世の権威のみならず古代のそれをも覆したのである。つまり、スコラ哲学を葬ったばかりか、アリストテレスの自然学をも潰滅させたのである。したがって、それはキリスト教の出現以来他に例を見ない目覚ましい出来事なのであって、これに比べれば、あのルネッサンスや宗教革命も、中世キリスト教世界における挿話的な事件、内輪の交替劇にすぎなくなってしまうのである（バターフィールド［一九七八］一四頁）。

周知のように、ヨーロッパ史は古代・中世・近代の三つに区分されることが多い。この区分は一七世紀末にドイツ圏の歴史家ケラリウス（Christophorus Cellarius 一六三八―一七〇七）などによって広められたと伝えられている。一般に西ローマ帝国の滅亡（四七六年）が、古代から中世への移行を示す指標と考えられている。また、中世と近代を分かつ時点は、国によって異なり、イギリスでは一四八五年、イタリアでは一四九二年で、ドイツ地方では一五一九年などとされる。いずれにせよ、一五―一六世紀のイタリア・ルネッサンスもしくは宗教改革という二つの歴史上の事件が、近代の開始点の指標とされることが多い。

しかし、バターフィールドによれば、中世と近代を分かつ大きな不連続線は一六―一七世紀の科学革命にあるのであって、この見方からすれば、イタリア・ルネッサンスも宗教改革も中世という時代区分内における、中世後期の一事件にすぎないということになる。科学革命概念は賛否両論を巻き起こした。バターフィールドのこうした歴史観の内実にどれほど賛同するかはさておき、今日では、一六―一七世紀に自然科学が誕生したこと、それが以前とは根本的に異なる発想法がもたらされたことはほぼ認められ、一六―一七世紀における自然科学の誕生を「科学革命」という術語で呼ぶことは、記述における便利さゆえに多用されるに至っている(2)。

しかし、自然探求における質的転換は何も一六―一七世紀に限られるわけではない。一九世紀前半にも、大きな質的転換があったとする説が提唱された（Bellone［一九七六］、クーン［一九八七］四三頁）。今日では、この学説もおおむね受容されている。かくして、一六―一七世紀の科学革命は第一科学革命、一九世紀前半のそれは第二科学革命と呼ばれる。

第一科学革命の特徴は機械論的世界観の確立など、いくつ指摘できるが、ここでは実証主義による自然探求の確立に言及しておくことにしよう。ローマ時代に活躍したプリニウス（Plinius 二三／二四―七九）の『自然誌』は森羅万象を扱っているが、その記述のもとになっているのは、他の著作か信頼できる人間からの伝聞である。プリニウス自身の経験も含まれていないわけではないが、基本的に『自然誌』はブッキッシュ（bookish）な性格な著作なのである。また、中世における医学は基本的にブッキッシュなものであった。

しかし、自身の経験に基づく自然探求というギリシャ科学に見られた態度が第一科学革命期に復活を遂げるのである。バターフィールドは、ヴェサリウス（Andreas Vesalius 一五一四―一五六四）の『人体の構造』（一五四三年）からハーヴィ（William Harvey 一五七八―一六五七）による血液循環の発見（一六二八年）に至る過程を、（第一）科学革命という一貫した歴史的事件の一部として描写した。ヴェサリウスの当時にあっては、ガレノス（Galēnos 一二九―一九九）の学説が標準医学説の地位を占めていた。そして、当時の医学は基本的にブッキッシュであったから、医学とはガレノス学説に関する注釈であった。人体の構造を知るためには人体解剖が欠かせないが、当時の医学者で自ら解剖するものはまれであった。理髪外科職人（第五章第四節参照）などに解剖させたが、それもガレノス学説を学生に具体的に示してみせるためであった。ガレノス学説の正しさを再確認することが解剖の目的であった。したがって、ガレノス学説の誤りを指摘することは、中世医学にとっても思いの外であったのである。

だが、ヴェサリウスは自ら解剖し、ガレノス学説の誤りを指摘してみせた。（そして、守旧派と争いが勃発することになった。）つまり、ヴェサリウスには、書物に記されていることと、現に自分の眼で見るという経験をしたことが食い違った場合、後者の方を尊重すべきだという新しい（われわれと同様な）態度が見られるのである。

第二科学革命の特徴についても、数学化もしくは専門分化・制度化の開始などいくつ指摘できよう。が、ここでも一点だけ言及することにしよう。第一科学革命期の自然探求においては、宗教的動機が重要であった。自然を探求し法則を解明することは、神が創った法則を通して、神をよりよく知るためであった。しかし、第二科学革命期以降、こうした動機は消滅し、自然を知ること自体が目的となった。あるいは、法則を利用した現世的利益が自然探求の動機の地位を襲っていった。村上陽一郎はこの質的転換を「聖俗革命」と名付けている（村上［一九七六］）。

さらに、一九二〇―三〇年に、同様な革命的事態を認める見解も存在する。

私の信ずるところでは、エレクトロニックス、原子力工業、オートメーションがもたらす産業社会は、これまでのいかなるものとも本質的にちがったものであり、われわれの世界をはるかに大規模に変化させるであろう。この変革こそ科学革命の名称にふさわしいというのが、私の見解である（スノー［一九六九］四三頁）。

確かに、数学の危機を乗り越える試みや、量子力学・相対性理論による新たな世界像の提起などを経験し、現代科学が形を整えたのは、この時期であった。もしこの見解を認めるとすれば、これは「第三科学革命」ということになるのだろう。（ただし、第三科学革命は科学史学において正式に認知されている用語ではない。あるいは、第二科学革命の成就と見る方が的確かもしれない。ここでは、近代科学ならぬ現代科学の誕生といったほどの意味で用いる。）

第二節　近代生物学・近代医学の誕生と史観

これらの質的転換のいずれを重視するかによって、さまざまな立場に分かれることになる。まず、第一科学革命こそが、自然探求の歴史を大きく分かつ分水嶺であって、第二科学革命や「第三科学革命」などは、近代科学が成立したあとでのマイナーな性格変更にすぎないと見る立場がある。先述した通り、これが現在の科学史学の標準見解である。だが、第一科学革命と呼ばれるような歴史的事件はなかったのではないか、とする見解も存在する（シェイピン〔一九九八〕）。

次に、科学は第二科学革命期に誕生したのであって、いわゆる第一科学革命は中世科学の延長上にあるマイナーな変更であるとする異見もある。村上陽一郎は以下のように言う。

筆者は、現在では「科学」（通常われわれが理解しているような意味を与えられた知的活動としての「科学」は、十九世紀になって初めてヨーロッパに登場した、と判断している（村上［一九七一→二〇〇二］二九二頁）。

さらに、科学を一枚岩とみなしてよいかという問題が加わる。現在では、物理学も生物学も同じ科学という営為の一員であるが、だからといって、歴史的発展のパターンも同じとみなしうるであろうか。物理学の領域においては第一科学革命が分岐点だが、生物学や地球科学においては第二科学革命が分水嶺であったとする立論もありえるであろう。あるいは、物理学の領域においてはかなり大規模な質的転換があったが、生物学ではそうではなかった可能性もある。先に引用した中村禎里は別のところで以下のような見解を述べている。

> 科学における大きな変革——しばしば科学革命の名で呼ばれています——を学説の変革して捉えるならば、生物科学においては、この科学全般を震撼させるような大きな革命を経験することはなかったのではないでしょうか。生物科学は、どちらかというと小さな、あるいはせいぜい中程度の部分的変革をつうじて、だらだら進んできたように思えます（中村［一九七七］四頁）。

一六―一七世紀の科学革命期に、解剖学・生理学の領域において、ヴェサリウスやハーヴィらによる革新があったこと、一九世紀初頭における「生物学」という構想の提起から、シュライデン（Mathias Jacob Schleiden 一八〇四―一八八一）・シュヴァン（Theodor Ambrose Hubert Schwann 一八一〇―一八八二）による細胞説の確立（一八三八・九年）を経て、ダーウィンの進化論（一八五九年）に至る近代生物学の成立といった事態が生じたことの二つを間違いないこととして確定してよいだろう。

するとと少なくとも三つの可能性が考えられるだろう。（一）ヴェサリウスやハーヴィらによる革新こそが、生命研究の領域における大革命であって、近代生物学の成立は副次的な変革にすぎない。そして、生物学の誕生は（第一）科学革命の完成であった。「科学に二つない以上、……科学革命が一度だけあり、その後はそれが化学や生物学に浸透していった過程があるだけである……生物学独自の運動法則によって転換が起こったと思わせるような言い方（生物学革命――引用者）は避けたほうがよい……物理学と化学において成果を納めた科学的精神と科学的方法とが、生物学の分野で、その特殊な対象のためにどのような抵抗を受け、しかもついにはそれを排除していったか、いいかえれば、科学革命の浸透の過程としてとらえるほうがよい」（佐藤［一九六二］二八七頁）。（二）近代生物学という観点からすると、何よりも大きい出来事である大変革はやはり一九世紀初頭の生物学の誕生であって、ヴェサリウスやハーヴィらによる革新は副次的なものにすぎない。副次的なものはあくまで副次的なものであって、源流ではあっても、ヴェサリウスやハーヴィらによる革新が一九世紀初頭の生物学の誕生に直接の大きな影響をもったわけではない。（本書第一章―第三章の立場はこれに近い。）（三）生命研究史における歴史的発展のパターンは、物理学のそれとは異なる。天文学や力学では大革命があり、大革命の前と後でまったく様相が異なるのかもしれない。ヴェサリウスやハーヴィらによる革新は確かに（第二）科学革命期にその一貫として起こったのであろう。だが、大革命に比べれば、小粒の革新にすぎない。近代生物学の誕生も同様な小変革である。生命研究の最初と最後の様相は一変しているかもしれないが、それはそのような小変革が断続的に起こった結果なのであって、各小変革の前後で大きな質的変換はまず見受けられない（中村［一九七七］の立場はこれに近いだろう）。ここではどれがもっとも妥当な見解かは決定しえない。それこそ、それぞれの論者の史観であるのだろう。

生物学という一つの学問領域が成立したのは一九世紀前半であり、それ以前は、自然誌（史）学・博物学と医学の基礎部門（解剖学および生理学）という独立した二分野が、今日の生物学が覆っている領域を扱っていた、自然誌（史）学・博物学においても、医学の基礎部門においても、一六―一七世紀に比較的大きな質的転換があった、というところまでは、おそらく論者の一致を見ることができるのではないだろうか。したがって、近代生物学の誕生を一六―一七世紀に見るか、一九世紀初頭に認めるかはそれぞれの史観にかかわってくるのである。以上で、混乱を解決することはできなかったかもしれないが、不要な混乱を避けることは果たせたように思える。

近代医学の誕生をどこに求めるかは生物学の場合をはるかに越える難問である。生物学は比較的範囲を限定しやすかったし、生物学という構想を書き残したトレヴィラヌス（Gottfried Rinhold

Treviranus 一七七六—一八三七）といった人物がいたし、その誕生は近代より前には求めえないことは容易に見て取れたからである。しかし、医という営みは人類誕生とともにあり、医術という技術から医学という知的営みまで、医の内実は多様であり、捉えにくい。それゆえ、医においては、生物学を越えて、質的転換点を見定めがたいところがある。したがって、近代医学の誕生については、諸説紛々である。

とはいえ、有力なのは、やはりおよそ第一科学革命・第二科学革命・「第三科学革命」のいずれかに近い時期に求める意見であろう。ハーヴィを重視する川喜田愛郎（川喜田［一九七七］）やヴェサリウスを重く見る坂井建雄は、第一科学革命期に近代医学の出発点を措定する。

文献に書かれたことをそのまま信用することをやめて、事実に基づいて考える。ヴェサリウスがもたらしたのは、そういった物事への取り組み方の変革、意識の革命であった。ガレノスなどの権威の説への従属の鎖を断ち切って、自律的に考えるというこの革命は、まさに近代医学の誕生そのものである。現在のわれわれから見ると、ヴェサリウスはまさに近代医学の出発点ということになる（坂井［一九九九］三三頁）。

一九世紀初頭前後のパリ学派（臨床医学派）に注目を促したのはフーコーであった。「現代医学は、その生誕期を一八世紀末の数年間、と自ら規定した」（フーコー［一九九九］五頁）。フーコーはパリ学派に近代医学の出発点を見ただけではなかった。むしろ、パリ学派に近代そのものの端緒を見いだしたと言ってよいだろう。

生物学という実験科学が医学に適用され、ベルナール（Claude Bernard 一八一三—一八七八）が『実験医学序説』（一八六五年）を著し、生物医学（biomedicine）なる領域が切り拓かれたときをもって、科学としての医学の誕生とする見解も十分成り立つだろう。

ルイス・トマス（Lewis Thomas 一九一三—一九九三）は、『いちばん若い科学』（邦訳題名『医学は何ができるか』一九九五年）で、医学をまさに「いちばん若い科学」と捉える。「一九三七年には医学はすでに純粋科学に基盤をおく技術に変わりつつあった。変化の兆しはあった。医者がなにもしてやれずただ手をこまねいているしかない患者の数があまりに多すぎたためにこうした兆候は見えにくかったが、しかしそれでもまちがいなく変わりつつあった」（トマス［一九九五］四六—七頁）。「一九五〇年代はじめのことである。医学が科学になりつつある時代だったが、まだ昔ながらの医術が厳然と生きていた」（トマス［一九九五］二二頁）。

なるほど、診断術や医学理論はさまざまな進捗を示したかもしれない。だが、患者を治すという肝心な点を考えてみると、治療における強力な手段を医が手にしえたのは、「第三科学革命」以後のことにすぎない。それまで、ペストや結核を前にしたとき、医師にできるのは、患者がみずからの治癒力によって回復するか、流行が自然に終焉するのを待つことだけだった。医師はあれこれ尽力したが、それは結局対症療法の域を脱することはなかったのである。この事態は二〇世紀初頭においても変わりはなかった。抗生物質が実用化され、根治療法を医学（内科学）が手に入れたのは、ワックスマン（Selman Abraham Waksman 一八八一—一九七三）とシャッツ（Albert Schatz 一九二二—一九七三）によってストレプトマイシンが開発された一九四四年以降であったと言ってよい。とすると、近代医学の始まりを、「自然の支配」という理念が実現された形での科学としての医学の開始とすれば、近代医学の始まりは「第三科学革命」期以降ということになるだろう。

第三節　近代医学史の概略

いずれにせよ、第一科学革命期以前に近代医学の創始がさかのぼることはない。その前代に標準的医学理論であったのは、中世ガレニズムであった。ローマ時代のガレノスの医学体系が、アラビアに受け継がれ、アラビア・ガレニズムの体系が創られた。だが、中世前期のヨーロッパ世界においては、もちろん医療自体は行われていたが、西ローマ帝国滅亡以来の混乱の中で、ローマ時代の医学体系の継承が中断されてしまう（この当たりの消息については第五章参照）。「十二世紀ルネッサンス」（第五章第二節参照）によって、ヨーロッパ世界がアラビア・ガレニズムを知り、ガレノス自身の著作やアリストテレスの著作を咀嚼するにつれ、一つの標準的医学理論が形成されるに至った。それが中世ガレニズムである。

プリニウスの『自然誌』同様、中世ガレニズム医学はブッキッシュな特徴をもっていた。そこに、実証の風を吹き込んだのが、ヴェサリウスであり、ハーヴィ（William Harvey 一五七八―一六五七）であり、近代外科学の開拓者パレ（Ambroise Paré 一五一〇頃―一五九〇）だったのである。彼らは中世ガレニズム医学の不備を一つ一つ指摘していった。こうした実証の風が嵐になるに及び、中世ガレニズム医学は瓦解するに至った。しかし、中世ガレニズム医学という一つのパラダイムが崩壊したあと、他のパラダイムが容易に確立することはなかったのである。実にさまざまな医学理論が提唱され、よく言えば百花斉放、悪く言えば無政府状態に陥ったのであった。そこかしこでいろいろな医学理論が述べられ、それぞれがそれぞれの消長を示す状態が一五〇〇年ほど続いた。

そこにある特異な医学理論を懐胎する一派がフランスに生じた。それがパリ学派（臨床医学派）であった。彼らの医学理論が特異なのは、「医に理論はいらない」という「医学理論」を標榜したからである。頭でっかちな、空想じみた理論をもてあそぶよりは、ある病気がどのような経過をたどるのか、どのような治療法をしたとき、どう回復したのか（しなかったのか）というデータを集めることに徹するという根源的な実証主義に徹したのが、この流派であった。科学哲学を繙けば、理論がない学問体系などありえない。それゆえ、パリ学派（臨床医学派）が「医に理論はいらない」と強く主張したから、彼らに医学理論はなかったとするのは短絡に過ぎる。事実、パリ学派の俊才ビシャ（Marie-Françis-Xavier Bichat 一七七一―一八〇二）の理論をわれわれは後ほど見ることになるだろう（第四章第二・三節）。パリ学派の多くの医師は実際「医に理論はいらない」と考えていたのかもしれないが、医学史を見渡したとき、彼らはそのような特異な理論によって、医学理論の無政府状態を収束する契機の役割を果たしたのであった。

そして一九世紀中葉以降、ドイツ圏の医学によって生物医学（biomedicine）が確立され、基礎医学・臨床医学が出そろうことになる。コッホ（Robert Koch 一八四三―一九一〇）やパストゥール（Louis Pasteur 一八二二―一八九五）らによって微生物学が進展し、ある種の病気が病原菌に由来することが解明される。二〇世紀になると、抗生物質の生産が軌道に乗り、これらの病に対する強力な治療法を人類は手にすることができるようになった。ヒポクラテス（Hippokratēs 前四六〇頃―前三七〇）・ガレノス以来、人体を構成するいくつかの液体の挙動を人体理解モデルとする体液病理医学が長い命脈を保っていたが、これが消滅するのもこのころである。個体をいくつかの固形物の集まりとみなす素朴機械論的な固体病理医学が体液病理医学にとって変わるようになった。最後の体液病理医学の権威と言われるのはロキタンスキー（Carl von Rokitansky 一八〇四―一八七八）であった。また、それに伴い、体液病理医学に基づく治療法である瀉血や下痢・吐瀉などによる治療（今日のわれわれからすると野蛮きわまりなく、かえって患者の病気を進めたのではないかとさえ思える治療）が急速にすたれるのもこのころであった。

ゼンメルバイス（Ignaz Philipp Semmelweis 一八一八―一八六五）やリスター（Joseph Lister 一八二七―一九一二）の消毒法、ロング（Crawford Williamson Long 一八一五―一八七八）のエーテル吸収法やシンプソン（James Young Simpson 一八一一―一八七〇）による麻酔法の確立、カレル（Alexis Carrel 一八七三―一九四四）の血管縫合術の確立によって、外科学も格段の進歩を示した。

こうして二〇世紀半ば以降は、「自然の支配」という理念が人体でも実現されるようになる。これは多くの急性疾患をおそるるに足りないものにした。そして、ガンをはじめとして、かつては不治とされた疾患の根治に光明が見いだされつつある。また、ES細胞をはじめとする再生医療や、遺伝子診断・遺伝子治療・ヒトゲノム計画およびそれらに依拠するゲノム科学・ゲノム創薬、あるいは医学と情報科学の融合であるバイオインフォマティックス、高度なタンパク質工学であるプロテオミックスなどに期待がもたれ、バイオの時代の一環として、二一世紀の医学・医療の進展はとどまるところを知らず、われわれに多大な福音をもたらしている。

だが、そうした福音にのみ目を奪われてはならないだろう。先進諸国では、急性疾患から慢性疾患・生活習慣病へと疾病構造が変化し、その対応に追われている。一方、医療資源の不足から、多くの国でいまだ急性疾患を克服しえないでいる。そして、ナチスや日本の七三一部隊によってなされた人体実験などをめぐって、医療倫理をどう確立するかという課題が課せられている。ニュルンベルク・コードからヘルシンキ宣言に至るガイドラインを、今度どう拡充整備していくか。また、オウム真理教や炭素菌騒動に見られたバイオ兵器にどう対処するか。脳死・臓器移植、安楽死、クローン人間など、「自然の支配」を現実のものとした医学・医療が提起する生命倫理・医療倫理の問題をどう解決するか。このように、現在、生物学・医学については問題が山積している。われわれの粘り強い取り組みが必要とされているのである。

注

(1) ツィルゼル(Edgar Zilsel 一八九一—一九四四)によれば、第一科学革命は、職人的伝統と大学内の知識人によるスコラ的伝統との出会いおよび総合によって生じた(ツィルゼル[一九六七])。しかし、その後、自然探求は大学内に閉じこめられるようになる。

(2) 今日では通常、地動説を提唱したコペルニクス(Nicolaus Copernicus 一四七三—一五四三)の『天球の回転について』(一五四三年)に端を発する天文学革命から、力学革命に進み、ニュートン(Isaac Newton 一六四二—一七二七)の『自然哲学の数学的原理』(一六八七年)の完成をもって、科学革命が成就したとみなされることが多い。

文献(邦文)(＊印は「おわりに」に解説がある。)

＊川喜田愛郎[一九七七]『近代医学の史的基盤』(上・下)岩波書店
クーン[一九八七]『本質的緊張』佐野正博ほか訳、みすず書房(原著一九七七年)
佐藤七郎[一九六二]「科学革命とハーヴィの生理学」日本科学史学会編『科学革命』森北出版株式会社、二八四—二九八頁
シェイピン、S[一九九八]『「科学革命」とは何だったのか』川田勝訳、白水社(原著一九九六年)
スノー、C・P[一九六七]『二つの文化と科学革命』松井巻之助訳、みすず書房(原著一九六四年)
ツィルゼル、エドガー[一九六七]『科学と社会』青木靖三訳、みすず書房
トマス、ルイス[一九九五]『医学は何ができるか』石館康平・中野恭子訳、晶文社(原著一九八三)

＊中村禎里［一九七三→一九八三］『生物学の歴史』河出書房新社
――［一九七七］『血液循環の発見』岩波書店（岩波新書）
バターフィールド［一九七七］『近代科学の誕生』渡辺正雄訳、講談社（講談社学術文庫）（原著一九四九年）
＊フーコー、M［一九六九］『臨床医学の誕生』神谷美恵子訳、みすず書房（原著一九六三年）
村上陽一郎［一九七六］『近代科学と聖俗革命』新曜社
――［一九七一→二〇〇二］『西欧近代科学　その自然観の歴史と構造』新曜社

文献（欧文）

Bellone, E. [1976] *Il mondo di carta: Ricerche sulla seconda rivoluzione scientifica*, Milan.＝[*1980*] *A World on Papers: Studies on the Second Scientific Revolution*, London.

第三章　近代医学・生命思想史の一断面

——機械論・生気論・有機体論

廣野喜幸・林真理

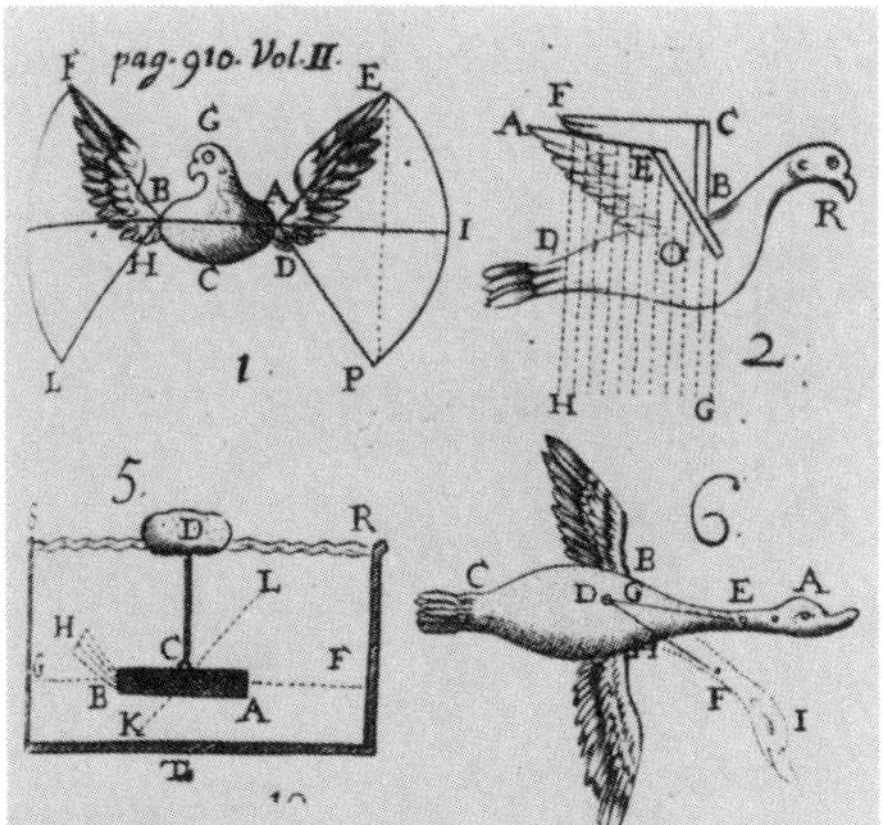

ボレリ（1680）における、鳥の「飛行運動」の
力学的説明のための図

第一節　はじめに

今日、生命科学の研究はめざましい勢いで進展している。そうした研究の成果は、さまざまな学会で発表される。そこでは、たとえば、「合成幼若ホルモンS-31183が示す、兵隊シロアリへの高分化誘導能」とか「尿細管圧負荷による腎ＡＱＰ水チャンネル遺伝子発現変化の検討」といった発表がなされる。だが、「生命とは何か」という題目で発表がなされることはまずない。後者のような演題が掲げられるとすれば、それは日本では科学基礎論学会や生物学史学会（正式名称は「日本科学史学会生物学史分科会」）など、メタレベルでの問題設定を扱いうる哲学・思想系の学会になるだろう。つまり、今日では、「生命とは何か」と問う生命論的な問題圏と、遺伝子組み換え食品の研究といった個別研究は分離しているのである。

両者は、学会などの制度としても分離しているし、研究者の層としても基本的に異なっている。個別研究の実験や理論構築に携わる研究者は生命論的な思索に振り分ける時間はないであろう。また、生命論に取り組む者は試験管をふるうことなどないであろう。（ただし、両者ともに取り組んでいる研究者も少数ながら存在する。）だが、一九世紀初頭における近代生物学の出発点においてはそうではなかった。近代的な生物研究は、いくつかの重要な点で今日の現代生物学とは性格を異にする。その主要な点の一つが、かつては個別研究と生命論が密接な関係を保っていたことである。いやむしろ個別研究は生命論的探求をなす素材としての意味を色濃く持たされていたとさえ言えるだろう。現在の哲学と生物学が融合していたのが当時の「生物学」であった。「第三科学革命」期を境にして、生命探求から哲学的側面が抜け落ち、今日の生物学が成立していった。だがしかし、実際問題として、そうした哲学的側面、近代生命思想史に関する知識を欠いては、近代生物学史の十全な理解は望めない。先にも触れたように、生命思想史を現代から遡れば、その根は哲学にいきつく。今日デカルト（René Descartes 一五九六―一六五〇）やカント（Immanuel Kant 一七二四―一八〇四）などといった「哲学者」と称される人々の議論が重要な出発点になっている。そもそも、近代科学の誕生期にあっては、「科学」は自然哲学として哲学の一範疇であった。それゆえ、生命論や生物学史の研究者は基本的に哲学的素養が必要とされる。就中、機械論と生気論の対立およびそこからシステム論的思考の萌芽が生じてくる過程に関する知識を欠いた場合、生物学史における個々の事象を位置づけそこなうことにもなりかねない。（どのような誤りを犯すことになりかねないかについては第四章で詳しく述べられることになる。）

ここでは、そういった生命論の歴史を、思想史としての生物学史として展開する。論述の大筋を予め述べておくと、以下のようになる。近代初頭に機械論哲学が現れ、これが、力学や天文学等、精密科学の誕生、すなわち近代自然科学の成立（科学革命）を促す大きな契機のひとつになり、生物研究にも大きな影響を及ぼすようになった。そして、とりわけデカルトの機械論はそれまでの発想と大いに異なったため、ひとかたならぬ反発をも呼び起こしたのであった。この対立は、二〇世紀初頭に至るまで、機械論と生気論の反目という形で続くことになる。だが、その間、機械論と生気論の二つの陣営しかなかったかというと、そうではない。最終的にはどちらかに分類されるにしても、両者から離脱を試みる第三の道が芽生えていたのである。そういった現代に続く生命論を明らかにすることが、本章の最大の課題である。では、近代生命思想史を繙いていくことにしよう。

第二節　デカルト機械論の衝撃

近代科学の誕生は一六—一七世紀であった。この歴史的事象を「科学革命」と規定し、「科学革命」概念を流布させるのに力があったのは、思想史家コイレ（Alexandre Koyré 一八九二—一九六四）と歴史家バターフィールド（Herbert Butterfield 一九〇〇—一九七九）である（第二章および第五章第八節も参照）。彼らは、中世と近代を分かつのは、つまり、中世的思考様式とは異質な世界観を確立するのに大きな影響力をもったのは、ルネッサンスと並んで、いやそれ以上に「科学革命」であったと論じた。では、この科学革命を特徴づけるのは何であろうか。もちろん科学革命を唯一の特徴だけで規定することはできない。しかし、思想上の重要な特徴は「機械論的自然像」の成立にあると言って差し支えあるまい。機械論自然像とは、さしあたり、「当該対象を機器のもつ特徴に擬して理解する精神的態度」と規定しておいてよいだろう。（だとすると、機械論自然像に慣れた今日の目からすると、それがどのように重大な事態であったかはなかなか捉えにくいかもしれない。機械論的自然像の内実およびその成立がもつ重大な含意は後ほど言及しよう。）

機械論的なものの見方は、何も自然を対象とする場合に限られていたわけではない。ホッブズ（Thomas Hobbes 一五八八―一六七九）のように、機械論的なものの見方（「機械論哲学」）に基づいて政治を理解しようとする試みもあったからだ（佐々木［一九九二］）。だが、機械論的哲学が何よりも大きな力を揮ったのは、自然を対象とした場合であろう。機械論哲学は、力学や天文学等の精密科学の成立、すなわち科学革命を促したのであった。そして、やがて、生命研究の分野にも機械論が浸透してくる。これは生物観・生命観にはかりしれない影響をもたらすこととなった。とりわけ、歴史上、近代科学の成立期に、生物観・生命観に大きな影響を与えた機械論と言えば、デカルト（René Descartes 一五九六―一六五〇）のそれである。彼の生物機械論は、『方法序説』（一六三七年）の中に端的に伺うことができる。

ここで、生物機械論を論述する前に、少々言葉を整理しておこう。というのも、生物機械論のもとでは、生物は機械なのだから、「機械」という言葉は、時計やパソコン、自動制御旋盤機とともに、生物も含むのである。したがって、この場合は、生物と機械という言葉の対比は成り立たなくなる。生物機械論に反対する立場にあってこそ、生物と機械という言葉が真の対立をなすのである。そこで、以下では、時計やパソコン、自動制御旋盤機などのいわゆる機械を指す場合は、機器と呼ぶことにしよう。

われわれの視点からすれば、機械論はごく普通の、別段問題含みの発想だとは映らないであろう。

たとえば、今日、われわれは、眼とカメラを対比させた説明をよく聞かされる。網膜とフィルム、光彩と絞りの対比は、われわれの理解を促進してくれる。もし、この対比を、生体の一部である眼を、カメラという機器をモデルとして理解しているのだとみなすならば、それが機械論である。この理解の仕方のどこが問題があるというのだろうか。

もしこのようにしか映じないとすれば、機械論がなぜ出現当時大きな衝撃をもったかを理解しそこなうおそれがある。生命思想史を理解しようとするならば、機械論のもつ含意を的確に把握しておく必要があるだろう。

まず、デカルトの機械論のもつラジカルさ、根源性を指摘しておかなければならない。おそらくわれわれは、カメラという機器をモデルとして眼を理解するという場合、それを比喩程度にしか理解していないのではないだろうか。そうだとすると、機械論がそれほどのラジカルさをもつことはない。だが、デカルトにとって、存在物・存在者の根本的に区分は、空間的規定性をもつかどうかであった。それをもつ「延長」と、もたない「精神」から世界は成るとする二元論がデカルト思想の基盤である。

今ここに、人間の神経と何か別の生物、たとえばシロアリの神経とコンピュータの導線があったとしよう。この三者を近縁な順にまとめあげるとすれば、どう区分するだろうか。おそらく今日では圧倒的大多数が、人間の神経とシロアリの神経を近いものとして分類するのではあるまいか。それらはともに細胞からできてきて、それを構成する物質もほぼ同様である。しかるに、同じく情報の伝達に関与しているにしても、導線の方は金属であり、前二者とは大いに異質である。

しかし、デカルト的発想からすれば、まずシロアリの神経とコンピュータの導線を近いものとして分類しなければならない。なぜならば、シロアリの神経とコンピュータの導線は純然たる延長であるが、人間の神経は「精神」と密接なかかわりをもつからである。かくしてデカルトの基本的立場からすると、機器と生物・生命は延長という点で本質的差はないのであって、生物・生命なる概念は、とりたてて根源的重要性をおくまでもない領域となるのである。

もし人が人間の神経とシロアリの神経を近いものとして分類しておきながら、機械論者と名乗るとしたら、それは「ある場面で局所的に、あるいは日和見的に適用するものとしての、比喩としての機械論」を信奉しているにすぎない。あるいは何かを理解する際に有用だからといった理由から機械論的発想を採用する、方法論的機械論者でしかないのである。ここで、こうした機械論を比喩的機械論、方法論的機械論と呼び、デカルト流の動物機械論をラジカル機械論、あるいは、真に動物を機械と見なす実体論的機械論と名付けるならば、今日、機械論を名乗る大多数は比喩的―方法論的機械論者でしかない。科学革命期に登場したデカルトの機械論は、方法論的機械論ではなく、実体論的機械論であったことをまず押さえておかなければならないだろう。

次に、実体論的機械論のラジカルさを別の側面から確認しておきたい。デカルトの実体論的機械論の立場からすると、自動車等の機器を破壊する活動は、犬や猫を殺すことと本質的な違いはないことになる。このことから直ちに、「自動車等の機器を破壊することも、犬や猫を殺すことも、どちらも倫理的に非難されるべきにせよ、その程度はさして差がない」という帰結が導かれるわけではない。同じ延長であっても倫理的に価値に相違があるという立論はもちろん可能だからである。しかし、少なくとも、実体論的機械論にあっては、機器を壊すことと動物を殺すことは「地続き」であり、生物・生命を格別に重視しないスタンスをもつ倫理的帰結に至りやすい「滑りやすい坂道」と親近性をもつ点は、ここで指摘しておいてもよいであろう。

最後に、デカルトの時代に身を置き直してみよう。すると、そこはアリストテレス（Aristotelēs 前三八四―前三二二）の教説とキリスト教が融合した体系が、知的世界の支配的見解であった時代であった。今、われわれは運動・動きといったとき、まず典型例として思い起こすのは、ある場所から別の場所への物体の移動であろう。初等力学・運動学で習う質点の移動こそが運動・動きのいわば理念型なのである。しかし、アリストテレスの体系では必ずしもそうではなかった。たとえば、植物の生長も「運動・動き」であり、むしろ植物の生長の方が「運動・動き」の理念型に近い位置を占めていたのである。

先の眼とカメラの例で言うと、眼という生体の一部をモデルとしてカメラを理解する発想の方が普通だったのである。（もちろん、デカルトの時代に、カメラを眼で理解していたわけではない。そのような主張をすれば、アナクロニズムに陥ってしまう。カメラは、一八三九年、フランス人のニエプス（Joseph Nicephore Niépce 一七六五―一八三三）とダゲール（Louis Jacque Mande Daguerre 一七八七―一八五一）によるダゲレオタイプの発明をもってその嚆矢とすることが多い。ここでの記述はあくまでこの場での説明のため便法であると受け取ってほしい。）このことは、歴史的に考えてみれば、別段不思議でもあるまい。腕の動きと梃子のそれとの対比を思い浮かべてみよう。梃子はある時点で歴史上発明されたものであろう。だとすると、その発明までに馴染みがあったのは腕の動きの方のはずである。そこに未知の梃子という道具が現れたときに、それを理解しようとすれば、そのモデルとなるのは腕ということになる。

したがって、機械論の出現は、了解の仕方の根本的転倒をもたらしたのである。それまでは、機器が説明されるべきであり、生体がそれを説明する基本的用語であったのに対して、実体論的機械論においては、生物が説明を受ける被説明項であり、機器が説明を施す説明項に変わったのであった。

かくして、デカルトの生物機械論は衝撃的な内容をもった主張として迎え入れられることとなった。デカルトが生物機械論を提起する大きな論拠となったのは、ハーヴィ（William Harvey 一五七八—一六五七）の血液循環の発見だとされる。確かに、ハーヴィの血液循環論は、心臓をポンプとして理解する機械論的発想を多分に含意するものであったと言ってよいであろう。ただし、ハーヴィ自身に即して言えば、彼は少なくとも自己意識において、アリストテレスの徒であった。

デカルトのラジカルな主張は、同時代の支持者をほとんど伴っていなかったと言ってよい。近代科学史の視点からすれば、機械論が実際の生物・生命研究に実効性を示すようになるには、デカルト以降半世紀から一世紀ほどの年月が必要であった。だが、生命思想史の文脈からすると、機械論は直ちに大きな反発を引き起こしたのである。デカルトの主張した機械論がもつラジカルさを考慮に入れれば、それも不思議ではなかろう。その反発は、生気論・目的論として結実した。これ以降、生命思想史の上では、機械論と生気論の反目が三〇〇年あまり続くこととなったのである。

第三節　機械論　対　生気論

　われわれは、三〇〇年あまり続いたこの反目の主たる登場人物として、機械論（mechanism）の側には、デカルト以降、医力学派のボレリ（Giovanni Alfonso Borelli 一六〇八―一六七九）やクルーン（William Croone 一六三三―一六八四）、そして、バリーヴィ（Giolgio Baglivi 一六六八／九―一七〇七）、メイヨウ（John Mayow 一六四三?―一六七九）、フック（Robert Hooke 一六三五―一七〇三）、ド・ラ・メトリ（Julien Offray de La Mettrie 一七〇九―一七五一）、ガルヴァーニ（Luigi Galvani 一七三七―一七九八）、デュ・ボア・レイモン（Emil Heinrich Du Bois-Reymond 一八一八―一八九六）、ヘルムホルツ（Hermann Ludwig Ferdinand von Helmholz 一八二一―一八九四）、ヴァイスマン（August Friedrich Leopold Weismann 一八三四―一九一四）、レーブ（Jacques Loeb 一八五九―一九二四）らの名前を、そして、生気論（vitalism）の陣営には、シュタール（Georg Ernst Stahl 一六六〇―一七三四）、ハラー（Albrecht von Haller 一七〇八―一七七七）、カスパール・ヴォルフ（Casper Friedrich Wolff 一七三三―一七九四）、ブルーメンバッハ（Johann Friedrich Blumenbach 一七五二―

一八四〇)、マジャンディ(François Magendie 一七八三―一八五五)、ヨハネス・ミュラー(Johannes Peter Müller 一八〇一―一八五八)、ベルグソン(Henri Bergson 一八五九―一九四一)、ユクスキュル(Jacob Johann Baron von Uexküll 一八六四―一九四四)、ドリーシュ(Hans Adolf Eduard Driesch 一八六七―一九四一)たちの名を、さしあたり挙げることができるだろう。

精緻な歴史記述を目指すのなら、あるいはここで、個々の論者の所説に立ち入り、機械論と生気論の歴史的展開を逐一追うべきなのかもしれない。だが、本章の目的にとって、それはかえって生産的ではあるまい。というのも、そのようなことをすれば「木を見て森を失う」おそれが多分にあるからだ。むしろここでは、機械論と生気論の対立構造を一瞥しておく方が有意義であろう。これは、さきほど各陣営の論者の名をあげた際に、「さしあたり」と留保条件をつけたこととも関わりがある。各人の所説を精査しないこと、留保条件をつけたことの二点は、機械論と生気論の反目が「誤った対立」だとか「捻れた対立」と呼ばれることに関わりをもつ。それでは、なぜその対立が捻れていて、誤っているのだろうか。その理由を明確にするためにも、ここで、機械論と生気論の特質を捉えておく必要があるだろう。

まず、生気論なる呼称について考えてみよう。「生気」とは、つまるところ、「無機物にはたらく物理的諸力とは異なる、生物=有機物にのみ見られる生命固有の力」の謂いである。だから、もし現時点で「生物=有機物には生命固有の力がはたらいている」といった主張をなしたとすれば、まったく誤りだというレッテルを貼られる羽目に陥る。なぜなら、現在、基本的な力としては、万有引力以外に、電磁気力・弱い力・強い力の計四つしかないからだ。（ちなみに現在、万有引力以外の三力は、統一理論によって総合化されている。したがって、この三力は種別としては別物だが、一つの力の異なる現れとみなすことができる。）化学の対象、たとえば分子には、ファン・デル・ワールス力が作用すると言われるが、根本的にはこれらの力が複合的に作用した結果である。無機物であれ、有機物であれ、この宇宙の物質にはたらく力は先の四つの力しかなく、生物＝無機物にのみ作用する生命に固有な力はないとされる。さて、さしあたりここでは、現在であれ、当時であれ、生命固有力説に対立するのは、「無機物であれ、有機物であれ、はたらくのは物理的諸力のみである」とする説であることを確認しておきたい。

　生命に固有な力を否定する説を採ると、無機物質と有機物質は基本的に連続的なもの、同質なものになる。生命に固有な力を認める立場にのっとると、無機物質と有機物質のあいだには切断線があり、異質なものだということになる。

　われわれは今、生命固有力説対物理的諸力説という対立軸を取り出した。だが、歴史的に機械論と生気論の反目を反省してみた場合、対立軸はこれ以外にも存在する。たとえば、作用因と目的因なる対立軸があげられるだろう。かつてアリストテレスは、原因として四つのタイプを規定した。質料因・形相因・作用因・目的因である。

　ところで、（1）或る意味では事物がそれから生成しその生成した事物に内在しているところのそれを原因と言う、たとえば、銅像においては青銅が、銀杯においては銀がそれ……である。

しかし、（2）他の意味では、事物の形相または原型がその事物の原因と言われる……。さらにまた、（3）物事の転化または静止の第一のはじまりがそれからであるところのそれをも意味する、たとえば、或る行為への勧誘者はその行為に対して責任ある者であり、父は子の原因者であり、一般に作るものは作られたものの、転化させるものは転化させられたものの原因であると言われる。

さらに、（4）物事の終り、すなわち物事がそれのためにであるそれをも原因と言う。たとえば、散歩のそれは健康である、というのは、「人はなにゆえに散歩するのか」との問いにわれわれは「健康のため」と答えるであろうが、この場合にわれわれは、こう答えることによってその人の散歩する原因をあげているものと考えられるのだから（アリストテレス［一九六八］五四—五頁）。

よく取り上げられる例をここでも用いることにしよう。今家を建てるとする。このとき完成した家が結果だとすると、それに対する原因として以下のものが考えられるだろう。まず設計図があるはずである。これが形相因である。また材木などの材料がなければならない。これが質料因とされる。さらに大工の人たちが設定図にそって資材を実際に組み立てる作業が必要となる。これが作用因である。さらにそもそも家を建てて、それでお終いにすることはあるまい。誰しも住もうとするからこそ、家を建てるのであろう。これが目的因に当たる。

細胞を例にとり、再説することにしよう。細胞が成立するためには、炭素や水素などの素材すなわち質料因が必要になる。またそれらが物理的諸力によって反応し、代謝がなされなければならない。これが作用因である。次いで遺伝子のなかに細胞を構築する青写真がある。これが形相因となろう。そして、多細胞生物においては、ある細胞、たとえば筋細胞はその細胞が一部となっている個体の筋運動を担うべく存在している。これが目的因になる。

こうした区分のもとで、生命現象を理解するに当たって、基本的に作用因を重視するか、目的因を重視するかで態度が分かれることになる。(ちなみに基本的に現在の自然科学においては、作用因のみが原因と見なされる。)

第三の対立軸として、要素還元—分析主義と全体・総合主義の反目も存在する。前者は、全体を部分に分け、その部分を調べることによって、全体も理解できるとする立場である。これに対し、後者は、全体は全体のまま、いわば本質直観によってとらえるのがよいとする。

第四として、前節のように、機械論の中心的主張を機器モデル説に求めた場合、それに対立するのは、生体モデル説である。最後に、唯物論と唯心論の対立軸を加えることもできるだろう。

もし、機器モデル説、物理的諸力のみがはたらくとする説、作用因のみを原因として認める説、要素還元—分析主義、唯物論のすべてが信奉された場合、典型的な機械論ということになる。そして、生体モデル説、生命に固有な力を認める説、目的因も認める説、全体・総合主義、唯心論のすべてが支持されるなら、典型的な生気論ということになる。だが、歴史を形作った対立は、典型的な機械論者と典型的な生気論者のそれではなかったのである。(なお、ここでは、そうした諸観念のまとまりを、それぞれ、「機械論的・還元主義的観念複合」「生気論・目的論的観念複合」と呼ぶことにしよう。)

歴史上現実に存在した生気論者は、力点をどこに置くかできわめて多様な広がりを示した。アニミズムを背景に、あくまで生命固有な力に固執するシュタールと、発生現象の解明にあたって目的概念の必要性を唱えるブルーメンバッハとでは、同じ生気論といえども、かなりの違いが見受けられるのである。いわゆる生気論の振幅は相当大きいと言って差し支えない。

典型的な機械論は、生気論に比べれば、以下のような比較的まとまりのよい自然像を描く。「生物=有機物を理解するに際して、機器をモデルとする。機器は各部品から成っているので、生物もまず構成要素に着目する。そして、各構成要素にはたらく物理的諸力あるいは作用因を分析し、当該現象の解明を図る。」これこそ「機械論的自然観」と呼ばれるものに他ならない。だが、機械論者が一枚岩であったかと言うと、必ずしもそうでもない。

たとえば、ド・ラ・メトリは通常、動物を機器とみなしたデカルト以上にラジカルな機械論者の典型とされる。というのも、彼の『人間機械論』(一七四六年)は強力に人体を機器とみなすように主張するからだ。しかし、生物学者・科学史家であるホール[一九九〇、一九九二]が指摘しているように、ド・ラ・メトリの狙いが人体を機器とみなす点にではなく、精神が機器から出てくること、そして精神は人体という機器の機能ではあっても、人体という機器に還元しつくしえないことにあったとすれば、彼が本来言いたかったのは、システム論の言葉で言えば、精神が創発的特性(emergent property)・創発性(emergency)だということであった。

創発性とは以下のようなことである。例として、細胞システムをとりあげよう。細胞は、タンパク質・炭水化物・脂質等の生体高分子から成る。今、例示のため大いに単純化し、ある細胞の構成要素はタンパク質A・炭水化物B・脂質Cだとする。各要素はそれぞれ{A1、A2、……、Aj}、{B1、B2、……、Bk}、{C1、C2、……、Cl}なる特徴付けによって必要十分な記述がなされるとする。そのとき、全体である細胞が{A1、A2、……、Aj、B1、B2、……、Bk、C1、C2、……、Cl}なる特徴付けによって必要十分な記述はなされず、さらに{X1、X2、……、Xm}なる特徴付けが要求されるとしよう。こうした場合、この{X1、X2、……、Xm}が創発性・創発的特性と呼ばれるのである。

ド・ラ・メトリは機器としての人間身体の各部位の記述からだけでは、精神の特性である{X1、X2、……、Xm}は導き出せないとしたのである。だとすれば、ド・ラ・メトリを典型的な機械論的・還元主義的観念複合とは異質な要素を孕むものとみなしたとしても、さほどの無理をおかしていることにはならないであろう。機械論が比較的まとまった自然観を提出し、個々の機械論的所説の振幅も大きくはないにしても、それはあくまで生気論と比較しての話なのである。

さらに一言付け加えておくと、機械論は機器モデルを含んでいたが、機器の内実をどう規定するかによって、個々の機械論の様相はかなり変わってくる点は心に留めておく必要がある。何を機器モデルの典型とするかは時代によって移り変わってきた。最初はまさに「機」の文字が示すように機織り器がその原型であった。機織り器に見られるように、原動部があり、力学的力が伝達機構によって伝わり、作業部によって所期の目的が到達されるというのが、機械の構造であった。ところが、その後、時計が機器の典型になり、「時計仕掛けの宇宙」といった表現がなされるようになる。次に熱機関が現れ、昨今では自動制御機器やアイボなどを機器の典型例に思い浮かべる向きも多いだろう。機織り器と生物を同一視することと精巧な自動制御ロボットと生物を同じ枠で括ることは、いささか以上の距離があると言って差し支えあるまい。機器モデルは進化するのであり、各機器モデル説間の振幅はそれなりに大きく、かなり進化した形態の機器をモデルにした場合、システム論との差は限りなく消失していく。

こう見てくると、機械論と生気論の両陣営のあいだに、次節で述べるカントに代表される「第三の道」に属す人々を付け加えるならば、どこに切断線を引けばよいかが容易には決定できない連続体をなすことは首肯しやすいであろう。「第三の道」に属す人々の考え方は、二〇世紀になってシステム論と呼ばれる新しい方向へとつながっていくものをもっていると言える。新生気論と言われるドリーシュにしたところで、彼のエンテレヒー概念を実体としてではなく、今日言う情報量やエントロピー概念に近いものと位置づけるならば、ドリーシュも少なくとも彼の学説の一部はシステム論への契機を孕んでいたとみなせる。あるいは、ベルグソンも、彼の創造的進化説の創造を、創発性と改釈するならば、システム論にかなり接近していたのである。本節の冒頭で両陣営の名をあげたとき、「さしあたり」と留保条件を付けたのは、明確な線を引いて両陣営を分かつ試みが本来困難である点を意識してのことであった。

機械論と生気論が「捻れた対立」なのは、なぜだろうか。生気論の中心的主張を生命固有力説に求めるならば、それと直截に対立するのは、物理的諸力説であった。また、機械論の核を機器モデル説におくならば、それと反目するのは生体モデル説なのである。つまり、機器モデル説―生体モデル説、物理的諸力説―生命固有力説は、密接な関係があるとはいえ、実のところ、次元の異なる二つの対立だったのである。機器モデル説としての機械論と、生命固有力説としての生気論は、同一軸内での対立ではない。それゆえ、機器モデル説としての機械論と、生命固有力説としての生気論は、捻れた対立関係にあるとされるのである。したがって、対立の基本軸をどうみなすかによって、この歴史的対立は異なる名称を奉られることになった。ある論者はそれを機械論と目的論(teleology)の対立と呼び、他の論者は還元主義(reductionism)と目的論の対立を名付け、あるいは還元主義と生気論の対立と呼ばれることになる。(いずれの呼称にしても「捻れた対立」である点は解消されていない。)

では、「誤った対立」とされるのは、どうしてだろうか。たとえば、一般システム理論の提唱者として知られるベルタランフィ(Ludwig von Bertalanffy 一九〇一―一九七二)は、自らの立場を有機体論的見方（organismische Auffassung）と呼んだ。また、機械論に対する批判的検討を行っている。確かにそこでは要素還元―分析主義は徹底した非難の対象になっている。しかし、もちろん生気論に対しては、いちいち批判するまでもなく否定的なのである。具体的に見てみよう。

ベルタランフィは『理論生物学』（第一巻、一九三二年）において、機械論と呼ばれているものを次のように分類している。①力学的原理による説明、②物理化学的説明、③「機械理論」（機器になぞらえる説明をベルタランフィはこのように呼んだ）、④因果的説明、⑤客観的自然に属する内的原理による説明、である。このうち⑤は、自然科学であれば当然とるべき態度であり決して否定すべきものではないとされる。裏返せば、客観的でない実体や原理を持ち出して説明を行おうとする生気論は、科学でないという意味で否定すべきものになる。また、③についてベルタランフィは、機械の製作者やそれを動かす外的動力などさらに別の説明項を要請することになって、むしろ生気論に近づくものであると分析する。この点にも、機械論と生気論の対立という図式がそれほど簡単ではないことが見て取れるであろう。さらに、④は注意を要する。ここでは、機械論と生気論の対立の、二つ目の軸として先に示したものである。ベルタランフィは、目的論的説明を必ずしも排除できない場合があることを主張している。したがって、この批判は、われわれが先に指摘した第三の対立軸、要素還元―分析主義と全体・総合主義という二分法を前提として、要素還元―分析主義を否定し、全体・総合主義を擁護しているのではない。

ベルグソンも同じく要素還元―分析主義を嫌った。そして、全体を本質直観する方法論を提起した。しかし、ベルタランフィはベルグソンのこのような方法をも退ける。還元主義批判の文脈では、時にデカルトが悪しき還元主義の元凶のような扱いを受けたりもする。だが、デカルト自体は、要素に還元して事足れりとする態度では断じてなかった。彼の方法は分析と総合にあったのである。分析と同様、あるいはそれ以上にそれを総合することに留意が払われたのであった。デカルトの亜流の人々が総合を疎かにしたにすぎない。このようなデカルトの方法は、ベルグソンのそれとは大いに質を異にする。そして、ベルタランフィをはじめとするシステム論は、デカルトの真の方法を受け継いでいるとも言えるのである。

つまり、要素還元―分析主義と全体・総合主義なる対立軸において、「要素還元―分析主義」と「全体・総合主義」の二者択一の選択肢のみが存在しているわけではなかったのである。事実、「第三の道」は、還元と総合を遂行し、総合において新たに立ち現れる特性を創発性として規定する方向をとったのであった。したがって、有機体論・システム論においても、一度は還元という作業を遂行するのである。その限りで、還元なる作業そのものが否定されているわけではない。そもそも、全体をそのまま見て取る本質直観では何が創発性かが分からないではないか。

そして、現時点で反省的に捉え返してみれば、各対立項の組み合わせも、機械論的・還元主義的観念複合や生気論的・目的論的観念複合に限られるわけではなかったのである。つまり、機器モデル説に物理的諸力説が、生体モデル説に生命固有力説が必然的に伴わなければならないのではない。事実、その後の歴史は機器モデル説に、「生命固有の力」でこそないものの、何らかの形で生命の固有性と機械論を接合する方向、いわば両者を調停する方向に進んだのであった。

各軸における選択肢を二者択一だと見誤った点、機械論的・還元主義的観念複合や生気論的・目的論的観念複合を固定的な組み合わせだと考えた点、これらが機械論と生気論の反目が「誤った対立」だとされる理由である。ちなみに、システム論が近代科学として誕生するためには、このように硬直した枠組みが解きほぐされる必要があった。

第四節　第三の道——先駆としてのカント

機械論と生気論の「誤った対立」を解きほぐす試みをした人々として、われわれは、哲学者のライプニッツ（Gottfried Wilhelm Leibniz 一六四六―一七一六）、カント（Immanuel Kant 一七二四―一八〇四）、生物学者キュヴィエ（Georges Léopold Chrétien Frédéric Dagobert Cuvier 一七六九―一八三二）、哲学者ヘーゲル（Georg Wilhelm Friedrich Hegel 一七七〇―一八三一）、パリ学派の医学者ビシャ（Marie-François Xabier Bichat 一七七一―一八〇二）、哲学者シェリング（Friedrich Wilhelm Joseph Schelling 一七七五―一八五四）、生化学の先駆者リービッヒ（Justus Freiherr von Liebig 一八〇三―一八七三）、生物学者のジョフロア・サン＝チレール（Étienne Geoffroy Saint-Hilaire 一七七二―一八四四）、シュヴァン（Theodor Ambrose Hubert Schwann 一八一〇―一八八二）、有機体の哲学で知られるホワイトヘッド（Alfred North Whitehead 一八六一―一九四七）、そして先のベルタランフィなどの名を挙げることができるだろう。「第三の道」の模索は、早い時期から始まっていたのであった。

ここでは比較的初期にこうした志向性を示した議論として、カントのそれを取り上げることにしよう。カントは透徹した思考に基づき、彼の「批判哲学」の体系をつくりあげた。彼が機械論と生気論の問題に取り組むのは、いわゆる「第三批判」書である『判断力批判』(一七九〇年)においてであった。(周知のように、それ以前に『純粋理性批判』(一七八一年)、『実践理性批判』(一七八八年)が刊行されていた。)

本節の流れは大要以下のようになる。カントがどのように機械論と生気論の「調停」をしようとしたかをまず一瞥しておく。そして、そこから有機構成(Organization)=オガニザチオーン、オーガニゼーションの観念が析出してくる。しかし、カントの有機構成概念は、あくまでも観念であって、自然科学の個別的な具体的研究に有用な道具を提供するところまでは行かなかった。この努めを果たすことになるのが、一九三〇年代前後に姿を現したシステム論なのであった。

機械論と生気論の「調停」と言っても、カントが目指したのは生命固有力の擁護ではなく、目的概念の救済であった。原因概念ではない目的概念の画定が構想されたのである。この経緯をカントその人の言葉によりながら見ていくことにしよう。(1)

まず、カントは、作用因―目的因の対立軸においては基本的には作用因の側に立つ。

我々は因果的に結合されている自然を、純然たる機械的自然法則に従いつつ経験において、我々の力の及ぶ限り研究し得るし、また研究に努むべきである。かかる自然法則にこそ自然学に対する真正な説明根拠が存し、またこれらの説明根拠の体系的連関が、即ち理性による学的な自然認識を成すものだからである（カント［一九六八］二九四頁）。

だが、目的概念をまったく捨て去ってしまうべきだろうか。いやそうすると不十分な自然理解しか得られない。

眼の形状、そのすべての部分の性質や組織は、単なる機械的自然法則に従って判断する限り私の判断力にとってはまったく偶然的であるにも拘わらず、私は眼の形式や構造において、この器官がある仕方で形成されていなければならないという必然性を、ある種の概念〈目的の概念〉に従って考えるのである。そしてかかる概念を欠くと、私は単なる機械的自然法則によるだけではこの種の自然的所産の可能を理解することができないのである（カント［一九六八］三〇三頁）。

目的概念は欠くことができないだけではなく、むしろわれわれの理解を根本的に支えもするのである。

しかし我々はまた自然における所産のなかに、極めて広範囲に亙る特殊な『類』の存在することを知っている。かかる『類』は、いずれも自分自身のうちに、結合された一団の作用原因を含んでいるので、我々がいやしくも経験を志す限り、換言すれば、これらの『類』のそれぞれの内的可能を判定する原理に従って観察を試みるためだけにでも、作用原因のかかる結合の根底に、目的の概念を置かざるを得ないのである（カント［一九六八］二九四頁）。

それは目的因ではないこと、つまり原因概念ではないことが確認される。

目的概念を措定することが生産的だとして、どのような位置づけが与えられるのだろうか。まず、

目的論的判定を、少なくとも蓋然的になら自然研究に適用しても差支えない、しかしそれはこの判定を、目的の原因性との類比に従って観察および自然研究の原理のもとに置くだけであって、自然研究を目的の原因性によって説明するなどという僭越を敢てするのではない（カント［一九六八］二六九頁）。

目的のかかる観念が、眼球内の上記の部分に関する研究を指導する原理の用をなすと同時に、われわれがこの研究の成果を促進するための手段を案出するためにも役立つのである。しかしこれによって自然に、目的の表象に従うような原因、換言すれば意図をもって作用す

る原因が帰せられるわけではない。もしそのようなことをしたら、それは規定的―目的論的判断となり、従ってまた超越的な判断になるだろう、かかる判断は、自然の限界を越えた彼方に存するような原因性を発動させることになるからである（カント［一九六八］二九六頁）。

では、なぜ原因概念としてはいけないのだろうか。たとえば、進化の場面に即して考えてみよう。進化は基本的に次のようにして起こる。もともとある形質A1を備えた個体からなる集団があったとしよう。たとえばあるタイプの羽毛をもった個体からなる鳥の集団があったとする。このとき突然変異によって、タイプが異なる羽毛のA2、A3、……、Akをもつ個体が生まれてくる。A2の飛行特性がA1より優れていた場合、A2をもつ個体はより生き延びやすく、したがって子孫を残しやすいと考えられる。ところがA3の飛行特性がA1より劣っていたなら、A3をもつ個体はより生き延びにくく、子孫を残していかないと考えられる。このような状況下ではA2タイプの羽毛をもつ個体の数が世代を経るに従って増えていくだろう。

以上が基本的にダーウィンの自然選択説に基づいた自然理解である。ここには目的概念は一切用いられていないこと、目的概念でなく、作用因と飛行特性といった機能概念のみで理解がなされている点に注意してほしい。このように自然理解にあたって目的概念は不要である。それどころか、ある場面では、目的概念は有害でさえある。

目的因の想定のもとで今の例を扱ってみよう。住むという目的因のために、すなわち住むのに適するように家がつくられることから類推すると、羽毛は飛行という目的因のため、つまり、飛行のために羽毛がデザインされたことになる。だが、この理説は現在支持されていない。なぜなら、もともと羽毛は保温機能によって進化したとされるからである。現在、最古の羽毛は、中国北東部で約一億四七〇〇万年―一億二五〇〇万年前の地層から発見されている。これはドロマエオサウルスに近い獣脚類の新種の恐竜のものである。もちろんこの恐竜は飛行できない。羽毛は最初保温機能にすぐれているためにつくられ、しかるのちに、飛行機能をもつようになったと理解されているのだ。新たな機能の付加、もしくは主たる機能の変換として理解されているのである。

目的因を想定すると、こうした機能変換をとらえそこなうおそれが多分にある。事実、進化論の当初において、いわゆる「進化の発端問題」が自然選択説の強力な反論になった。できはじめの翼は飛行の役に立ったとは到底考えられない。しかし、翼が完成されるためにはこうした段階を経なければならない。自然選択説で発端段階の翼が説明できない以上、自然選択説は翼の進化を説明できず、破綻する云々。もちろん先に述べたように、現在この例は機能転換として理解されていて、そこに何らの理論的困難もない。しかし、「進化の発端問題」で自然選択説を批判した側は、「飛行という目的因が翼をデザインした」とする、目的概念の不適切な使用のもとで、そこに理論的困難を鋳造したのであった。しかし羽毛や翼の機能はひとつではない。現在でも羽毛は保温機能をも併せもっている。このような機能概念ならば、目的因のもとでの思考とは違って、自然誤解を格段にもたらしにくくなるのである。

目的概念を目的因的に捉えると、われわれはそこに過剰な意味を読み込みがちになる。「バラは美しい。それは人間が楽しむためだ。人間の美的享受が目的因となりバラの花がデザインされたのである。」「ウシの肉が美味しいのは、それ人間が食べ、生き続けるためだ。人間の生存が目的因となりウシがデザインされたのである。」「眼鏡をかけることが目的因となり、鼻がデザインされたのである。」このような言明はいくらでも産出することができる。しかし、こうした言明は検証も反証もできず、そもそも近代科学としては維持できない言説なのである。

しかし、目的概念を放逐してしまうべきかと言うと、そうではない。適切な使用のもとではそれはとても有用だからだ。進化の発端にあっては飛行機能をもっていなかったにしても、さしあたって現在翼・羽毛の機能は飛行特性にあることはまちがいない。他に飛ぶために役立っている器官と言えば、昆虫の翅とコウモリの翼であり、恐竜とほぼ同時代の翼竜の翼である。ところでもし鳥の翼の発端が保温にあったとしたら、昆虫の翅もそうだった可能性がある。昆虫の翅に羽毛はないがとりあえず発端段階のはねの保温特性を何とか推定できないか。こうした発想のもとで、モデルを作成し、実験が加えられた。そして、羽毛がなくても、昆虫の発端段階の翅も保温特性がすぐれていたこと、したがって、昆虫の翅の進化においても、保温機能から飛行機能への転換があったのではないかというのが現時点での理解である。このように、適切に使用すれば、目的概念は研究をうまく導く力をもつ。

自然における結合や形式が目的に従っているという考えは、自然の単なる機械的組織に従う原因性の法則だけでは十分でない場合に自然の現象を規則のもとに統摂するための、少なくともいま一つの原理なのである（カント［一九六八］二六九頁）。

この「いま一つの原理」は、次のような性格をもたされる。

それ自体自然目的と見なされるような物の概念は悟性や理性の構成的概念ではないが、しかし反省的判断力に対しては統整的概念として使用され得るのである。即ちかかる統整的概念は、目的一般に従うところの我々自身の原因性との間接的類比に従って、第一にこの主の対象に関する我々の研究を指導し、また第二に我々をしてかかる対象の最高根拠に思いを致さしめるのである（カント［一九六八］二九四―二九五頁）。

目的のかかる観念が、眼球内の上記の部分に関する研究を指導する原理の用をなすと同時に、我々がこの研究の成果を促進するための手段を案出するためにも役立つのである。……それだから自然目的の概念は、反省的判断力が経験における対象の因果的結合の攻究を旨として、自分自身のために設けた概念にほかならない（カント［一九六八］二九六頁）。

この原理は統制的原理であって、構成的原理ではない、……それだから我々はこの原理によって或る種の手引を得るにすぎない、即ち自然物を、すでに与えられている〔機械的〕規定根拠を顧みつつ、新しい法則的秩序に従って考察し、また究極原因というこれまでとは別の原理に従って、しかも機械的原因性の原理を損なうことなく自然学を拡張するための手引にほかならない（カント［一九六八］三〇一頁）。

自然の説明として用いるのは不適切だが、研究を遂行する上で、分をわきまえた上で作業仮設的に使用するのなら、それを勧められるべきである。これは今日では発見法、ヒューリスティックなどと呼ばれる方法論であり、カントはこれを「統制的原理」と呼んだのである。発見法、ヒューリスティック、「統制的原理」でなされた発見はあくまで一時的なものであり、それを作用因のみで適切に理解説明できたとき、それが正規なものになる。カントにあって、後者において使用される原理が「構成的原理」である。このように「目的因ではない目的概念」は、生命論の分野では、目的論（teleology）＝テレオロジーとの違いを強調するため、合目的性＝テレオノミー（teleonomy）と呼ばれる。

自然における合目的性という語……によって原因性の特殊な根拠を新たに導入するというのではなくて、機械法則に従う研究の仕方とは異なる研究の仕方を理性の使用につけ加えるにすぎない、そしてその旨とするところは、機械的法則ではおよそ特殊的自然法則を経験的に探求するためにすら不十分であるという一種の欠け目を補うためにほかならない、ということである。それだから我々が自然学においてかかる目的論を引合いに出す限り、自然の知慧、〔原理における〕節約、配慮、仁慈というような言葉を口にするのは、まことに当を得たことであり、またそう言ったからとて自然を知性的存在者に仕立てるわけではない。（そのようなことはまったく不合理だからである）さりとてまた自然の上に、別に知性的存在者を耕作者として据えるような不遜を敢てする積りもない、そのようなことは身の程知らずだからである（カント［一九六八］三〇八頁）。

では、自然探求において目的概念の適切な使用はどう保証されるのだろうか。

要するに有機的存在者は……自然科学に目的論の根拠……を与えるところのものである。さもないと我々は、目的論を自然科学のなかへ導入する正当な理由をまったくもち得ないだろう（カント［一九六八］二九五頁）。

すなわち、自然科学で目的概念を使ってよいのは「有機的存在者」すなわち生物＝有機物だけである。原子や分子、天体にはまったく目的概念を使用する余地はない。では、なぜ生物＝有機物は目的概念を使ってよいのか。

物質は、有機的組織＝有機構成（Organization）をもつ限りにおいてのみ、自然目的という概念を必然的に伴うのである（カント［一九六八］三〇〇頁）。

カントによれば、生物＝有機物は「有機構成」をもつがゆえに、目的概念を使用できるのである。いやむしろ積極的に活用すべきなのである。

目的論的な判定の仕方を自然学の原理として、この学の対象の特殊な部類に関して使用することは、有機的存在者における自然目的の経験的法則については許容されるばかりでなく、また是非とも必要なのである（カント［一九六八］三〇七頁）。

では、有機構成とは何だろうか。この点に関しては、カントは有機構成に厳密な規定を与えることに成功したとは言えないかもしれない。有機構成、有機構成によってつくられる有機的存在者について、いくつかの性質を、さして系統的にではなく、述べるにとどまっているからだ。しかし、後のシステム論の展開を知っている者には、その先駆と響く断章を残している。たとえば、次の引用は各要素の相互依存性という今日のシステムの定義に通じる指摘である。

自然の有機的所産とは、そのなかにおいては一切のものが目的であると同時にまた相互的に手段となるところのものである、と。かかる有機的所産においては、何ひとつ無駄なもの、無目的なものはなく、また自然の盲目的な機械的組織に帰せられるようなものもない（カント［一九六八］二九五―二九六頁）。

そして、有機構成概念は体系（システム）概念に近いものとして想定される。

比較解剖学を援用して自然における有機物のすばらしい創造を仔細に点検し、これらの物には何か体系に似たものが、しかも産出の原理に従って存するではあるまいかと推定する仕事は賞賛されてよい（カント［一九六八］三六八―三六九頁）。

当時システムという言葉は太陽系（solar system）といった表現方に見られるように、いくつかの要素があり、それらが秩序正しく振る舞う際に使われるのが通例であった。カントにあって、体系は「学の体系」といったように、知識のあり方を問う場面で使われることが多いが、学が体系をなしているとは、その学の個々の所説が、まさに各部が互いに有機的に密接に結びつき、互いが互いの目的となり、個々が全体のために、全体が個々のためにうまく資していることだとされる。「有機体は単に部分（器官）の集合体なのではなく、全体の理念がまずあって、部分が全体のために、全体が部分のためにある合目的的な統一体である。このような仕組みを「体系」と言う。その意味で、有機体は宇宙体系や地球のエコロジカルな体系とならんで、カントの体系概念のモデルである」(石川［一九九五］二〇七頁)。次に、二つほど引用してみよう。

かかる自然的所産は、有機的存在である同時に自分自身を有機的に組織する存在者として自然目的と称され得るだろう(カント［一九六八］二九二頁)。

有機的存在者は、それ自身のうちに形成する力を備えている(カント［一九六八］二九三頁)。

こうして形成力に力点をおくシステム論は、後のオートポイエーシス論にもつながる要素を孕んでいる。

以上見てきたようにカントは目的概念を改変し、自然科学の使用に耐え得るように鍛え直した。そして(注意深く取り扱うならば)生物＝有機物の研究に目的概念を活用すべきこと、そして目的概念が使える根拠として、生物＝有機物は有機構成というあり方をしていると指摘がなされた。さらに有機構成とは、まさに体系＝システムと同じようなあり方をとるものと想定されている。

このように、機械論と生気論の超克の試みは比較的早くからそこかしこでなされていたし、かなりの成果をあげていたのである。だが、機械論的・還元主義的観念複合、生気論的・目的論的観念複合は強固であって、さまざまな試みによって、二五〇年の長きにわたって、少しずつ解きほぐされていく必要があった。(2)「第三の道」が科学たりえるためには、思想上のみならず、各個別科学において、経験レベルで論拠が整えられることが必要であった。

われわれは有機構成の概念が、カントとほぼ同時代に活躍したパリ学派の俊才ビシャから、ヴィルヒョウ（Rudolf Virchow 一八二一―一九〇二）に至る流れの中で、「個体＝不可分体」という概念として展開し、哲学ならぬ医学説として、あるいは医学説を支える生命思想として発展し、一つの社会モデルを提供するまでに至る様子を、そして、生命思想が悪しき形而上学として切り捨てられた現代医学・生物学にあって、生命倫理の場面ではむしろこうした生命思想がわれわれの現実を規定している様子を第四章で見ていくことになる。

現代、生命科学は華々しい邁進を続けている。しかし、同時に次々と開発される技術に対して、これでよいのだろうかという疑問も出てきている。まさにそういった現代こそ、生物学の意味を根本にまで立ち返って考えてみるべき時代であり、良い意味での生命論の復活が待たれているのである。

注

（1） 以下カントからの引用は、『判断力批判』それ自体からではなく、『判断力批判』の「第一序論」からのそれである。第一序論は当初『判断力批判』の序論として書かれたが、長すぎたため書き改められた。現在『判断力批判』の序論はこの改訂版の方である。われわれの目的からすると、いささか冗長な「第一序論」の方がかえって適切であろう。なお、「第一序論」は、篠田英雄訳『判断力批判』（岩波文庫、一九六四）に付録として収録されている。したがって、引用は基本的に篠田英雄氏の邦訳であり、頁数は篠田訳のそれである。ただし、本章の用語と一貫性をもたせるため、有機的組織（Organization）は有機構成という訳語にした場合もある。なお、機械的組織はMechanismusの訳語である。また、篠田訳における構成原理・統整原理はそれぞれ構成的原理・統制的原理とした。

（2） 生命研究が近代科学としての装いをまとうにつれ、生命論と生命科学は分離してきた。そして一部では、生物学が近代化する過程で、生命論的な問いは悪しき形而上学として排斥される側面も確かに見受けられた。しかし、そのような分離を経た後でも、個別研究とともに生命論的な課題を常に問い続けた人々がいる。そして、そうした人々の有力な一部が、近代的なシステム論を推進したのであって、カオス理論や複雑系生命理論、オートポイエーシス理論、内部観測論などを一瞥すれば分かるように、なるほどかつてほど総体に及ぶ緊密な関わりはなくなったかもしれないにせよ、生命論的な問いかけは、現代においても、生命研究の推進において豊かな機能を果たしているのである。

カントやビシャに始まると言ってもよい「第三の道」を洗練させ、数学的衣装をまとわせる試みの中から姿を現してきたのがシステム論であった。おそらく一九三〇—五〇年代にかけてシステム論の原型がつくられたと言ってよいだろう。この時期に、生物系の個別科学においても、たとえば、マクロ生物学で生態系概念や群集概念が洗練されたり、ミクロ生物学でも、ホメオスタシス概念の定式化やアロステリック効果などが発見されたりした。

ウィーナー［一九五七］が提唱したサイバネティクスやベルタランフィ［一九七三］［一九七四］がまとめあげた一般システム論の登場は、それらと並行して、生じた現象である。

だが、システム論の成立が意味したのは、システム一般についての見方の確立であって、生命システムの過不足のない見解の画定ではなかった。この時期の生命システム像の「最大公約数」は、ケストラー［一九八三］によるホロン・システム論に典型的な「階層化された創発的モジュール・システム」とでも名付けられるべきものであろう。

そうした見方は必要条件ではあっても十分条件ではないとして、現在、生命システムの適切な認識のために、複雑系、マトゥラーナ&ヴァレラ［一九九一］や河本［一九九五］によるオートポイエーシス（より一般的にはエナクティブ・アプローチ）、開放定常系、プリゴジーンの散逸構造（ニコリス&プリゴジーン［一九八〇］）、アイゲンのハイパーサイクル（アイゲン&ウィンクラー［一九八一］）、ハーケン［一九八〇］のシナジェティックス等のアプローチが競い合っている。だが、これらの諸アプローチは志向性を異にし、統一的な生命システム像にまとめられるまでには至っていない状況にある。

こうした歴史については、残念ながら、本稿では紙幅の限界もあって、この程度しか取り上げることはできない。文献を参考していただければ幸甚である。

文献（＊印は「おわりに」に解説がある。）

アイゲン、M・ヴィンクラー、R［一九八一］『自然と遊戯（ゲーム）―偶然を支配する自然法則』寺本英ほか訳、東京化学同人（原著一九七五年）

アリストテレス［一九六八］『アリストテレス全集3　自然学』出隆・岩崎充胤訳、岩波書店
石川文康［一九九五］『カント入門』ちくま新書
ウィーナー、N［一九五七］『サイバネティックス―動物と機械における制御と通信』、池原止戈夫・彌永昌吉・室賀三郎訳、岩波書店（原著一九四八年）
河本英夫［一九九五］『オートポイエーシス―第三世代システム』青土社
カント、I［一九六四］『判断力批判』篠田英雄訳、岩波文庫（原著一七九〇年）
ケストラー、A［一九八三］『ホロン革命』田中三彦、工作舎（原著一九七八年）
佐々木力［一九八二］『近代学問理念の誕生』岩波書店
ハーケン、H［一九八〇］『協同現象の数理―物理、生物、化学的系における自律形成』、牧島邦夫・小森尚志訳、東海大学出版会（原著一九七八年）
ベルタランフィ、L［一九七三］『一般システム理論　その基礎・発展・応用』長野敬・太田邦昌訳、みすず書房（原著一九六八年）
*ホール、T・S［一九九〇、一九九二］『生命と物質―生理学思想の歴史（上）（下）』長野敬訳、平凡社（原著一九六九年）
マトゥラーナ、H・R・ヴァレラ、F・J［一九九一］『オートポイエーシス―生命システムとはなにか』河本英夫訳、国文社（原著一九八〇年）
ニコリス、G・プリゴジーヌ、I［一九八〇］『散逸構造―自己秩序形成の物理学的基礎』小畠陽之助・相沢洋二訳、岩波書店（原著一九七七年）

第四章　生命科学と社会科学の交差

——一九世紀の一断面

市野川容孝

Montag　　№ 1.　　den 10. Juli.

Berlin.　　**Die medicinische Reform.**　　1848.

Dieses Blatt erscheint künftig jeden Freitag. Postämter und Buchhandlungen nehmen Bestellungen an.

Eine Wochenschrift

herausgegeben von

R. Virchow und **R. Leubuscher.**

Preis vierteljährlich 20 Sgr. Einzelne Nummern 2 Sgr. Inserate die Zeile 2 Sgr.

Was die „medicinische Reform" will.

Die „medicinische Reform" tritt zu einer Zeit ins Leben, wo die Umwälzung unserer alten Staatsverhältnisse noch nicht vollendet ist, wo aber von allen Seiten schon Pläne und Steine zu dem neuen Staatsbau herzugebracht werden. Welche andere Aufgabe könnte ihr daher näher liegen, als die, gleichfalls bei dem Abräumen des alten Schutts und dem Aufbau der neuen Institutionen thätig zu sein? Politische Stürme von so schwerer und gewaltiger Natur, wie sie jetzt über den denkenden Theil Europa's dahinbrausen, alle Theile des Staats bis in den Grund erschütternd, bezeichnen radicale Veränderungen in der allgemeinen Lebensanschauung. Die Medicin kann dabei allein nicht unberührt bleiben; eine radicale Reform ist auch bei ihr nicht mehr aufzuschieben.

Eine Reform überhaupt war ja schon lange als eine der dringendsten Aufgaben der Gesetzgebung anerkannt. Das Ministerium Eichhorn hatte bekanntlich diesen Gegenstand mit einem unerwarteten Ernst in Angriff genommen und durch Hrn. Schmidt mit einer liebenswürdigen Offenheit die officiellen Grundsätze der öffentlichen Kritik blossgestellt. Viele Vorschläge waren darauf laut geworden, aber noch mehrere waren unterdrückt worden, denn wozu hätte es nützen sollen, in dem christlich-germanischen Staat, dessen Bureaukratie das Vollgefühl ihrer Allmacht und Erbweisheit gegenüber dem beschränkten und unmündigen Unterthanen-Verstande beim besten Willen doch nie ganz verläugnen konnte, Principien der öffentlichen Gesundheitspflege zu entwickeln, welche dem Princip von Gottes Gnaden zuwider liefen, oder Einrichtungen zur Entwickelung unserer Wissenschaft und Kunst zu verlangen, durch welche die medicinische Hierarchie in der Behaglichkeit und Selbstzufriedenheit ihres „Seins" hätte gestört werden können.

Jetzt, wo die Macht des Volkswillens die „breitesten Grundlagen", das demokratische Princip zur Anerkennung gebracht hat, ist es an der Zeit, überall und ohne Rückhalt dessen Consequenzen durch das freie Wort, geschriebenes und gesprochenes, geltend zu machen. Schon treten aller Orten die Aerzte in Versammlungen zusammen, die Bedürfnisse ihres Standes, ihrer Kunst und Wissenschaft durch gemeinschaftliche Berathungen festzustellen und ihre Interessen aus der Hand von „Vorgesetzten" zu nehmen, welche leider nur zu oft die Roccoco-Systeme ihrer Aktentische für den natürlichen Ausdruck des Rechts hielten oder gar die äusserste Zähigkeit der Selbstsucht den gerechten Wünschen ihrer Zeitgenossen entgegenstellten. Aber auch die Presse hat eine neue Stellung eingenommen. Es genügt nicht mehr, in monographischer Form die Wünsche Einzelner zur allgemeinen Kenntniss gelangen zu sehen; es sind periodische Organe nöthig, welche die Wünsche Vieler, ja wenn möglich Aller darzustellen und gegenseitig auszugleichen suchen, welche die Schritte der gesetzgebenden Gewalt (also jetzt der Volksvertretung) verfolgen, insbesondere aber die Maassregeln der ausübenden Gewalt überwachen, nicht weil wir ein historisches Recht haben, ihr zu misstrauen, sondern weil es sich für freie Männer von selbst versteht, dass sie ihre Angelegenheiten auch selbst in Acht nehmen.

Die „medicinische Reform" wird versuchen, diese Aufgabe durch leitende und discutirende Artikel, durch Berichte über die ärztlichen Reform-Versammlungen, durch Besprechung der neuen Reformschriften, durch Mittheilungen über die Schritte der gesetzgebenden und ausübenden Gewalt, soweit sie ihr bekannt wer-

「医学は一つの社会科学である」を合言葉にR・ヴィルヒョウらが1848年に展開した「医療改革」運動。その機関誌の創刊号。

第一節　生命科学と社会科学

本章では、生命科学[1]と社会科学が一九世紀のヨーロッパにおいて、どのように交差していたかを概観しながら、生命科学の近現代史の一断面に光を当ててみたい。

医学史家のジョージ・ローゼン（George Rosen 一九一〇―一九七七）は、医療社会学なるもの、あるいは医学と社会科学の関係について、次のように述べている。「社会科学者は、医療社会学が何か新しい学問分野であるかのように強調しがちだが、医療社会学を、健康状態とその社会的諸要因に関する研究と理解するならば、その歴史的起源はかなり古い。社会科学者が医療社会学を個別分野として認識するはるか以前に……経済学者、医師、社会改革者、歴史学者、そして行政関係者といった人びとは、社会医学的な諸問題に取り組み、その解決に貢献してきたのである。事実、社会学そのものが、その起源の一部をこうした展開に負っているのである」（Rosen［1975］p.74）。

ここでローゼンが言わんとしているのは、次のようなことだ。「医療社会学」という言葉から、人は「医学（医療）」と「社会（科）学」がまず各々、独立のものとして存在し、その後になって両者を橋渡しする「医療社会学」なるものが誕生したかのように歴史を認識するかもしれないが、そうではない。事実は逆で、両者が渾然一体となっていた状況がまず最初にあり、やがてそこから両者が徐々に分離していったのだ、とローゼンは言う。私たちが確認しなければならないのも、「生命」に関する知と「社会的」なものに関する知が融合していたこの場所である。

以下では、(一)まず一九世紀ヨーロッパの生命科学を私なりに概観し、(二)その上で一九世紀に誕生した社会科学がこれとどのように交差していたかを見ていくことにしたい。

第二節 「デカルト的二元論」という偏見——脳死問題を例として

もとより、一九世紀ヨーロッパにおける「生命」に関する知がどのようなものかという複雑で錯綜した問題を、一社会学徒にすぎない私が論じきることは到底、不可能である。しかし、それでも一つの偏見——私自身が身を置いている人文社会系の人びとに特に流布している偏見——を、脳死問題を例にとって、取り除いておくことは必要だろう。

一九世紀を含め西洋近代の生命観については、「デカルト的二元論」という言葉をはさみ込みつつ、往々にして次のように言われがちである。すなわち、西洋近代の生命観は、精神と身体を峻別し、かつ精神を身体に優越させるデカルト的な心身二元論に立脚しているのである、と。しかし、西洋近代に対する、ほとんど決まり文句と化した、こういう物言いは本当に正しいのか。デカルト(René Descartes 一五九六—一六五〇)一人とっても、彼の考えを「心身二元論」と片づけることは実は難しいのだが、仮にそうできるとしても、西洋近代の総体をデカルト一人に閉じ込めることができるほど、事態は単純ではない。

部分的にしか妥当しない評価や見解を全体に拡大適用すること、つまり粗雑な一般化を「偏見」と言うが、西洋近代の生命観を「デカルト的二元論」という言葉でのみ語ることは、まさに偏見の典型であろう。少なくとも一九世紀を考察の対象とするかぎり、この偏見によって、逆に多くの重要なことが見えなくなる。

批判対象としての、この「デカルト的二元論」なるものが、とりわけ日本であらためて言挙げされた最近の事例として、脳死問題をあげることができよう。欧米諸国で脳死が人の死と認められるのは、デカルト的な心身二元論が支配的だからである、デカルト的二元論によって精神とその座としての脳を特権視するから、欧米諸国では脳死をもって人の死とすることに抵抗感がないと同時に、身体はただの物質、あるいはただの機械と見なされ、機械の部品を交換するかのような臓器移植にも抵抗感がないのだ、しかし、日本の、あるいは東洋の生命観は、こういうデカルト的二元論とは違うのだから、脳死を人の死とすることは「自国の文化的伝統」に照らして適切ではない、というようなことが（とりわけ脳死をもって人の死とすることに批判的な人びとのあいだで）言われた。(2)

だが、このような立論は全く素朴に考えて、おかしい。脳死を人の死とすることに反対ならば、差し当たって、従来の三徴候死（呼吸の停止、心拍の停止、瞳孔の散大）を採用する他ないのだが、では、この三徴候死は、どこから来たのか。——他ならぬ西洋近代医学なのであって、しかも一九世紀においては、この三徴候死すら、まだ全幅の信頼をもって確立されていたわけではないのである。

一八八九年にドイツで刊行された医学事典には、「仮死 Scheintod」という項目があり、そこでは死の正確な判定について、次のように記されている（Eulenburg［1889］pp.482-494）。死の徴候としては、まず第一に「呼吸の停止」、「血液循環の停止」、「感覚反応の消失」、「体温の低下（二七℃以下）」、「全身の筋肉の弛緩」などがあり、さらにこれらよりも遅れて見られる第二の徴候群としては「眼球の軟化」、「死斑」、「死後硬直」があるが、第一の徴候群は蘇生可能な仮死状態でも見られるものであるため、これをもって即座に死亡判定を下してはならない。最も確実な死の徴候は「腐敗の開始」であり、それは第二の徴候群をもって初めて確認できるものである。したがって「これらの疑う余地のない徴候が、まだ何一つ現れないうちは、仮死の可能性を考えなければならない」。

死亡判定を「腐敗の開始」（正確には全身の腐乱の開始）まで待つというこの原則は、一八世紀後半に確立されたもので（市野川［二〇〇〇a］）、一八八九年のこの医学事典は、それを反復しているに過ぎず、いわゆる三徴候死も元々は「腐敗」に最も近接したものとして採用されたのであり、また「腐敗」を原点とした死亡判定は、脳死概念が登場する二〇世紀後半まで、西洋近代医学の内部で原則として維持されてきたのである。

しかしながら、脳死概念が登場する二〇世紀後半という言い方も、実は正確ではない。なぜなら、フランスのビシャ（Marie-François Xavier Bichat 一七七一―一八〇二）が『生と死に関する生理学研究』（初版一八〇〇年）の中で、すでに「心臓の死」、「肺の死」と並んで「脳の死 la mort du cerveau」という言葉を用いているからである（市野川［二〇〇〇ａ］）。

ビシャは、この書物の第一部「生に関する生理学研究」で、まず生命を「動物的生命 la vie animale」と「有機的生命 la vie organique」の二つに大別する。前者の「動物的生命」は、外界からさまざまな刺激を知覚として受容しつつ、これらをもとに外界に働きかける生命活動で、ゆえに「外的生命 la vie externe」とも言われる。他方、後者の「有機的生命」は、血液循環や消化など、外部からは、はっきり見えないけれども、身体の内部で繰り広げられている生命活動のことで、ゆえに「内的生命 la vie interne」とも言われる。(3) そして、ビシャは、前者の「動物的生命」＝「外的生命」の中枢器官を「脳」に、後者の「有機的生命」＝「内的生命」の中枢器官を「肺」と「心臓」に求めた。

第二部の「死に関する生理学研究」では、これら三つの中枢器官に生じる死が、互いにどういう関係にあるかが詳細に論じられるのだが、その際、重要なのは、ビシャがどの器官の死を生命の終焉として重視していたかである。ビシャは次のように述べている。

> 脳溢血、脳震盪などにおちいった個体 (individu) は、その外的な生命はすぐさま停止するにもかかわらず、内的には何日も生き続けることがしばしばある。ここで死は動物的な生命において始まっているのである。他方、たとえば外傷や心臓動脈瘤の破裂によって血液循環が、あるいは窒息によって呼吸が停止する場合のように、死が個々の重要な有機的な機能

に影響を及ぼすとき、これらの機能はすぐさま停止し、同時にまた動物的な生命も同じようにすぐさま停止する。……その内的な生命が停止しているにもかかわらず、その外的な生命が維持されている温血（ないし赤血）動物など存在しない以上、有機的な諸現象の消失がいかなる場合でも死一般の確実な徴候なのである。死が現実に生じているか否かについて何か言いうるとすれば、それはこの観点にもとづいてのみである。というのも、外的な生命にかかわる諸現象の停止は、ほとんどいつでも信用できない徴候だからである（Bichat［1822］pp.250–251. 傍点引用者）。

第一部で提示された生命の分類とその中枢器官に関するビシャの見解に重ね合わせて、この箇所を読むならば、ビシャは、「有機的生命」の中心器官である「心臓」と「肺」の死が「死一般の確実な徴候」なのであって、「動物的生命」の中心器官である「脳の死」は「ほとんどいつでも信用できない偽りの徴候」と述べていることになる。

無論、今日、言われるところの「脳死」と、ビシャが二〇〇年ほど前に提示した「脳の死」は、その内実が決して同一視できるものではないが、しかし、西洋近代医学はデカルト的二元論に立脚しているがゆえに、精神と脳を特権視して、脳死を安易に人の死とするのだという物言いが、きわめて根拠薄弱であることだけは明らかだろう。デカルト的二元論に立脚しているならば、ビシャはここで全く逆のこと、すなわち「動物的生命」の中枢である「脳の死」こそが「死一般の確実な徴候」であると言わねばならないはずである。しかし、事実は全く逆であり、さらに、前述の一八八九年の医学事典にも見られるように、ビシャが「有機的生命」の中枢と見なした心臓と肺の死に相当する「呼吸の停止」、「血液循環の停止」さえ、いまだ信頼に足るものではなく、「腐乱の開始」まで待たなければ正確な死亡判定は下せないというのが、一九世紀の西洋近代医学の標準的な見解だったのである。

少なくとも死の判定という問題に関するかぎり、精神を身体に優越させるデカルト的二元論などここには存在しない。脳死問題で真に問うべき（だった）ことは、死の判定に関する一九世紀の西洋近代医学のこうした原則に照らしたとき、限定的にではあれ、脳死を人の死とする今日の医学が、そこから逸脱しているのか、そういう逸脱を認めてよいのか、認める／認めないとすればその根拠は何かなのであって、西洋近代医学をデカルト的二元論なるものに乱暴に閉じ込めて、西洋対東洋（ないし日本）といった安易な比較文明論を、さしたる根拠もなく振り回すことではない。

第三節　「個体＝不可分体」という概念

「デカルト的二元論」という偏見を取り除くことによって、一九世紀ヨーロッパにおける「生命」概念が何でないかを消極的に示すだけでなく、今度は、これをもう少し積極的な形で明らかにしてみよう。

右に引用したビシャのテクストには、もう一つ注目すべきことがある。それは、冒頭にある「個体 individu」という概念である。この概念がビシャの時代に誕生したというわけでは無論ない。しかし、この「個体」という概念が当時どのような含意をもっていたのかを、少し立ち入って見ておく必要があろう。

『生と死に関する生理学研究』は、「生命」に関するビシャの有名な定義で始まる。すなわち「生命とは、死に抵抗する諸機能の集合体（ensemble）である」という定義である（Bichat［1822］p. 2)。マジャンディ（François Magendie 一七八三—一八五五）は、ビシャのこの定義に後年、次のような註を付している。「生命という言葉は、生理学者のあいだで二つの異なる意味をもっている。ある者にとって、それは、生ける身体にあらわれる諸機能すべてに固有の原理を意味する。しかし別の者にとって、それは単に諸機能の集合体（ensemble）を意味するにすぎない。そして、ビシャが採用している生命の意味は、後者である」（Bichat［1822］pp.2-3 傍点引用者）。

マジャンディのこの註釈は、ある意味で意外で、挑発的である。なぜなら、ビシャは、自他ともに認める「生気論者」、つまり生命は単なる物質には見られない固有の性質を備えていると説いた人物と見なされており、マジャンディの右の分類で言えば、「前者」の理解こそ相応しいと考えられるからである。しかし、マジャンディは、そうではないと言う。生気論を否定したマジャンディは、自説とビシャの説に折り合いをつけるため、このような註を付したという側面もあろうが、しかし、マジャンディのこの註釈は、ビシャの生命概念を、ある意味でビシャ以上に的確に表現しているとも言える。

前述のとおり、『生と死の生理学研究』の第二部では、心臓、肺、脳を中心に、ある器官の死が他の器官に伝播していくプロセスが詳細に書かれているが、これは言い換えると、諸機能の「集合体 ensemble」としての生命、つまり、身体の諸々の器官を相互に「不可分 indivisible」な形で結びつける力、諸部分を総合する力としての生命を、死に準拠しながら、言わば逆向きにたどる作業なのである。『言葉と物』（原著一九六三年）の中で、フーコー（Michel Foucault 一九二六―一九八四）は、とりわけキュビィエ（Georges Léopold Chrétien Frédéric Dagobert Cuvier 一七六九―一八三二）に注目しながら、単なる「生物」ではなく、「生命」なるものが誕生したのは一九世紀であり、その背景には、それまでの博物学に見られたような「分類学的概念」から、生命体に関する「総合的概念」への転換があったと指摘したが（フーコー［一九七四］二八二―三〇〇頁）、ビシャもまた「総合的概念」に依拠して生命を見ているのであり、「身体のどのような地点からでも他の点へと向かって必然性の網目を張る」まなざしは（同書二九〇頁）、ビシャの中にも見てとることができる。だから、マジャンディは、ビシャの生命に関する定義を「集合体」という言葉に力点を置いて解釈したのだし、それは間違いではなかったのである。

そうであれば、ビシャの言う〈individu〉には、「個体」という訳語ばかりでなく、愚直に「不可分体」という訳語を付すことが適切だろう。

この「個体＝不可分体」という含意を、ビシャよりも五〇年ほど遅れてではあるが、細胞病理学の確立者として名高いドイツのルドルフ・ヴィルヒョウ（Rudolf Virchow 一八二一―一九〇二）は、より明確に定式化した。

ヴィルヒョウは、一八五九年にベルリンで「原子（Atom）と個体（Individuum）」という講演をおこなっている（Virchow [1862]）。そこでヴィルヒョウは、両者の違いを次のように説明した。――〈Atom〉はギリシア語に、また〈Individuum〉はラテン語に各々、語源をもち、どちらも、それ以上、分割することのできない存在を意味してきたが、しかし、両者は厳密に区別すべきものである。〈Atom〉は、それより小さなものに分解することのできない究極の単位であるのに対し、生命個体を主に指す〈Individuum〉は、われわれが目で見ても、たとえば諸器官、諸組織、諸細胞という形で、まだいくつかの要素に分解可能である。

しかし――とヴィルヒョウは続ける――〈Individuum〉は、次のような意味で依然、分割不可能であり、しかもその意味は〈Atom〉の場合とは異なる。「Atom は、人が思弁によってもそれ以上分割でき*ない*不可分の単位である。これに対して Individuum は、人がそれ以上分割しては*ならない*単位なのであり、それは分割と同時に破壊されてしまうものなのである（Virchow [1862] p.45）。つまり、いくつかの分割可能な要素から成り立っているが、それらを相互に不可分な形で結びつける力によって支えられており、その力の消滅と同時に非存在になってしまう統一体、それがヴィルヒョウの考える〈Individuum〉である。

そしてヴィルヒョウは、「原子」の場合とは異なる「個体」の分割不可能性の意味をダイアモンドとの対比で次のように説明しながら、この「個体」こそが「生命」に他ならないと言う。「一つの結晶からどんなに多くのかけらを切り出しても、それら一つ一つがダイアモンドであることには変わりなかろう。あるいは、化学が教えているように、ダイアモンドとは地質学で炭素としてあらわれるものの、きわめて純粋な形態にすぎないだろう。個体とは生けるもの（lebendig）なのである」（Virchow［1862］p.49）。

さらにヴィルヒョウは、「個体」における分割不可能性を「共同体 Gemeinschaft」という言葉で表現する。「Individuum は、そのすべての要素がある同一の目的に向かって共働している、あるいはこう言ってよければ、ある特定の計画にしたがって活動している統一的な共同体である」（Virchow［1862］p.45）。「個体」と「社会」は、ヴィルヒョウにおいて、互換可能なものとして表象される。「国家とは一つの有機体だと言ってよい。なぜなら、国家は生きた市民によって構成されているからだ。その逆に、有機体とは一つの国家、一つの社会、一つの家族だと言ってもよい。なぜなら、それは出自を同じくする生きた諸要素によって構成されているからである」（ibid. S.55-6）。ヴィルヒョウは、こうした物言いが比喩の域を出るものではないことを自覚していたが、ここにすでに生命科学と社会科学の交差を見てとることができよう。

しかしながら、ヴィルヒョウは、もう一つ重要な指摘を短く付け加えている。「疾患というものは、有機体の実質であるところの統一性という幻想をすべて打ち砕いてしまう」（Virchow［1862］p.72 傍点引用者）。「個体」が、それを構成する要素間の共働によって支えられているとしても、それはある意味で「幻想」にすぎないのであって、「疾患」がそのことを露呈させてしまう、とヴィルヒョウは言う。つまり、「個体」を支える要素間の共働は、いつでも解体されうるもの、脆く、壊れやすいものなのであって、そういう危うさのないところには「生命」もまた存在しないのである。

ヴィルヒョウが提示したような「個体＝不可分体」概念を、もう一つ別の角度から見ておこう。一九世紀半ばから後半にかけて活躍し、ロマン派医学からの脱却を目指したドイツの医学者全般――彼らがビシャやマジャンディらのパリ学派から大きな影響を受けたことはよく知られている――に言えることだが、ヴィルヒョウもまた、それ以前の疾患に関する「実体論 Ontologie」との対決から出発している。

各々の病には実体があり、それが種から芽を出し、葉を出し、開花する植物のように、生命個体において展開すると考える実体論は、まず第一に、健康と病を両立不可能なものとしてとらえ、第二に、病はあくまで部分現象であって、病という概念を生命個体の全体に適用することはできないという前提に立っていた。たとえば、一九世紀前半に活躍したショーンライン（Johann Lukas Schönlein 一七九三―一八六四）は、次のように述べている。「健康と病という二つの対立する概念は、互いに相容れないものであり、それゆえ、われわれが肯定的と見なす一方の現存は、われわれが否定的と見なす他方の不在を必然的に意味する。……また、個々の器官もしくは組織だけが病むのであって、有機体の全体が病むということは決してない。つまり、存在するのは局所的な疾患だけなのである」(Schönlein [1839] p.39)。

ヴィルヒョウは、健康と病を対立させるショーンラインのこうした「実体論」を徹底的に批判した。「疾患とは、それ自体で生成するもの、それ自身で閉じたもの、自律自存の有機体、外から身体に侵入してくる実体などでは決してないし、その実体から生まれてくる寄生物でもない。疾患というのは、変化した諸条件下での生命現象の過程を表現しているのにすぎないのである」(Virchow [1847] p.3)。つまり、健康も病も、ともに等しく生命現象であって、違いは、それらが各々どのような条件下にあるか、あるいは異なる条件の下で、どのように機能しているかだけである。

したがって、「病理学」を病んだ身体を究明するもの、その逆に「生理学」を正常な身体のメカニズムを究明するものとして相互に分離し、対立させるような従来の医学も間違いである。「われわれの課題は……病理学的生理学(pathologische Physiolgie)というものを確立することなのである。病理学は生理学の中に統合されなければならず、疾患という概念も、それを例外状態としてとらえたり、実体論的にとらえることを止めなければならない」(Virchow [1856] p.32)。ヴィルヒョウのこの考えは、彼が一八四七年に創刊した雑誌の名称[4]によく表れている。

しかしながら、実体論に対する批判は、健康と病を背反現象として理解することへの批判だけではない。第二に、病を部分的現象ととらえることもまた批判の対象となる。

ヴィルヒョウとともに、ロマン派医学からの脱却を押し進めた同世代のW・グリージンガー(Wilhelm Griesinger 一八一七―一八六八)は、彼の「精神疾患は脳の疾患である」という命題だけが一人歩きして、その医学的思考の総体は今日、正確に理解されていないが、(5) グリージンガーは、疾患の「全体的」理解ということを強調した。たとえば、精神医療における患者の診断に際しては「その個性（Individualität）を形づくる生活史の全容がつきとめられなければならない。……疾患は、個々の病因ではなく、その全体（Totalität）に帰せられるべきなのである。具体的な症例では、たとえば、長期にわたる飲酒癖、激情、あるいは遺伝的資質、家庭生活での不満、そして心疾患、あるいはまた出産、そして激しい怒りと恐怖、あるいは不幸な恋愛、そして結核の発症……これらすべてが狂気の原因を形づくっているのである」（Griesinger［1861］pp.133-134 傍点引用者）。

「精神疾患は脳の疾患である」というグリージンガーの言明から、人は、それこそ疾患を一器官に局在させるような狭隘な思考を連想するかもしれないが、それは全くの誤解である。たとえば、グリージンガーの次のような警句は、今まであまりに無視されてきた。「精神医療ほど、強固な個性化（Individualisiren）が求められる領域は他になく、また、一つの疾患ではなく一人の病める人が、躁暴ではなく躁暴になった人が、われわれの治療の対象なのだという意識を常にもつことが必要とされる領域も他にない」（Griesinger［1861］p.473）。今日よくなされる、「病気」を見て「病人」を見ない医学という批判は、グリージンガーには全く当てはまらないし、グリージンガーが今日でも（その思考がいまだ非科学的だと論難されるショーンラインに比べて）西洋近代医学の主流に位置づけられていることから考えると、この種の批判は、西洋近代医学そのものに対しても妥当しないと考えるべきかもしれない。グリージンガーが「精神疾患は脳の疾患である」と言ったのは、それまでのロマン派医学に見られたもう一つの傾向、すなわち現前している病気、いや実際に病んでいる人に目を向けず、抽象的かつ思弁的に疾患の分類体系を作りあげる傾向を批判し、医学的まなざしに実証性を導入する、あるいは回復させるためであった。医学的まなざしを「一人の病める人」に連れ戻す一つの準拠点として、グリージンガーは「脳」に注目したのである。

グリージンガーのテクストにおいても、私たちは「個体＝不可分体」という概念に出会うわけだが、「疾患」ではなく「一人の病める人」を見よ、というグリージンガーの主張は、彼が繰り返し強調する「全体（性）Totalität」という言葉にも表れているように、病を部分的現象としてとらえることへの批判でもある。

しかしながら、グリージンガーの「個体＝不可分体」概念において特徴的なのは、それが精神と身体の不可分性をも含意している点である。「家庭生活での不満」と「心疾患」、あるいは「不幸な恋愛」と「結核の発症」という、それこそ私たちが精神的なものと身体的なものと分けて考えがちな現象を、しかしグリージンガーは不可分な形で結びつけることによって、精神疾患ではなく、精神病者の「個性＝不可分性」を明るみにしようとする。「精神と身体という二元論」を脱却し、「肉体的現象と精神のそれとの直接的な一体性」を、どんな場合でも見失わないこと、それがグリージンガーの目指した医学なのであって（Griesinger［1872］p.105）、デカルト的二元論という偏見は、ここでも失効する。

だが、このグリージンガーの精神医学をもって、西洋近代医学の総体がデカルト的二元論と全く無縁であったと主張するならば、それはそれで別種の偏見、つまり粗雑な一般化を新たに生み出すことになろう。最低限、確認すべきことは、西洋近代医学＝デカルト的二元論と図式化できるほど事態は単純ではなく、志向を異にする、さまざまな線分が複雑に絡み合って、いわゆる西洋近代医学なるものは出来あがっているということである。

第四節　社会科学

一九世紀の生命概念の一つの核は、以上に述べてきたように、「個体＝不可分体」という概念に見出すことができるが、それは同時期に誕生した「社会科学」(6)を基礎づける概念でもあった。一八九三年の『社会分業論』の中で、社会学者のE・デュルケーム（Emile Durkheim 一八五八―一九一七）は、よく知られた「機械的連帯」と「有機的連帯」という対概念を提示している。デュルケームによれば、「機械的 mécanique」な連帯とは、「たがいに類似している」ことを根拠に成立する連帯であり、その典型は、同じ国民であること（だけ）を根拠にした祖国愛（ナショナリズム）である（デュルケーム［一九七一］一〇三頁）。これに対して、「有機的 organique」な連帯とは「分業」が生み出す連帯であり、「この連帯は、諸個人がたがいに異なることを前提とする。……この連帯は、高等動物に観察される連帯とそっくりである。事実、そこでは、各器官には、その専門的な特徴、その自律性があるけれども、有機体としての統一性は、この部分の個性化がいちじるしくなるほど、大きくなる」(同書一二八—一二九頁)。

「類似」を根拠とした機械的連帯と、その逆に(分業が生み出す)「差異」を前提とした有機的連帯というデュルケームの弁別は、ある意味で陳腐なものである。なぜなら、それは、その三十年以上前にヴィルヒョウが定式化した「原子 Atom」と「個体＝不可分体 Individuum」という弁別の焼き直しにすぎないからである。機械的連帯とは、炭素という同一の原子の連続からなるダイアモンドに他ならず、有機的連帯は、まさに生命有機体のモデルを社会に転用したものであり、このような転用はヴィルヒョウが、生命の別名に他ならない「個体＝不可分体」を「ある同一の目的に向かって共働している共同体」と表現したときに、すでに準備されていたのである。

一九世紀の社会(科)学にとって「分業」は中心的テーマの一つであり、ジンメル(Georg Simmel 一八五八—一九一八)も、これを指標として一八世紀の個人主義と、一九世紀のそれを明確に分けた(『社会学の根本問題』一九一七年)。「自然」という概念を下敷きにした一八世紀の個人主義は、たとえばルソー(Jean-Jacques Rousseau 一七一二—一七七八)に典型的に見られるように、現実の社会が制度化した人間のあいだの差異＝不平等(たとえば身分制)を、「自然状態」への回帰によって解消しようとするが、ここにおいて「自由」と「平等」は同時に達成される。「もし普遍的人間、いわば自然法則としての人間が、経験的性質、社会的地位、偶然に受けた教育によって個性化した各人の内部に本質的核心として存在するのであれば、その各人を、人間の最も根本的な本質を覆い隠している、これら一切の歴史的な影響や牽制から自由にしてやりさえすれば、万人共通のもの、人間一般がその本質として各人のうちに姿を現わすであろう」（ジンメル［一九七九］一〇六—一〇七頁、ただし原文参照のうえ訳文を一部変更）。

これに対して、一九世紀の個人主義は、平等＝無差異を目指すのではなく、その逆に「諸個人が相互に区別されることを欲する」（同書一二二頁）のであり、この転換の背景には「分業という社会的原理」（同書一二六頁）の展開がある。「原理的に無差別とされた原子的な諸個人」（同書一二八頁）という像に立脚した一八世紀の個人主義とは異なり、一九世紀の個人主義は「多種多様なメンバーの統一からなる有機体としての全体性という観念」を同時に内包する（同書一二八頁、傍点引用者）。

デュルケームとジンメルは、分業の進展によって大きく変容する社会を、「有機体」という生命科学の根本概念によって理解した。しかし、社会科学と生命科学の交差は、一九世紀も終わりの彼らにおいて初めて生じたのではない。交差は、もっと以前から始まっている。

サン-シモン（Henri Saint-Simon 一七六〇—一八二五）と親しかった、医師のエティエンヌ・バイイ（Etienne Bailly 一七九六—一八三七）は、後にデュルケームがサン-シモン自身の手によるものと誤解した一八二二年の「社会制度の改善に応用される生理学について」と題するテクストの中で、「一般生理学 physiologie générale」あるいは「社会生理学 physiologie sociale」なるものを提示しながら、次のように述べている。「一般生理学は諸個体を高所から考察する。一般生理学にとっては個体（individu）は社会体（corps social）の器官にすぎず、一般生理学は……この社会体の有機的機能を研究しなければならない。なぜなら、社会は、その行動が全体の究極目的と無関係で、個々の気ままな意思にしか原因をもたず、一時的な、あるいはまったく取るに足らぬ偶発事しか生み出さないような、生者の単なる寄せ集まりでは決してないからである。それどころか、社会は、一つの全体であり、あらゆる部分が全体の進行にさまざまな仕方で寄与しているところの、真に有機的に組織された機構である」（サン-シモン［一九八八］三九一頁、傍点引用者）。

そして、デュルケームは、右のような誤解をしつつではあるが、このバイイの「一般生理学」あるいは「社会生理学」を、コント（Auguste Comte 一七九八―一八五七）の「社会学」につなげる。「サン-シモンはのちにコントが打ち出した社会学という言葉を使ってはいない。彼が使っているのは社会生理学という言葉であるが、これはまったく社会学と同等のものなのである」（デュルケーム［一九七七］一二〇頁、傍点引用者）。サン-シモンとバイイの取り違えという点を除けば、コントの「社会学」を「生理学」につなげるデュルケームのこの理解は、全く正しい。

「社会学 sociologie」という言葉の初出は、コントの『実証哲学講義』の第四巻に確認できるが（Comte［1839→1908］p.132）、この第四巻は「生物学」を詳細に論じた第三巻の上に築かれている。周知のように、コントは『講義』において、「数学」、「天文学」、「物理学」、「化学」、「生物学」の順に論じ、しかも学問はこの順番で進化すると説いたが、「社会学」は、最後の「生物学」において生じる「無機的思考 philosophie inorganique」から「有機的思考 philosophie organique」への転換を土台として、初めて成立可能になるのである（Comte［1838→1908］p.445）。

このことを踏まえるならば、コントが「社会学」という言葉以前に、これに相当するものとして用いていた〈physique sociale〉という言葉は、慎重に訳さなければならない。これまで「社会物理学」と訳されることが多かったが、これは不適切である。というのも、これでは、「物理学」から「化学」へ、そして「生物学」へという思考の発展のダイナミズム、とりわけ「社会学」が前提としている、「生物学」における「無機的思考」から「有機的思考」への転換が無視されてしまうからである。「神学的状態」、「形而上学的状態」、そして「実証的状態」というコントの例の「三状態の法則」を念頭に置くならば、〈physique sociale〉は、社会に関する「形而上学 metaphysique」ではない physique つまり「実証的」科学ほどの意味に解されるべきである。

いずれにしても、コントは、この〈physique sociale〉を言い換える形で「社会学 sociologie」という言葉を新たに用いるのだが、しかし、なぜこのような言い換えが必要だったのか。コントは〈physique sociale〉という言葉に付したある註の中で、次のように述べている。

この言葉［=physique sociale］、ならびにこれと同様に重要な「実証哲学 philosophie positive」という言葉は、政治哲学に関する十七年前の私の最初の論考［=「社会再組織に必要な科学的作業のプラン」（一八二二年）］において生み出された。両者は全く新しい言葉だったが、しかし、これら二つの重要な用語は、その本来の意味を全く理解しない、さまざまな論者によって誤解されて使われてしまったため、言うなれば、ぼろぼろにされてしまった。……最初の言葉［=physique sociale］に関して言えば、こういう誤用をしてきた人物として、まず真っ先に挙げなければならないのは、単に統計だけを扱った自分の最近の著作のタイトルに、この言葉を選んだあるベルギー人の学者である（Comte［1839→1908］p.4）。

言うまでもなく、この「ベルギー人の学者」とはケトレ（Lambert Adolphe Jacques Quetelet 一七九六―一八七四）であり、その「最近の著作」とは彼の『人間について、あるいは社会物理学に関する論考 Sur L'homme…ou essai de physique sociale』（一八三五年）である。つまり、「単に統計だけを扱う」ケトレの「社会物理学」と手を切るために、コントは、自分がその産みの親だと自負する〈physique sociale〉という言葉を捨て、〈sociologie〉という言葉を新たに作ったのである。

だが、コントは、なぜケトレと統計学をそれほどまでに嫌悪したのか。――それは、コントが、「個体＝不可分体」あるいは「有機体」という生命科学の基本概念にあくまで忠実に、社会に関する科学を立ち上げようとしたからに他ならない。

およそ統計が前提としているのは、「原子」としての個人である。統計は、その「原子」としての個人が、どの場所に、どのカテゴリーに、どれだけの数で集積しているかを測定することはできても、その要素間の「不可分」な結びつきや連関というものには主たる関心を払わない。統計のこの基本的性格は、ハッキング（Ian Hacking 一九三六年生）の次のような指摘によっても裏打ちされるだろう。ハッキングによれば、統計的思考が発達したのは「原子論的、個人主義的、リベラルな思考」が主流の西ヨーロッパにおいてであり、その逆に「全体論的、集団主義的、保守的」な思考が主流の東ヨーロッパでは、統計的思考は蔑ろにされたのである（ハッキング［一九九九］五三頁）。

コントの「社会学」は、生物学が準備した「有機的思考」、すなわち諸要素を不可分な形で結びつける思考によって強く規定されていたがゆえに、それが「原子」モデルに立脚した統計（学）と混同されることは、コントにとって耐えがたいことだったのである。

第五節　病める生命＝社会

異なる諸要素が、しかし相互に不可分な形で結びつく集合体としての「個体＝不可分体」ないし「有機体」という生命科学の根本概念に依拠しながら、一九世紀の社会科学は社会を語ろうとした。だが、一九世紀の社会科学にとって、これらは現実の社会を記述する概念であるよりも、むしろ到達すべき目標、理想だったと言う方が適切である。というのも、一九世紀の社会科学を、その根底において基礎づけていたのは、「個体＝不可分体」や「有機体」という概念が示唆するような全体的調和が、しかし現実の社会においては破綻しているという認識ないし不安の方だったからである。

デュルケームが『社会分業論』で提示したのは、「機械的連帯」と「有機的連帯」だけではない。これらに加えて、異常形態としての「アノミー的分業」、すなわち「分業が連帯を創出しなくなる」ような状態という概念が提示されるのであり（デュルケーム［一九七二］三四二頁以下）、『社会分業論』全体は、このアノミー的分業に対する不安を基盤にして書かれていると言ってよいかもしれない。そして、デュルケームは、再び生物学に依拠しながら、このアノミー的分業を「癌や結核」、すなわち「有機体を食いものにして生きようとする別個の有機体が形成される」ことになぞらえた。(同書三四二頁)。

ヴィルヒョウが「個体＝不可分体」という概念に付した、短いが重要な指摘を思い出そう。ヴィルヒョウは、「個体＝不可分体」というのは一種の「幻想」であり、「疾患」がそのことを露呈させると言った。さらにヴィルヒョウは「疾患」とは何かについて、こう述べている。「国家の生命と同様に、個体の生命においても、その全体としての健康状態は、これを構成する個々の要素の繁栄と、それら相互の関係の緊密さによって規定されている。つまり、個々の要素が、共同体にとって不利益となる不活性状態に陥ったり、あるいは全体を犠牲にした寄生的な存在となるとき、疾患が発生するのである」(Virchow [1862] p.72)。悪性腫瘍は、この「全体を犠牲にした寄生的な存在」の典型だろう。

しかし、冒頭の「国家の生命と同様に」という語句にも表れているように、デュルケームよりも先んじて、ヴィルヒョウ自身、生命個体における「疾患」概念が、そのまま社会に適用できることを十分、自覚している。事実、一八四八年の各地におけるコレラやチフスの流行に際してヴィルヒョウが目の当たりにしたのは、病める生命個体(個人)ばかりでなく、それ以上に病める社会だったのである。一九世紀は分業を前提とした「差異」の個人主義の時代である、というジンメルの主張は、ある意味で欺瞞的である。なぜなら、そのときの「差異」とは、何よりも富める者と貧しい者の「格差=不平等」として認識されなければならないということが、そこでは隠蔽されているからだ。この「格差=不平等」という問題をいち早く洞察したのは、社会学者のジンメルではなく、むしろ医学者のヴィルヒョウの方である。

「一八四八年の流行病」と題する論考で、ヴィルヒョウは、ほとんど告発に近い口調で次のように述べている。「今や国民は、その自らの愚かさによって苦しんでいる。一体、何のためにコレラやチフスは存在したのか。一体、何のために、国民のうち富裕な階級の人びとがごく少数の犠牲者を出すだけですんだ一方で、何千人というプロレタリアートは死んでいったのか。……オーバーシュレジエンにおいて、チフスは、もしその住民が心身の両面で打ち捨てられていなかったならば、大規模な流行にはならなかっただろう。また、労働者階級におけるコレラの犠牲者が、富裕階級と同じぐらいの数で済んでいたならば、その猛威も取るに足らないもので済んだだろう」(Virchow [1851] pp.9-10)。

社会が病んでいるとは、どのような状態なのか。生命個体の疾患に関するヴィルヒョウの考えを敷衍するならば、次のようになるだろう。すなわち、社会の一部の「階級」が、「全体を犠牲にした寄生的な存在」となりつつ、ますます富んでいく一方で、別の「階級」は一層、貧しくなり、その結果「共同体にとって不利益となる不活性状態」となるような状態である。事実、ヴィルヒョウはそのように考えていたのであり、彼は医師として「社会的殺人」(エンゲルス『イギリス労働者階級の状態』）の現実に直面したのである。

コレラやチフスに罹った個々の病める身体の中に、病める社会を発見するヴィルヒョウは、したがって次のように言う。「民主主義と社会主義は、医師たちあいだでこそ最も多くの支持者を得たということ、最も左翼的で、一部で運動の先頭に立っているのは医師たちであることは、全く当然である。医学とは一つの社会科学（sociale Wissenschaft）であり、さらに政治とは広義の医学に他ならない」（Virchow [1848]）。

社会を一つの「個体＝不可分体」ないし「有機体」として見る、という意味での生命科学と社会科学の交差は、ヴィルヒョウが自覚していたように、単なる比喩の域を出ない。しかし、ヴィルヒョウがここで提示している生命科学（医学）と社会科学の交差は、もっと直接的なものである。人間のあいだに格差と不平等をもたらす力としての「社会的」なもの、しかし、自然ではなく人間自身が生み出した力としての「社会的」なもの、さらに、そうであるがゆえに、その格差や不平等を是正していくために人間自身に課せられる、さまざまな実践としての「社会的」なもの——そういう意味での「社会的」なものが、他ならぬ医学の側から提示されたのである。

注

（1）ここに言う「生命科学」を〈life science〉の訳語と解するならば、原語の〈life science〉は、周知のように一九六〇年代になって定着する、きわめて新しい言葉である。「社会科学」に相当する言葉は、後述するように一八世紀の終わり、遅くとも一九世紀前半には西洋諸語において確立されており、したがって「一九世紀の社会科学」という表現は歴史的に見ても問題ないが、本章で便宜的に用いる「一九世紀の生命科学」という表現は、その当時にはなかった言葉——存在したのは「医学」、「生理学」、「生物学」に相当する言葉のみである——で、当時の動向を語るという遡及的な誤用であることを、あらかじめ明記しておく。

（2） この典型として、梅原猛「脳死・ソクラテスの徒は反対する」（『文芸春秋』一九九〇年一二月号）、および彼が委員を務めた「臨時脳死及び臓器移植調査」（脳死臨調）の最終答申「脳死及び臓器移植に関する重要事項について」（一九九二年一月二二日）中の少数派意見「『脳死』を『人の死』とすることに賛同しない立場で」。私自身は別の理由で、脳死を人の死とすることに賛同できないが、「デカルト的二元論」、「日本的生命観」といった単純きわまる図式で、この問題に対処すべきではないと考える（市野川［二〇〇〇a］）。

（3） ビシャのこの「有機的生命」＝「内的生命」という概念を、「社会学 sociologie」という言葉を初めて用いたことでも知られるフランスのA・コントは後に「植物的生命」とも言い換えている（たとえば一八三八年刊行の『実証哲学講義』第三巻、第四三講のタイトルに見られる「植物的あるいは有機的生命 la vie végétative ou organique」という表現）。遷延性意識障害の人びとに対して今日しばしば適用される「植物状態」という不適切な表現の源泉は、一九世紀前半の生命に関するこうした概念の系譜に逆上ることができよう。つまり、今日「植物状態」と呼ばれる状態にある人は、ビシャ-コントの用語に依拠して言えば、「動物的生命」＝「外的生命」の確認は困難だが、「有機的生命」＝「内的生命」＝「植物的生命」は確かに存続している人ということになる。

（4） *Archiv für pathologische Anatomie und Physiologie und für klinische Medicin.*（『病理解剖

学・生理学および臨床医学宝函』)

(5) グリージンガーの精神医学については別の場所(市野川[二〇〇〇b])で詳しく論じた。

(6) 「社会科学」という言葉は、一七九〇年代にコンドルセ(Marie Jean Antoine Nicolas de Caritat, Marquis de Condorcet 一七四三―一七九四)が〈science sociale〉という形で用いたのを筆頭に、一九世紀前半には英語、ドイツ語でも、これに相当する言葉が定着していく。この点については拙稿(市野川[二〇〇一])で詳細に論じた。

文献(邦文)(*印は「おわりに」に解説がある)

アッカークネヒト、E・H[一九八四]『ウィルヒョウの生涯』舘野之男ほか訳、サイエンス社(原著一九五三年)

市野川容孝[二〇〇〇a]『身体/生命』岩波書店

――[二〇〇〇b]「医療という装置―W・グリージンガーの精神医学」栗原彬ほか編『越境する知[4]装置』東大出版会、一二九―一六四頁

――[二〇〇一、二〇〇二]「「社会科学」としての医学」(上・下)『思想』第九二五号(二〇〇一年六月号)一九六―二二四頁および第九三九号(二〇〇二年七月号)一一六―一四二頁

ウィルヒョウ、R[一九八八]『細胞病理学』(科学の名著第II期・2)梶田昭訳、朝日出版社(原著一八五八年)

*川喜田愛郎[一九七七]『近代医学の史的基盤』(上・下)岩波書店

サン-シモン[一九八八]『サン-シモン著作集・第五巻』森博編訳、恒星者厚生閣。

シゲリスト、H・E[一九七三]『文明と病気』(上・下)松藤元訳、岩波書店(岩波新書)(原著一九四三年)

清水幾太郎［一九七八］『オーギュスト・コント―社会学とは何か』岩波書店（岩波新書）

ジンメル、G［一九七九］『社会学の根本問題』清水幾太郎訳、岩波書店（岩波文庫）（原著一九一七年）

デュルケーム、E［一九七一］『社会分業論』田原音和訳、青木書店（原著一八九三年）

――――［一九七七］『社会主義およびサン-シモン』森博訳、恒星社厚生閣（原著一九二八年）

ハッキング、I［一九九九］『偶然を飼いならす』石原英樹・重田園江訳、木鐸社（原著一九九〇年）

バム、P［一九七七］『卵から――混沌の中の医学』大羽更明訳、思索社（原著一九五六年）

*フーコー、M［一九六九］『臨床医学の誕生』神谷美恵子訳、みすず書房（原著一九六三年）

――――［一九七四］『言葉と物』渡辺一民・佐々木明訳、新潮社（原著一九六六年）

文献（欧文）

Ackerknecht, E. H. [1992] *Geschichte der Medizin*. 7. Aufl. Stuttgart.

Bichat, X. [1822] *Recherches physiologiques sur la vie et la mort*. 4. ed. Augmentée de notes par F.Magendie. Paris.

Comte, A. [1839→1908] *Cours de philosophie positive*. Tome 3. Paris.

―――― [1839→1908] *Cours de philosophie positive*. Tome 4. Paris.

Eulenburg, A.(Hg.) [1889] *Real-Encyclopädie der gesammten Heilkunde*. Bd. 17. Wien/Leipzig.

Griesinger, W. [1861] *Die Pathologie und Therapie der psychischen Krankheiten*. 2. Aufl. Stuttgart.

―――― [1872] *Gesammelte Abhandlungen*. Bd. 1. Berlin.

Rosen, G. [1975] "Die Entwicklung der sozialen Medizin" in: H-U.Deppe/M.Regus (Hg.) *Semi-*

nar: Medizin, Gesellschaft, Geschichte. Suhrkamp. S.74-131.

Schönlein, J. L. [1839] *Allgemeine und specielle Pathologie und Therapie*. St.Gallen.

Virchow, R. [1847] "Über die Standpunkt in der wissenschaftlichen Medicin" in: *Archiv für pathologische Anatomie und Physiologie und für klinische Medicin*. Bd.1(1847): 1-19

——— [1848] "Der Armenarzt" in: *Die medicinische Reform*. No.18(3.11.1848)

——— [1851] "Die Epidemie von 1848" in: *Archiv für pathologische Anatomie und Physiologie und für klinische Medicin*. Bd.3(1851): 1-12

——— [1856] *Gesammelte Abhandlungen zur wissenschaftlichen Medicin*. Frankfurt a.M.

——— [1862] *Vier Reden über Leben und Krankheit*. Berlin.

第五章　中世ルネサンスの医学と自然誌

小松真理子

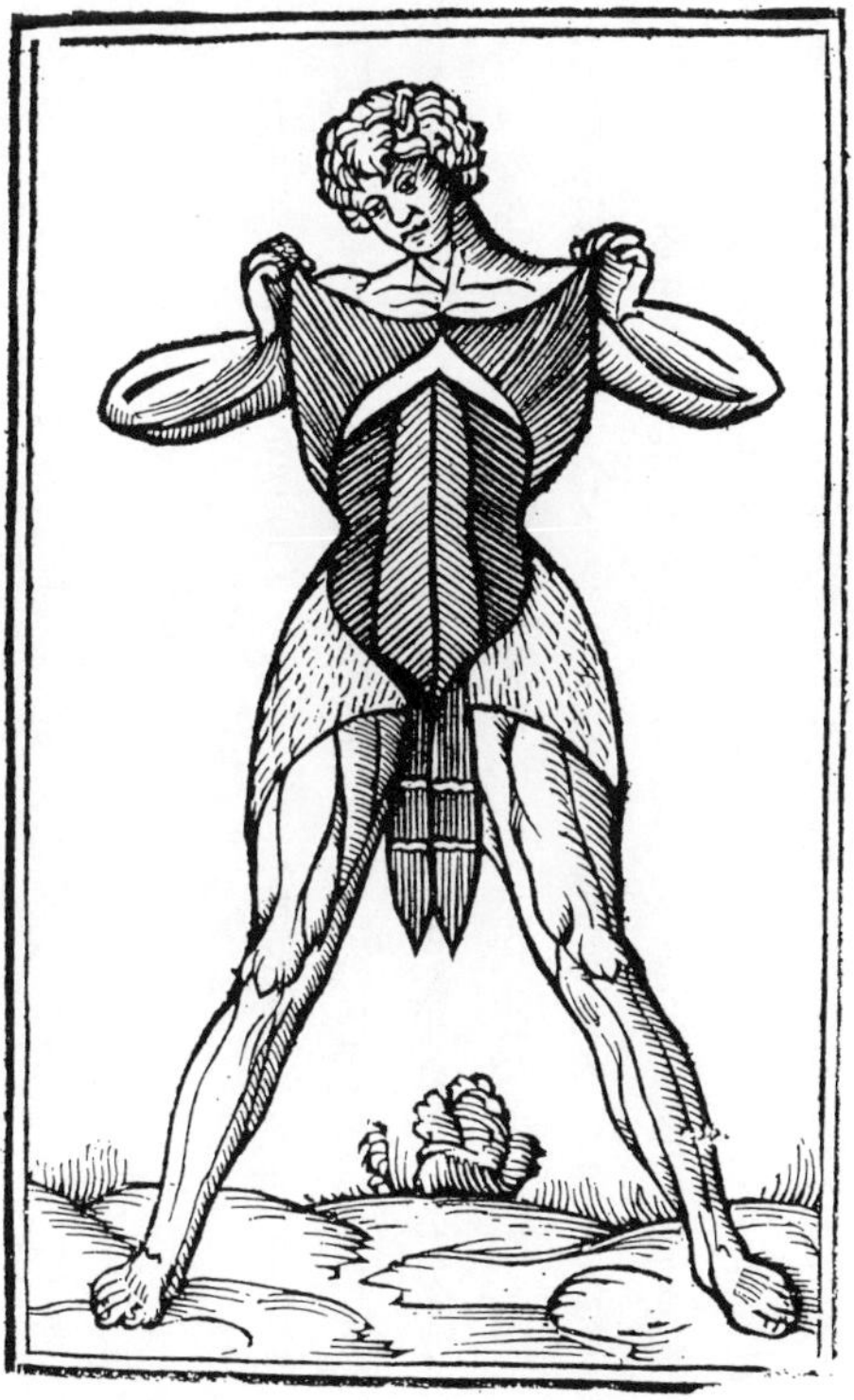

ベレンガリオ・ダ・カルピの『人体解剖入門』(1535年)中の挿絵より

第一節　はじめに――見取り図

近代の医学と生物学は、一九世紀に生物学 biology が誕生し、近代医学は一八世紀末に端を発し一九世紀臨床医学として発展し、医学が一九世紀にはその生物学を基礎に据えた自然科学的医学となり、医学と生物学が結合し生物医学 biomedicine となった。二〇世紀半ばからの分子生物学革命により、分子レベルのミクロな生物学は生物学の主流となった。近代生物学ではいきものの原理は生命であり、いまや生命の秘密は遺伝子であり、その本体は DNA である。(DNA は生きていない物質であり、ケラー (Evelyn Fox Keller 一九三六年生) によれば、ワトソン (James Dewey Watson 一九二八年生) とクリック (Francis Harry Compton Crick 一九一六年生) によって暴かれた二重らせんの生命の秘密は死の秘密に通ずるという。ケラー [一九九六] 参照。) いまや医学の研究対象も主流は遺伝子に収斂しつつあるのかもしれない。一方生物学には、多様性を狩る方向性も存続している。生態学・動物行動学などのマクロな生物学である。(こういった現代につながる歴史については、第一章で詳しく論じられた。)

非近代の医学と生物学は、生物学も生物学という統一体はまだなく、いきものの学は動物学と植物学に分かれていた。というより、自然界が鉱物・植物・動物・人間に分かれていた。前三者に関するものが博物学であり自然誌 natural history である。人も被造の自然でありいきものであるが、理性によって神にも通ずるところのある格別なものだった（第一章第二節を参照）。非近代の医学は単に医（medicine は医術でもあり医学でもある。それを包括して医と訳すことも多い）としてあり、人の病を癒し治すための術と学であった。医学も含めたいきものの学には、方向として誌または史（historia）を追求する方向と、理を追求する方向（自然学＝physica）とがあった。多様性を狩る遠心方向と原理追求の求心方向といえようか。それが、博物学の前身である自然誌と生理学である。生理学は人体の自然学として医学の中にあった。自然誌が雑多な記述の集積で量的拡大を遂げていくのに対し、生理学でいきものの原理とされてきたものは、永きに渡って霊魂 anima であった。多様性を求める自然誌にしても、植物誌は本草学・薬剤学から離れず主に薬草の効能の側面から探求されたものであり、動物誌は人間にとっての有用性ほか種々雑多な記述や、動物の生態に意味を読み取る寓意的物語を含むものであった。

医は太古から必要なものであったため、その歴史は古く古代や原始時代の癒しの営みにまで遡る。医学が強力になり始めたのは一九世紀以降である。ヨーロッパ中世前期には、医は術の性格が強く、経験的・実学的であった。治療 cure と癒し care の区別も定かではなく、それらは一体となった行為（ラテン語の cura は治療と癒し両方を含む言葉）であった。修道院は医療を院の外にも提供（＝診療所・療養所）し僧医も育成した。したがって修道院医学の時代とされる。聖職者が王侯の侍医になることもあった。だが修道院医学の恩恵に浴せるのは点在する修道院の周辺地域に限られており、民衆医療も大きな部分を占めていたはずである。また起源は不詳だがサレルノで世俗の医学校が自生し、一一・一二世紀には有名であった。サレルノは実践的経験的学風でならした。中世前期は医師の免許制度とは基本的に無縁だが、サレルノでは医師の免許も出した。

「十二世紀ルネサンス」によるテキストの供給によって、サレルノにおいても医学の理論化が起こり、医学は術のみではなく、学となっていく。生理学は病理学や保健学とともに理論的医学の要であった。そして一三世紀には、大学の医学の興隆をみる。医学は一層理論化し、また免許制度が拡充し始める。免許をもった学識ある医師と下級医療職の混在する医の世界となる。古代以来の養生法という領域は中世近世と永く残った。

一八世紀まで自然は四界であった。鉱物・植物・動物・人間はそれぞれ別なものであった。アリストテレス（Aristotelēs 前三八四―前三二二）によれば、いきものは霊魂をもつものであり、鉱物のようにいきていないものは霊魂をもたず、植物・動物・人間は三種の霊魂によって区別された。アリストテレス流の多様性を求めつつかつ原理も求めるような動物学 zoology や植物学 botany がヨーロッパ中世に部分的に再生するのは一三世紀（アルベルトゥス・マグヌス（Albertus Magnus 一二〇〇頃―一二八〇））、それらがさらに印刷本の普及などにより進展し始めるのが一六世紀（「ドイツ植物学の父たち」や動物誌のゲスナー（Conrad Gessner 一五一六―一五六五）、アルドロヴァンディ（Ulysse Aldrovandi 一五二二―一六〇五）ら）と言える。だが中世から一六世紀までの植物学とも し言うなら、大半は薬草の効能の側面からのみ多様性を狩る植物学で、ほぼ本草書・薬用植物誌 herbal であった。中世から一六世紀までの動物学も、大半は動物の行動に意味を読み取る寓意的自然誌であり、ほぼ動物寓意物語bestiaryであった。(こういった「いきものの自然学」については、第六節で論じる。)

自然誌から博物学への変換はフーコー(Michel Foucault 一九二六―一九八四)が指摘しているように一七世紀半ばと言える。自然誌は一六世紀のゲスナーといえどもまだ寓意物語も含む雑多で冗長な記述で単なる物語・誌histoireだったが、博物学histoire naturelleは自然のみの記述に限定し、自然の表を簡潔に作成する。一六五七年の、ヨンストン(John Johnston 一六〇三―一六七三)の『四足獣の博物学』に博物学の誕生をみることができる(フーコー[一九七四]、ウェブスター[一九九九])。あるいは一七世紀末のレイ(John Ray 一六二七頃―一七〇五)の動植物学にはすでに博物学が誕生しているのをみることができる。

一六世紀には、ギリシア語では生理学の意味ではなかったphysiologiaなる語を医学の自然部分=生理学としてフェルネル(Jean François Fernel 一四九七?―一五五八)が初めて用い、『生理学』を『医学』の第一部として一五五四年刊行した。健康な人体の働きの理を求める学、即ち人体の自然学=生理学といってよい。

一六世紀の解剖学の勃興は、確かに解剖学を人体内部の自然誌とみることもできるが、死せる人体を切り開いてその内部を観察の対象にすることであるから特異な事態が勃発したといえる。一五四三年のヴェサリウス(Andreas Vesalius 一五一四―一五六四)の『人体の構造』は主にガレノス(Galēnos 一二九―一九九)説の呈示が目的だったにしても、ヴェサリウス自ら執刀の意味は大きい。

また人間についての自然誌としては怪物・奇形・異人種の多様性を狩る方向もある。

以下には中世（五―一五世紀）とルネサンス（一六世紀）の医学を主に通覧し、併せて自然誌も若干叙述するつもりであるが、中世の知の歴史が語られるとき、テキストの有無のみ見て、古代ギリシアの遺産なくして中世ヨーロッパはなく、中世は古代の偉大な学術古典遺産の伝承という形で語られることが多い。確かに一三世紀以降の大学の医学でもヒポクラテス（Hippokratēs 前四六〇頃―前三七〇）、アリストテレス、ガレノスなどの権威を学び註解することが学問だった。しかし外科職人の小外科や産婆の術を含む民衆医療は、果たして低級で迷信に満ちているだけであったのか。またヒポクラテス集大成にしろガレノス集大成にしろ、巨人著者ひとりの独創によるものではなく、ギリシア医学の集成したものである。その古代ギリシア医学も、先達であるバビロニア医学を受け継ぐのみならず、同時代的にも学知のみならず民間知を集めたものであり、薬草の知識herbalism＝民衆医療は学識ある医学に吸収・統合されてきた。ギリシア医学の実効の位相を見るに、科学史家リドル（John M. Riddle）は、現代にも伝承されている中国やインド他の非西欧伝統医学の有効性に似た位置を与えている。

しかし中世を固有のものにするのはキリスト教精神である。修道院医学の時代である中世前期はとくにそうである。そしてherbalism＝民衆医療は中世にも続いていた。

第二節　「十二世紀ルネサンス」と中世の医学教育のテキスト

かつて啓蒙史観以来の中世ヨーロッパ暗黒説への反動として、二〇世紀初めから欧米の中世科学史の大家たち――デュエム（Pierre Maurice Marie Duhem 一八六一―一九一六）やマイヤー（Anneliese Maier 一九〇五―一九七一）やクロムビー（Alistair Cameron Crombie 一九一五―一九九六）やクラーゲット（Marshall Clagett 一九一六年生）――が中世の自然学の到達した成果を発見し、近代科学の萌芽は中世にあるとして中世に脚光をあびせ、その修正を迫った。また中世ヨーロッパに知的離陸を遂げさせたギリシア・アラビア（ギリシアの遺産を伝達しただけでなくアラビアはその独創部分をも付け加えた）の学術文献の一大翻訳運動である「十二世紀ルネサンス」の意義も強調され、西洋中心の科学史の叙述に、暗黒の中世ヨーロッパにさした光はアラビア＝中東からであるとして、修正が図られた。ラテン、ビザンツ、シリア、アラビアを視野に入れた伊東俊太郎（一九三〇年生）の『近代科学の源流』（一九七八年）は、中世科学のきらびやかな宝物庫を開示したこの方面で最高峰の著作である。

しかし二〇世紀後半のその後の中世科学史研究の興亡や動向を見るに、中世科学史の研究はいまや盛況であるとは言えない。中世暗黒説の復活を思わせるほどであるが、これは「一四世紀のガリレオの先駆者たち」「一三世紀の方法論革命」などの先駆者問題にけりがつき、中世科学と一七世紀「科学革命」以後成立した近代科学の不連続性・断絶の方が強く認識された結果であると思われる。しかしハスキンス（Charles Homer Haskins 一八七〇―一九三七）や伊東俊太郎が強調した「十二世紀ルネサンス」の意義は不動のものである。科学史のみならず歴史一般でもその意義は認められている。（中世科学史の研究が低調なのは、いまや近現代科学が栄光の座からむしろ批判の対象に転落したせいもある。近現代科学に満足しその遠い発祥・起源を辿るより、近現代科学の抱える問題の分析や問題の根の歴史的探求が急務になったのだ。）

上記のような中世科学の歴史研究の動向からすると、医学のスタンスは独自である。中世ルネサンス医学史の大家ナンシー・シライシ（Nanci G. Siraisi）の一二・一三世紀以降の連続的発展観（Siraisi［1990］）にみるように、「十二世紀ルネサンス」による礎が築かれた後、徐々に医学は発展していったとする見方がある。これに呼応するように中世ルネサンス医学の研究は一定程度には進行を続けている。医学史の歴史叙述の問題は、医学の学であるとともに術である性格にもよる。ひとつの発見や発明が医学を根底から変える革命を起こすことがあるのか。医学はパラダイムに則っている一枚岩の科学なのか。医学史は科学史でもあり、技術史でもある。堆積的複合的集合的なのだ。臨床医学の誕生を近代医学誕生の画期とすることは、この点からも理にかなっている。つまり医学では制度が革命を起こした。

科学史の中でも生物学史の歴史叙述の問題も独特である。生物学の源流は博物学と生理学だと言われるが、中世の自然誌・博物学方面は、中世科学史に脚光が当たった二〇世紀前半にもさほど注目されたことはなかった。その意味では幻想がなかったし幻滅もない。誌が蓄積的なものであるせいもある。生物学の革命については第八節で触れる。

本題に戻ろう。一二世紀に、どこで、誰が、何を訳し、提供したか。中世初期と一二・一三世紀以降の医学・自然学テキストはどのように豊富になったか。

修道院は中世前期、農業社会であった頃、長く学問や文化の中心であったが、一一世紀頃からの商業の発達や都市の勃興および「十二世紀ルネサンス」を受けて、大学が誕生する。医学方面では、古くから南イタリアの保養地にサレルノ医学校があり、一一・一二世紀には有名であった。その後一三世紀前半には南仏のモンペリエ医科大学が令名を馳せ、一三世紀後半にはボローニャ大学がヨーロッパの医学の中心となる。その後パドヴァ大学も発展してくる。

さて、北アフリカから携えてきたアラビア医学書、即ちヨハンニティウス（＝フナイン・イブン・イスハーク）（Johannitius＝Hunayn ibn Ishāq 八〇八―八七三）『イサゴーゲー（＝ガレノスのテグニー入門）』、ハリー・アッバース（Hally Abbas 九三〇―九九四）『王の書』（コンスタンティヌスは当初『パンテグニー』として自身の名を冠した）、イブン・アル・ジャザール（Ibn al Jazzār 九二九―一〇〇九）『ウィアティクム』などを一一世紀末にラテン訳してサレルノに供給したのは、モンテ・カシーノ修道院入りしたコンスタンティヌス・アフリカヌス（Constantinus Africanus 一〇一五頃―一〇八七）だった。

コンスタンティヌス・アフリカヌスはガレノスの医学書そのものはほとんど訳していない。ガレノスのテキストの供給は、かの巨人翻訳者クレモナのゲラルド（Gerardo de Cremona 一一一四頃―一一八七）がトレードでアラビア語から多くを訳した。ピサのブルグンディオ（Burgundio of Pisa 一一一〇―一一九三）も同時代一二世紀にギリシア語からいくつか訳していた。クレモナのゲラルドが訳したテキストは、『テグニー（＝小医術）』『体液混合』『分利』『分利の日』『治療法』『養生法』『単純医薬』『悪い体液混合』『諸元素』などである。ピサのブルグンディオが訳したテキストは、『体液混合』『治療法』『熱病の相違』『脈拍の相違』『身体内部（＝侵された場所）』『養生法』『脈拍の原因』『脈拍』『諸学派』などである。『自然の諸能力』は通常匿名の訳者によるとされる（一写本のみブルグンディオに帰されている）。また『部分の有用性』は一四世紀前半にニッコロ・ダ・レッジョ（Niccolò da Reggio 一四世紀前半活躍）によって訳された。ヒポクラテスのテキストは、コンスタンティヌス・アフリカヌスが『箴言』『予後』『急性病の養生法』を、クレモナのゲラルドが『箴言』『諸元素』を、ピサのブルグンディオが『箴言』を訳した。アヴィセンナ（アラビア名イブン＝スィーナー）（Avicenna＝Ibn Sīnā 九八〇―一〇三七）の大著『医学典範』はクレモナのゲラルドが訳した。ゲラルドはラーゼス（アラビア名アッ＝ラージー）（Rhazes＝al-Rāzī 八六五―九二五）の『アルマンソールの書』やアルブカシス（アラビア名アブール＝カーシム）（Albucasis＝Abū'l-Qāsim 九三六―一〇一三）の『外科学』も訳している。

アリストテレスの『動物論』（『動物部分論』『動物発生論』『動物誌』をまとめたもの）のテキストの供給は、一三世紀になってからマイケル・スコット（Michael Scot 一一九五頃―一二三五頃活躍）が一二二〇年以前にアラビア語からラテン訳した。その後一二六〇年以後にメールベクのギヨーム（Guillaume de Moerbeke 一二一五頃―一二八六頃）は動物学の五著作（上記三作と『動物運動論』『動物進行論』）を含むアリストテレスの全哲学著作をギリシア語からラテン訳した。アリストテレスの論理学くらいしか知らなかったヨーロッパが、自然哲学（＝自然学）や道徳哲学を手にし、一挙に学問的に豊饒となり、一三世紀は「アリストテレス革命」の時代とも言われる。一三世紀は大学が多数設立され、学問を重んじる都市型の説教修道会ができた。大学には神学部・法学部・医学部があった。今の教養課程にあたる学芸学部は哲学部といってよいが、そこでは自然哲学を含むアリストテレス哲学が盛んに教えられ研究された。

医学は理論化の傾向に拍車が掛かり、一三世紀以降大学の医学の時代に突入する。医学理論のみならず自然哲学や道徳哲学を含む哲学をも学んだ広い教養を備えた physicus フュシクスが最良の医師という理念が一二世紀末頃誕生する。シッパーゲス（Heinrich Schipperges 一九一八年生）は、一二世紀まで medicus（医師）＝physicus（自然学者）だったが、一二世紀末に分離し単なる medicus メディクスでなく physicus に高い価値が置かれるようになると言っている（シッパーゲス［一九八八］）。physicus は通常「内科医」と訳してしまうがその含意はもっと深いのだ。（修道院医学でも僧医を育てる際この理想はあったが使えるテキストが限られていた。）イスラム・アラビア世界での医師はハキーム（賢者）でなければならないという理念に通ずると思われる。医学部ではガレノスのテキストの供給が徐々に増えていく。またアヴィセンナ（彼自身アリストテレスに通じた哲学者でありガレノス他に通じた理論的医学者であった）はアラビア・ガレニズムであり、医聖ヒポクラテスもガレノスの註解を通して普及することが多かった。テムキン（Owsei Temkin 一九〇二―二〇〇二）をして大学医学部は「ガレニズム」の砦と言わしめた（Temkin［1973］）所以である。

第三節　中世の医学の構造

中世五―一五世紀の一〇〇〇年の内、前期五―一一世紀はテキスト的には確かに暗黒時代と言えるかもしれない。六世紀の南イタリアで修道士によって僅かにギリシア語の医学文献がラテン訳されていたが、ヒポクラテスの『箴言』や『予後』、ガレノスの若干のもの、オレイバシオス（Oreivasios von Pergamon 四世紀）その他のテキストが写本としてあるだけだった。ディオスコリデス（Dioscorides 四〇頃―九〇頃）の『薬物誌』も訳されたが、不正確な訳であった。プリニウス（Plinius 二三／四―七九）の『自然誌』にも薬用植物誌がありもともとラテン語で書かれたこの書は中世を通じて流布した。医学といっても経験的実用的な医、実践の癒しの行為が主であった。農業社会であった中世前期に、修道院は文化拠点としてあり地域に初等教育を提供し、自給自足の場でもあり農業他の労働も行い技術の改良にも貢献し、地域住民への医療相談や病者弱者の保護も行い診療所・療養所ともなっていた。修道院医学はまたその図書館に貴重な医学テキストを保存した。同時に民衆医療が庶民の生活を多分に覆い、薬草知識は中世も至る所で続く。修道院医学と共存した民衆医療の実態を解明して評価するのは容易ではない。だがシッパーゲスによれば、外傷の手当てと助産が民衆医療の強力な根源であり、民衆医療が薬草知識の口伝伝承から造られたことは間違いない。また一一世紀までの文献には魔術的呪術的要素は驚くほど少なく、むしろそれは一三世紀以降アラビアから占星術・錬金術他が流入してきてからなのだ、と言う（シッパーゲス［一九八八］）。

古代医学の伝統は細々と続き民衆医療の活動は中世も連綿と続いていった。だが中世を固有のものにしたのはキリスト教精神であった。修道院での医療・看護や病院の起源は貧者病者弱者への慈善の精神にある。人間は受苦的存在であり、一生を通じて悲惨や困窮や苦悩と同様に病も神の罰や神の試練と考えられた。人間がこうした存在となったのは原罪のためであるから病の根源として原罪があり、そして回復は救済であった。このように古代体液学説の上にさらに人間学的に病の意味を考えるのである。中世前期の医学では宗教と癒しは結びついていた。中世前期の医学は医師キリストのイメージから、奇跡として病を治癒した聖人・聖女伝説やそれらへの信仰にも彩られた。修道院には薬草園があり、「健康の園」という、必ず種々の不調を癒す薬が自然の、特に植物の中に神によって与えられているという信念に貫かれていた。植物の意味がこのように考えられていたことは、動物の生態・行動の人間にとっての意味への信念と並行的である。

病院の起源は、中世前期は貧者病者を看護者が保護し世話する施設で修道院内の療養所と言うべきものであったが、一二世紀末には病者のみを収容し、医師がいて、世話と治療をする聖ヨハネ騎士団（病者への奉仕のみをする修道会）の病院らしい病院が、巡礼者や旅行者や十字軍騎士のためにエルサレムで始まったとされている。

修道院医学の最後の輝きが一二世紀にある。医療の知識は聖職者の教養であったが、一二世紀に聖職者の医療は禁じられた。一二世紀の女子修道院長ビンゲンのヒルデガルト（Hildegard von Bingen 一〇九八―一一七九）は、医術の心得をもち癒しにも当たったと思われるが、『単純医薬（＝自然学）』『原因と治療（＝医学）』の二著を残し、修道院医学の代表である。その医学は体液病理学説を踏まえつつも救済論的・神学的構図のもとにある病因論を備えた典型を示している。なお聖職者オド（Odo de Meung 一一世紀後半活躍）が作者と思われる一一世紀後半の『マーケル・フロリドス』は薬草詩である。

早くから実践的医術に優れていたサレルノ医学校は一一・一二世紀活発な活動を展開するが、一一世紀末からアラビア医学の恩恵を受け、外科・解剖学・薬剤学などが進む。免許を出して女医を含む俗人医師を養成した。一一世紀には女医トロトゥーラ（Trotula 一〇九七年没）がおり、産科もあった。『サレルノ養生訓』はサレルノに発する短い健康詩が後に加筆され内容が増大したものである。『ニコラウスの解毒薬剤集』はサレルノ産出の処方集だが、アラビア医学によってディオスコリデスの『薬剤誌』の正確な知識が伝えられ真価が見出された結果産出されたものである。

モンペリエ大学は南仏だがスペインに近くアラビア医学の恩恵を受けた点でサレルノ医学校に似ている。一三世紀末にモンペリエで教えたアルナルドゥス・デ・ヴィラノーヴァ（Arnaldus de Villanova 一二四〇頃—一三一一）は養生法を重んじサレルノ養生訓の註解書を書いた。これは一五・一六世紀にも所望され広く流布した。

ボローニャ大学医学部の基礎を一三世紀後半に造ったタッデオ・アルデロッティ（Taddeo Alderotti 一二一〇頃—一二九五）は、自然主義的で、スコラ医学＝哲学的医学を構築し、彼のもとから多くの弟子がパドヴァ他のイタリア各地の大学に散っていく。解剖学の再興者と言われるモンディーノ（Mondino de' Liuzzi 一二七五頃—一三二六）もタッデオの弟子である。ボローニャなどのイタリアの大学では外科も早くから教えられた。アラビアのアルブカシスの外科を継承して外科（外傷医学）に足跡を残したパルマのルッジェロ（＝ロゲルス）（Ruggiero de Parma＝Rogerus 一一七〇頃活躍）（ハント（Hunt［1992］）がロゲルスはサレルノとは無関係と今では考えられていると言っている）の講義録に由来する一二世紀末の『外科学』には挿絵があり、当時の外科学が推し量られる（一三六頁図）。外科はランフランコ（Lanfranco de Milan 一二四〇—一三〇六）によってイタリアからフランスへ伝わり、ついにはギイ・ド・ショーリアック（Guy de Chauliac 一三〇〇頃—一三六八）に至る。

一二世紀以降の医学の理論化の傾向は一二世紀のサレルノにも及び、一三世紀以降の大学の医学へとつながり、大学では哲学的な医師が養成される。古代ギリシアでは、概ね医学はテクネー（技術 ars）であった。ヒポクラテスも、医学は医術であり、養生法・薬剤学・外科学からなると考えていた。ガレノスは『テグニー』では医学は「健康と病気とその中間態についてのエピステーメー

図　ロゲルス『外科学』 13世紀写本挿絵より（出典 Hunt, T. [1992]）

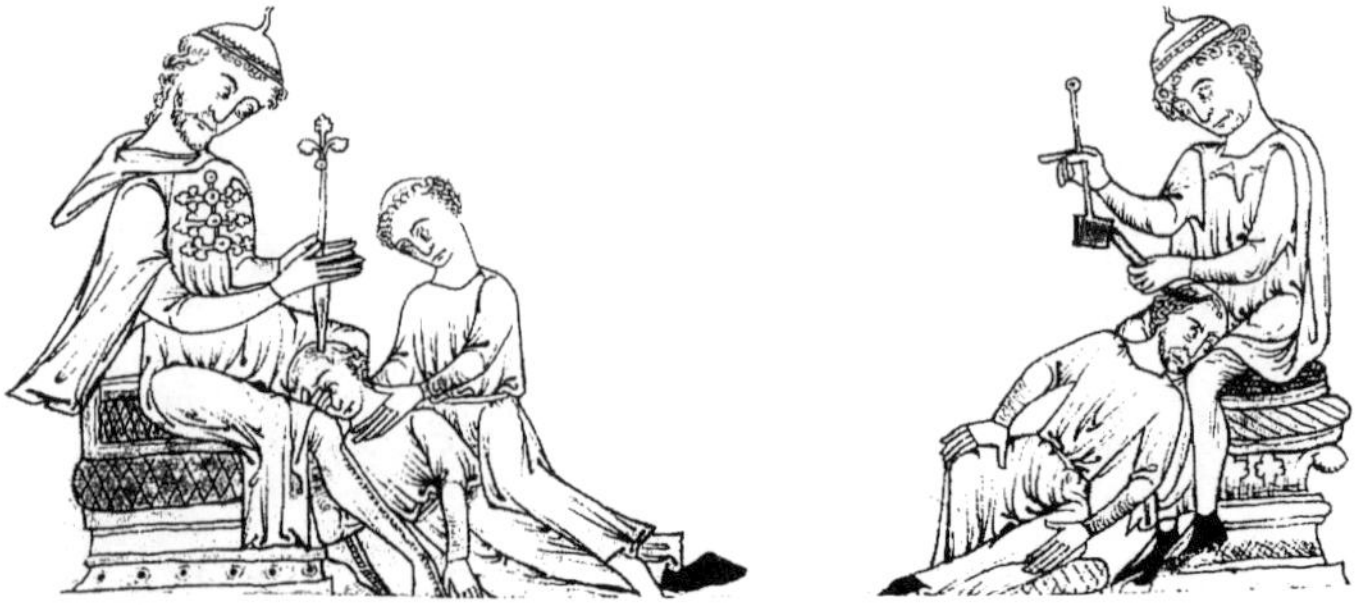

（知識 scientia）である」と微妙なことを言っているが、他の著作では概ね制作学つまり技術の範疇に入れていて、「健康をつくりだす術」と考えていた。アレクサンドリア学派で医学が哲学の仲間入りをし、アラビア医学がこれを受け継ぎ、ヨハンニティウス『イサゴーゲー』でも、アヴィセンナ『医学典範』でも医学には理論的部分と実践的部分があるとされた。ヨーロッパ初期中世は医は術であったのが、このような根拠も得て一二世紀末には学となる。

その大学医学部教育におけるテキストとはどんなものであったか。中世の医学の背骨（クリステラー）と言われるアルティケラ Articella（医術小論集）がこれをよく教えてくれる。これは中世の医学教育の中核をなしたテキスト群のことで医学生必携本である。（この原型はアレクサンドリアの医学校にすでにあった）。一二世紀初め（表1）から一六世紀初めの印刷本（一五三四年で終焉する）まで徐々に内容が増えていく。当初はガレノスのテキストが徐々に増大していく過程であり、後半一五・一六世紀はヒポクラテスのテキストが増大していく過程と映じ

表1　12世紀初めの最古のArticella（サレルノ医学校）

ヨハンニティウス 　イサゴーゲー　Isagoge ad Tegni Galeni
ヒポクラテス 　箴　言　Aphorismi 　予　後　Prognostica
テオフィルス　(Theophilus) 　尿　論　De urinis
フィラレトゥス　(Philaretus) 　脈拍論　De pulsibus

出典　P.G.Ottsson, *Scholastic Medicina and Philosophy*, Napoli: Bibiopolis, 1984, p.29.

る。最後にはテキスト総数は三十余点となった。教授がヒポクラテスやガレノスやアヴィセンナのテキストを講読した。ボローニャ大学医学部の一四〇五年の時間割（表2）をご覧いただきたい。

シッパーゲスは、中世の医学の体系は、理論的医学として①自然的なものについての学（生理学）、②反自然的なものについての学（病理学）、③非自然的なものについての学＝保健学をもち、実践的医学として④非自然的なものについての術＝養生法、⑤薬剤学、⑥外科学をもつ、と言っている。反自然的なものとは、自然に反するもの、つまり病気であり、非自然的なものとは、まったくの健康でも病気でもないその中間態のことである。非自然的なものには空気、食物／飲物、運動／安静、睡眠／覚醒、排泄／分泌、情念と六つある。これはヨハンニティウス『イサゴーゲー』を筆頭にするアルティケラの意図であるとして中世医学の性格とし、この保健学や養生法の広大な領域をもっていたことを賛美し、これを失った近現代医学をシッパーゲスは弾劾している（シッパーゲス［一九八八］）。

表2　ボローニャ大学医学部時間割（1405年）

		第1学年	第2学年	第3学年	第4学年	（外科学）（毎年）（午後）
（理論的医学）	午前第一講	アヴィセンナ 医学典範 I	ガレノス テグニー ヒポクラテス 予後 急性病の養生法 アヴィセンナ 心臓の活力について	ヒポクラテス 箴　言	アヴィセンナ 医学典範 I	
	午前第二講	ガレノス 熱病の相違について 体液混合について 悪い体液混合について 単純医薬について 分利の日について I	ガレノス 徴候と病気について 分利の日について III グラウコンにあてた熱病について I 消毒症について 呼吸の働きについて	ガレノス 治療法VII—XII アヴェロエス 医学原論 序；1，2；II；V ガレノス 自然の諸能力について I ,1-7；III 分利の日について II	アヴィセンナ 医学典範 I IV,1；II ガレノス 身体内部について 養生法VI ヒポクラテス 胎児の本性について	
	午後第一講	アヴィセンナ 医学典範 I IV,2；II ガレノス 身体内部について 養生法VI 分利の日について II ヒポクラテス 箴　言	アヴィセンナ 医学典範 I	第2学年の午前第一講と同じ	ヒポクラテス 箴　言	ロンゴブルゴのブルーノ 外科学 ガレノス 外科学
	午後第二講		ガレノス 熱病の相違について アヴィセンチ 医学典範IV，2 ガレノス 悪い体液混合について 単純医薬について 分利の日について I	ガレノス 徴候と病気について 分利の日について 分利の日について III 体液混合について グラウコンにあてた熱病について I	ガレノス 治療法VII—XII アヴェロエス 医学原論 序；1，2；II；V ガレノス 自然の諸能力について I ,1-12；III	アヴィセンナ 外科学 ラーゼス アルマンソールの書，VII
（実践的医学）	夕方	アヴィセンナ 医学典範 I III,1-3	アヴィセンナ 医学典範 I III, 9-12	アヴィセンナ 医学典範 I III,13-16	アヴィセンナ 医学典範 I III,18-21 同書 III,9-12 または大学の学長（rector）の自由裁量	

出典　K.Park, *Doctors and Medicine in Early Renaissance Florence*, Princeton U. Pr., 1985, pp. 254-248.

ヒポクラテス・ガレノス的な諸体液混合の不調和が不健康や病気をもたらすという体液病理学の考え方は近世にまで残り、全人的・環境医学的視点である。自然治癒力やホメオスタシス重視の思想でもある。保健学や養生法は予防医学にも通じるが近代医学が有効な治療法を獲得するにつれ軽視され、故障した機械を直すように病気の人体を治すことが医学の使命となり、シッパーゲスの言うように確かに近現代医学は養生法の広大な領域を失った。

養生法が重んじられていたことは中世では一様であるが、病気概念では、ヒルデガルトに見るごとく中世前期はキリスト教精神が強く出て、神の罰・試練という神学的構図にあった病気概念から、一三世紀大学の医学以降神学的構図が背後に引っ込み自然主義的説明が前面に出て、体液混和の不調という病気概念がもっぱらとなる。一三世紀以降アラビア医学由来と思われる占星術的医学も流布する。

一四世紀のペストでは、依然として神の罰と考える向きもあったが、自然主義的な向きには、瘴気（ミアズマ）なる汚染された空気によってまた星辰の異変によって集団として体液混和の不調をきたして流行病になると考えるだけでは、罹る人と罹らない人がいることの説明がつかず、さすがに人から人への何らかの接触感染（コンタギオン）に気付かれ始める。だが病人の吐き出す毒＝瘴気の感染と、これを体液説で考えることもできたのである。ペスト対処法としては、個人として避難逃亡するほか行政的に隔離・検疫などが行われた。

一四世紀の病院は、市民的な存在になる。中世後期には都市の発展につれて市民が組織する福祉事業が現れ、一二世紀頃から市民による病院施設の運営が行われるようになる。また有料化する。単なる看護ではなく一三・一四世紀以来治療の専門化が起こる。一五世紀組合の相互扶助も進展する。一五・一六世紀病院の統合がなされ、都市の行政下に組み入れられ、市民的公的な性格の、市の運営する病院となる。このように病院制度の世俗化が進行した。市の医師のポストもできた。

大学の医学の効用としては、学問として医学は組織化され学識深い免許ある医師を徐々に社会に送り出していった。反面失われたものとしては、大学は修道院と異なり男の世界であったため、大学では女医を養成しない。女医も養成したサレルノ医学校は一三世紀以降凋落する。トロトゥーラ、ヒルデガルトを最後として医学史に女性は出てこなくなる。古来癒し・看護や薬膳料理は女のよくする業であったが、女の癒しや医療が伏在し底流化する。産婆が専有的に行っていた産科や生殖コントロールの術は大学の医学からは抜け落ちた。また古来の経験的に医術を会得した職人は学識ある医師から、より下級の医療職と見下げられるに至った。

一三世紀以降、大学出の免許ある医師と、医術を徒弟修業で会得した下級医療職が混在する。前者の報酬は後者のそれよりはるかに高かった。従って富裕ではない庶民の医療は主に下級医療職にゆだねられていた。児玉善仁は、中世の治療契約について、一回の成功報酬から継続的な診療報酬へと、中世末期には大学出の医師を中心に変わっていく、と興味深い報告をしている（児玉［一九八九］）。逆に言うと下級医療職では依然として成功報酬であったということだろうか。治療能力・効き目は大学出の医師と経験的な下級医療職ではどちらが上だったか。下級医療職の術の実態は口伝伝授のためテキストが残らず後世からはよく見えないにもかかわらず、稚拙低級と低く評価されがちであるが、大学出の医師の治療能力のなさを揶揄する言説は多く残っている。

第四節　免許制度の進展と下級医療職の世界

physicus フュシクスと chirurgus キルルグスが対置される時は内科医と外科医だが、第二節で述べたように、physicus と medicus メディクスが対置される時は、大学出の医師と下級医療職と考えてよかろう。

医師の世界は、サレルノ医学校や大学を出た免許をもった医師が一二・一三世紀以来徐々に増えていく。当時は大学出の医師といえば大半は内科医であったが、イタリアの大学などでは外科医も養成した。こうした大学出の内科医や外科医はまだ少数であり、報酬も高額であったため、民間にはさまざまな下級医療職、即ち外科職人（理髪外科職人、風呂屋外科職人）、薬物商、産婆、そこひ取り、歯抜き師、結石取り、クワック（Quack　後述）、整骨医、などが古来あり、医療を行っていた。ユダヤ人医師も独特な位置にあり、中世末からは排斥されていく。医療の心得のある癒しの女たちの逸話は多く残っているが、免許をもった女性の内科医・外科医は（サレルノ出身者以外）めったにいなかった。

医師の世界でのヒエラルキーは、内科医が最も高くついで外科医であり、他の下級医療職は低かった。理髪外科職人は永らく解剖講義の実際の執刀を行った。パドヴァ大学のヴェサリウスは理髪外科職人から教えを受けて技術を習得し自分で執刀した解剖学者であった。クワックとはクワック、クワックと大声で薬を売り歩く所から名づけられたという行商医者のことで、「イカサマ医師」や「ニセ医者」と訳すのは少なくとも一六世紀頃までは不適当である。産婆は助産のみならず小外科を含む医療・癒しを行っていたと思われる。ユダヤ人医師もまたその地位は社会状勢に左右され周辺的であり、栄華を見た時代もあったがペスト禍以降排斥されていく。

一四・一五・一六世紀と時代が下るほど、免許をもつ学識ある正統的男性医師集団は結束して、ユダヤ人医師を含む下級医療職を排斥しにかかる。とくに女性の医師などは排斥され著しく減少した。一五・一六世紀産婆には条例による規制が課せられ始めた。

一四世紀半ば飢饉による社会危機があった所に、一四世紀半ばすぎのペスト禍が襲った。保健行政は隔離や検疫を行ったが、その検疫が流浪の民や外国人の排斥につながり、ユダヤ人迫害にもつながった。医学は総じて学的医学も民衆医療も現実には無力だったが、ことに大学の医学の面目はなかった。理論的には治療はまったく不可能ではなかったので患者の治療に当たり自身も落命した医師も多かった。ヒポクラテス以来の医の倫理は、死に至ることが分かっていればそう通告し、治せないものは引き受けないというものであったので、避難を勧めたり、自身が逃亡した医師も目立った。職責上逃亡が許されない市の医師でも逃亡した者がいた。ペスト流行の後、治療を放棄してはならないという医師の義務が明記され法的規制がされていく。正規の医師集団は自ら倫理性を高めエリート意識を持ち結束し、下級医療職を排斥していく。一四世紀末の社会危機・混乱ゆえの群集心理は、鞭打ち苦行者の特異な現象を産んだ。群集心理は他罰的に犯罪行為に及ぶこともあった。ユダヤ人迫害の進行とともに魔女妄想も成長していく。

下級医療職にはどのくらいの力量があったのか。下級医療職の術はしばしば稚拙低級とか、未開迷信の側に置かれてきた。だが、実際（術の実態は容易には見えないのではあるが）以上にそうされてきた場合も多いと思われる。正規の医師による下級医療職の排斥の歴史があるため、そして医学史は多くは男性の正規の医師によって正しい医学の進歩の歴史として書かれてきたため、迷信の側に追いやられてきたものには、注意が必要である。

第五節　ルネサンス期のフマニスムと一六世紀の医学のうねり——再編への模索

一四世紀のペスト流行時の医学の無力さから医学知識の希求の気運が起こり、ビザンツからのギリシア写本の流入や一五世紀半ばにビザンツ帝国が崩壊するや学者の逃亡移住も起こり、一五世紀半ばのグーテンベルク（Johann Gutenberg 一四〇〇頃—一四六八頃）の印刷術の発明によって革新が起こり、医学書を含む印刷本の横溢する事態となる。一五世紀後半に出版された医学書は、まず中世に写本で流布していたものが印刷出版される。プリニウス『自然誌』（ラテン語）［一四六九］、アヴィセンナ『医学典範』（ラテン訳）［一四七二］、ディオスコリデス『薬物誌』（ラテン訳）［一四七八〕、(ギリシャ語)〔一四九九〕などの古典の他、養生訓や処方集などあらゆるものが出版された。ミラノの教会に眠っていた写本が発見され、紀元前後に生きたケルスス(Celsus 前二五頃—五〇頃)の、アレクサンドリア医学を伝える『医学』(ラテン語)〔一四七八〕も供給された。医学や自然哲学の権威の全集としては、ヒポクラテス全集(ラテン訳)〔一五二五〕、(ギリシャ語)〔一五二六〕、ガレノス全集(ラテン訳)〔一四九〇〕、(ギリシャ語)〔一五二五〕、(本格装丁ラテン訳)〔一五四一〕、アリストテレス全集(ギリシャ語)〔一四八〇〕が出版された。

一六世紀の医学的フマニスム(人文主義)は、純粋ギリシア古典を追求しアラビア色の払拭を断行したと言われる。だがアラビア・ガレニズムのアヴィセンナの境位はというと、大学ではアヴィセンナのテキスト使用が一七世紀初めまで続き出版もとどまらなかった。またアラビア色は実践的医学、処方を通じて生き続けた。解剖学の境位は、やはりフマニスム的でガレノス説を呈示するために多くは行われたのであった。ヴェサリウスとて基本的にはそうだった。だが精密で美しい図版の威力は彼の解剖学書を不朽のものにした。

一六世紀の解剖学の興隆は一五世紀末から本格化し、ヴェサリウス『人体の構造』〔一五四三〕に至る。この流れは、一四世紀初めのモンディーノから何人かの先駆者をへてヴェサリウスで開花する。解剖学書といっても図版なしのものが多かった中でベレンガリオ・ダ・カルピ(Berengario da Carpi 一四六〇頃—一五三〇)の図版入りの解剖学書は注目に値する(扉絵)。また大学医学部とは無縁な所で孤立的にレオナルド・ダ・ヴィンチ(Leonard da Vinci 一四五二—一五一九)が解剖スケッチと観察を推し進めた。名声を博したヴェサリウスの陰にいた、同時代の図版入りの解剖学書を著した解剖学者たち、カナーノ（Giovan Battista Canano 一五一五—一五七九）やエティエンヌ（Charles Estienne 一五〇四—一五六四）やエウスタキオ（Bartolomeo Eustachio 一五二〇—一五七四）の動向も興味深い。後に続く者たちにファロッピオ（Gabriele Falloppio 一五二三—一五六二）やファブリチオ（Fabricio＝Hieronymus Fabricius 一五三七—一六一九）がいた。一六世紀の解剖学は近代医学への胎動であって革新的とプラスに捉えられることが多いが、死体を切り開いて凝視することを常態とする知＝「死の科学」がここに始まったのである。古来の外科は外傷を癒さんとしてなす生体への侵襲であるが、解剖学は死体からのみ得られる知なのだ。刑死者以外の死体の入手は困難だったはずで当時は死体を墓から盗んで使うこともあった。

一六世紀は医学の再編期と言え、新たな試みが噴出した。伝統的医学を否定したパラケルスス（Philippus Aureolus Theophrastus Paracelsus 一四九三／四—一五四一）の医化学や、パレ（Ambroise Paré 一五一〇頃—一五九〇）の外科・産科や、フェルネルの生理学・病理学など目白押しである。またフラカストロ（Girolamo Fracastro 一四七八—一五五三）の梅毒の病因論やパラケルススの病気の五実体の説からは、外在する病気実体に罹患するという病因論も見える。

中世では、イタリアの医学部で見られたように自然哲学の権威アリストテレスと医学の権威ガレノスの齟齬する点ではアリストテレスの前にガレノスが調停されることが多かったのに、一六世紀にはガレノスが前面に出てくる。その意味では新ガレニズムの時代と言える。だがアルティケラ

〈医学小論集〉は一五三四年を最後に医学生の必携本として印刷されることなく、大学の医学教育も次の時代の模索に入ったことを象徴している。

フックス（Leonhart Fuchs 一五〇一―一五六六）を初め一六世紀の医師で植物誌に貢献した人物が少なくないが、当時いくつかの大学では薬用植物学と解剖学は医学部で同じ教授が一年を二分して講義していたことは興味深い。リーズ（Reeds [1991]）はモンペリエ大学のロンドレ（Guillaume Rondelet 一五〇七―一五六六）とバーゼル大学のカスパール・ボーアン（Caspar Bauhin 一五四一―一六二三）について事例研究している。

第六節　いきものの自然学の境位

古代ローマの著作家プリニウスの『自然誌』は、自然にはどのような物でも有るとの信念のもとに、動植物鉱物その他万象についてあらゆる自然の驚異を集め、すべての雑多な多様性を狩る、遠心方向のまさに誌である。ただし彼が当時利用できた文献によったものである。同時代の軍医ディオスコリデスは各地での見聞を盛り込んだ『薬剤誌』をギリシア語で書いたが薬用植物誌であり、有用な多様性を狩り記録した誌である。中世初期からこれらはヨーロッパに伝わっている。ただし後者は不確かなラテン訳によってであった。

中世前期の薬草園や薬草誌のエートスは、キリスト教精神にあふれ、「健康の園」である自然界には神が用意してくださったあらゆる薬があるとの信念に貫かれていた。薬草誌は恵みに満ちた自然の多様性を狩るものである。

中世前期のフュシオログスのエートスは、キリスト教精神にあふれ、自然のすべてのものが人間の幸いに資するべきであるという教父から修道士に受け継がれた伝統により、動物の生態・行動も人間にとって意味をもつものであるとの信念から寓意的に解釈し、動物寓意物語となったのであった。フュシオログス文書とは「physiologus（自然探求者）は言う」で始まる文書のことで、四世紀末にアレクサンドリアで匿名の著者によってギリシア語で書かれたものがラテン訳され、また各国語されて、多くの異本のある挿絵入り写本として普及した。

アリストテレス（Aristotelēs 前三八四―前三二二）の全貌は中世前期知られなかったが、もともと植物学はない。書いたが失われたという。アリストテレス偽書の『植物論』はダマスクスのニコラオス（Nicolaos of Damascus 前一世紀）がアリストテレス『霊魂論』やテオフラストス（Theophrastos 前三七二―前二八七）を参照して書いたものと今では判っているが、一三世紀には偽書だとは判っていなかった。

アリストテレスには『動物発生論』『動物部分論』『動物運動論』『動物進行論』『動物誌』と五つの動物学的著作がある。『自然学』は自然諸学の原理論だが、『霊魂論』はいきものの自然学の原理論である。霊魂（anima　プシュケー）＝いきものの原理であり、生命論と心理学を併せたような著作である。霊魂と精気（spiritus　プネウマ）の関係は、精気は物体的なものであり、非物体的で肉体の形相である霊魂の道具である。植物・動物・人間を三層の霊魂によって理解し、植物は植物的霊魂のみをもち、栄養作用と成長を行う。動物はそれに加えて感覚的霊魂をもち、感覚をもち運動もできる。人間はそれに加えて知性的霊魂をもち、知性的認識ができる。「知性のみは外からくる」とのアリストテレスの言葉がさまざまな解釈をうむが、一三世紀の神学者は人間の知性的霊魂はその都度創造されると解釈する（第七節参照）。アリストテレスの『動物誌』は多様性を狩る、遠心方向の最たるもののようだが、多様性の中に理も求めている。アリストテレスの動物分類は、有血動物と無血動物に分け、前者をヒト類の他、①四足歩行する動物（胎生四足類・卵生四足類）、②飛ぶ動物（鳥類）、③泳ぐ動物（魚類）、④這う動物（蛇類）と分けており、さらに細目もあり合理的である。この四区分はアルベルトゥス・マグヌスがほぼ踏襲し、ゲスナーもほぼ踏襲している。

盛期スコラ学の担い手は神学者であり、一三世紀の自然や真理探求の担い手は神学者であった。医学の徒は真理より実を求める。この時代の自然学ないし自然哲学は神学に収斂すると言われるが、ロバート・グロステスト（Robert Grosseteste 一一七五頃―一二五三）、ロジャー・ベイコン（Roger Bacon 一二一四―一二九二）、アルベルトゥス・マグヌスなど一三世紀に自然学に手を染めた人物はみな創設されたばかりの学問を重んじるフランシスコ会やドミニコ会の修道士で神学の徒なのであるから無理もない。被造の自然の理法を探り、神の叡智を知ろうとした。

アリストテレス自然学のエートスは、パンピュシズム（汎自然主義）である。アリストテレスの自然は本性（natura ピュシス）に従って自ら運動するもので、有機体モデルと言える。一三世紀に、アリストテレス自然学とキリスト教精神の総合を企図したトマス・アクィナス（Thomas Aquinas 一二二五頃—一二七四）が、神は有機体として世界を創造した、と言う事の困難は大きい。一七世紀機械論はキリスト教精神とよく合致したことからすれば、それは危うい総合であることは一目瞭然である。

一三世紀には機械論はありえず、ギリシア哲学はみな異教的であろうが、プラトニズムとアリストテリズムでならば、キリスト教から見て、創造論にまだしも合いやすいのはプラトニズムであった。五世紀以来修道院で脈々と育まれてきた新プラトン主義的なアウグスティヌス（Augustinus 三五四—四三〇）主義伝統と、アリストテレスをラジカルに受容した革新的なトマス主義の対立が一三世紀にはある。「プラトン派の人々」Platonici とトマスは旧陣営を呼んでいた。

この二潮流に丁度含まれる形で二つの自然観があった。一方には数学的自然学の理想があり、他方には自然学は本性の学であり数学とは別物との信念がある。オックスフォード学派とパリ学派と言うべきか。「光の形而上学」とトマス主義、あるいはフランシスコ会伝統とドミニコ会伝統と言うべきか。トマスやアルベルトゥスにとってはおよそ自然学と数学は別物であった。グロステストやベイコンの数学的自然学の理念は、幾何光学モデルの自然界の作用の伝播様式をうたった形象多化論によっている。その上に「実験科学」の理念があったかというと、中世では experimentum＝経験であって実験という意味には至らない。Scientia Experimentalis を提唱したベイコンも「経験学」を提唱したと言うべきなのだ。また中世哲学史のトピックの一つであるアウグスティヌス主義の形相多数説とトマス主義の単一形相説の対立が、要素論と全体論を象徴しているように見える。トマスは原理的な問題と格闘する神学者で自然探求にはいそしまなかったが、彼の師のアルベルトゥスは自然諸学にも足跡を残し、万学の博士であった。アルベルトゥスは『動物論』『植物論』(アリストテレスの偽書を底本に書いた)『鉱物論』(アリストテレスにもアヴィセンナにも食い足らずに自ら書いたパイオニア的な書物とされる) を含む万学の書を著した。

一六世紀の自然誌は大航海時代の到来とともに、多様性を狩るのに忙しく爆発的に進展する。ルネサンス特有の拡大した世界や印刷術の普及や美術上の写実主義もあいまって、新奇な種々の動植物への興味や、現物を眼で見てから写実し記録する精神が喚起され、精密で美しい挿絵入りの印刷本が溢れ出た。動物誌がゲスナー、アルドロヴァンディ、ロンドレ、ブロン (Pierre Belon 一五一七—一五六四) などによって、植物誌が「ドイツの植物学の父たち」と言われるブルンフェルス (Otto Brunfels 一四八八—一五三四)、ボック (Hieronymus Bock 一四九八—一五五四)、フックス、コルドゥス (Valerius Cordus 一五一五—一五四四) などによって産出された。少し遅れてカスパール・ボーアンの植物誌も出るが、植物学に移行しかかっているとも言える植物分類の試みがある。二名法をかなり使い自然分類に近づこうとしたが、薬効による分類もなお使うというものであった。

一六世紀の大学では薬用植物学は医学部では必須科目だった。従って植物誌を手がけた人々には医師が多いが、愛好者も現れ、植物の種子の交換などネットワークができていたという。一六世紀にいきものの自然学に手を染め著作を残した人物で目立つのは、ゲスナー、アルドロヴァンディ、ロンドレ、ブロン、フックス、ボーアンなど動植物誌には医師が多いことである。さらに地動説のコペルニクス（Nicolaus Copernicus 一四七三—一五四三）や磁石論のギルバート（William Gilbert 一五四四—一六〇三）も医師であった。

第七節　後期ルネサンス期における発生・生殖の問題

発生（generatio, generation）の問題は、古来すぐれて理論的な問題であった。生物個体の発生の現象は、古くから説明を要する問題であり続けてきた。現象として、人間や高等動物については、男親と女親が性的に交わり結合すると、子ができるらしいこと（即ち有性生殖の認識）は、古くから知られていたものと思われる。ちなみに植物は、種子から生じることは古くから知られていたが、その種子の由来に目が向き、植物の雌雄が知られるのはずっと遅くて一七世紀になってからである。（性科学の視点から見た生物学史については、第九章を参照。）

しかしなぜ生物では、親と同じような新個体が出現することができるのだろうか。なぜある時、あたかも無構造の何物かから、構造をもった複雑な生物個体が出現してくるのか。

こうしたのちの発生学と遺伝学の形成に通ずる理論的問題は、学者のレベルで議論されてきた。遺伝現象は、永い間発生の問題の中で副次的に議論されていく。従って遺伝理論の歴史は古い時代になればなるほど、発生理論の歴史と連結して探究されねばならない。

発生理論の歴史、狭くは発生学史をひもとけば、われわれはそこに興味深い理論展開を見ることになる。近代一七・一八世紀には、科学史上有名な「前成説―後成説」論争がある。正確には前成説の特異な形態である「入れこ説」が一六七〇年代から一七五〇年頃まで支配的となり、その後また後成説が優勢となった。

古代には「前成説―後成説」の論争があったわけではなく、別稿（小松［一九九三b］）で述べたが、雌雄二種説（two seed theory）でかつパンゲネシス（pangenesis）の陣営（ヒポクラテス、ガレノス、及び古代原子論者たち）と、雄一種説（one seed theory）でかつ精液＝形相説の陣営（アリストテレス）の対立があった。精液＝形相説とは、私の造語だが、形相（形相はそのものをそのものたらしめる本質のことだが、今風に言えば遺伝情報に相当するとも考えられる）である男の精液と、質料である女の月経血が出会うことによって、無定形な月経血が精液の担う形相に導かれて（後成説的に）子が形成される、（従って能動的な産む力をもつのは男のみ）とするもので、言わば雄一種説となる。アリストテレスより後の時代に生まれたガレノスは、アリストテレスを批判して、精液は形相だけではなく、形相を含んだ質料であり、男女両性の精液の混合から子ができるとし、よって雌雄二種説であり、また精液は親の全身から出るとするパンゲネシスの立場をも伴っていた。ガレノスは卵巣の意義を強調したことで有名であり、今の私たちが卵巣と呼ぶものは「女の睾丸」であり、ここに精液を保有しており、女も精液（＝性交のとき放出される体液）を放出する、とする。また女の月経血も、子の肉体を形成するときの栄養となるので必要だとした。この場合、アリストテレスだけが後成説なのではなく、ガレノスも、そしてヒポクラテスも後成説であると筆者には思われる。「前成説―後成説」の論争を古代にまで投影した結果、ニーダム（Joseph Needham 一九〇〇―一九九五）のようにヒポクラテスまで前成説論者にしてしまう解釈（Needham［1975］）もあるが不適当に思われる。アリストテレスはパンゲネシスの論では前成説になると言って非難してもいるが。なお古代アトミストについてはテキストが乏しく、雌雄二種説でパンゲネシスであったことは判っていても、前成説なのか否かいまだに不明である。「一代限りの前成説」でありうるかもしれない。

また中世にも、近代の「前成説（入れこ説）―後成説」論争を予表するような、先在説と後成説の対立が神学者の間にあった、と私は考えている。先在説は神学的ないしはキリスト教的起源をもつ。即ち神の世界創造という枠組の中では自然自体の放恣な産出力は認め難いためである。従ってキリスト教的・神学的動機のない古代には、「先在説」や「入れこ」説の形を取る（すべての生物個体の世界の始点からの存在ないしは前成を主張する）前成説は到底ありえなかった、と考えられる。

中世盛期においては、人間の発生の理論的問題は、自然学者、医学者のみならず、神学者も論じた。一三世紀の神学者トマス・アクィナスは、キリスト教陣営にありながら自然に産出力を認め、アリストテレスに準じて後成説を採った。同じく一三世紀の神学者ボナヴェントゥラ（Bonaventura 一二二一―一二七四）は自然に産出力を認めず、漠然とした先在説の形の前成説を採っていた。ボナヴェントゥラの発生説は明瞭な入れこ説の形はもちろん取ってはいないが、エートス的には入れこ説に通ずる面をもつ。即ち、神は世界創造の時に予めすべての生物個体を潜在的には創っておいたのだ、としたい要求である。これは修道院に伝わるキリスト教精神の、とくにアウグスティヌス主義の種子的理法 ratio seminalis の考え方によるものである。

人間の霊魂の発生についてはどちらも、誕生の時にその都度個人霊魂は神に創造されるという創造説を採る。だが入魂の時が違う。トマスは質料である月経血は徐々に人間になるのにつれて植物的霊魂と感覚的（＝動物的）霊魂が自然界の産出力によって順次備わり、最後に知性的霊魂のみが創造されて入魂するとする。ボナヴェントゥラは植物的・感覚的能力を含んだ三層構造になった霊魂全体を理性的霊魂とよび、これが最初に創造されてアダムに由来する特別な肉に入魂して原胎児が誕生し、まず植物的な、次に動物的な活動を始め、ついには理性が活動を始めるとする。

このほかに、自然に産出力を認める後成説的な立場の内においても、アリストテレスに従い男親のみに産出力があるのか、それともガレノスに従い女親にも産出力があるのか、といった地平での論争もあった。アルベルトゥス・マグヌスやエギディウス・ロマヌス（Aegidius Romanus 一二四三頃―一三一六）が自然哲学的な見地から、そして一三・一四世紀のスコラ医学者たちも論じているが、概ねアリストテレスを採る者の方が多かった。この地平で盛んに「女は精液を放出するのか」とか「女は産む力をもっているのか」といった議論がなされることになる。

ここではこの理論的なレベルでの論争や対立は学者（神学者、自然学者、医学者）の世界に存在した。しかし医師の実践や一般民衆の実生活にとっては、発生の理論的問題、特に神学的世界観レベルの問題である「先在説―後成説」の対立などさして重大な問題とはならなかったのではないかと思われるのである。（入魂の時期の問題は実践的問題に関係してくるかもしれない。）大学医学部で教鞭をとった医学者さえも、自然学者よりは理論的完結よりも実践からの要請を強く受けやすい。自然哲学の権威アリストテレスと医学の権威ガレノスの間の前述の不一致点について、問題の最終的解決を、かのイスラムの医学者アヴィセンナやアヴェロエス（アラビア名 イブン＝ルシュド）（Averroes＝Ibn Rushd 一一二六―一一九八）が、自然哲学者にゆだねる発言をしているほどである。しかし後者の女にも産出力があるのか否かという問題は、前者のそもそも自然自体に産出力があるのか否かという問題よりは実生活にも影響が大きいと思われる。これは、性や生殖をめぐる問題、ひいては女性観の問題と絡んでくるからである。実際「ガレニック・フェミニズム」によって一六世紀後半から一七世紀初めにかけて医学者を中心に女性観の変革が見られたとマクリーン（Ian Maclean 一九四五年生）（Maclean [1980]）は言っている。だが一七世紀頃の科学革命を経て機械論的近代科学が成立した後には、新たな性差別主義ないしは男性覇権主義が続くのだ。

一方、発生・生殖の現象がもたらす実践的な問題とは何だったのであろうか。発生とは、生じてくる新個体に着目した言葉である。生殖とは親が子を産むことで、親の側に着目した言葉である。発生・生殖の現象には、原因として男女の性交があり、結果として子の出生があるわけだが、人々は日常それにさらされていた。発生が理論的にはどのように説明されようと、それは極言すれば当面はどうでもよいことであり、実際には、男と女にセクシュアリティーがあり、男女の性交が子の誕生をもたらすという現象は動かせないものであり、実生活においては性と生殖の問題こそが、古来焦眉の急の問題であったと思われる。生殖の実践的問題とは、性の問題、生殖コントロール（避妊、堕胎、子殺し、不妊改善など）の問題と出産の問題などである。

性の問題は別稿で述べたが（小松［一九九五］）、中世においてはアウグスティヌス以来教会の規範は性＝生殖であり、性の問題は存在しないはずだった。性が生殖を越えるものとなるには、性が生殖のみならず快楽をも目的とする独自な営みであるとされねばならない。民衆のレベルでは快楽としての性は（少なくとも男性の側には）実体験されていたであろう。ガレノス的二種説では男女両性の性的快楽を肯定し、それを生殖の成功、妊娠への条件としている。歴史家マクラレン（Angus McLaren）（マクラレン［一九八九］）は、二―一七世紀は、そして一八世紀に入ってもなおガレノス説が民衆の間では支配的であり、一五〇〇年間も快楽原理と生殖原理は結びついて来たと言っている。だが中世キリスト教の規範のもとでは生殖コントロールは水面下での暗闘を強いられた。

生殖コントロールの問題では、主に産ませない技術が焦眉の急の問題だが、時に産ませる技術も求められた。生殖コントロールの知恵は太古から生み出されていて、古い時代にも決して全くの無知蒙昧な状態にあったわけではない。古代には産婆と娼婦がその種の知識をもっており、「女の文化」の中で口伝で伝承されたと言われる。

産婆術の歴史は古い。中世の産婆は出産の問題や産後の新生児の取り扱いに関わるのみならず、性と生殖コントロールの問題にも大きく関わっていた。永いこと出産は女の領域とされており、通常産のみならず難産の場合も一手に引き受け、刃物も使った。そして産婆は永きにわたって生殖コントロールの担い手であった。避妊剤・堕胎剤に通じこれを使った。また不妊改善の相談にも乗ったであろう。媚薬も知っていた。なお媚薬は、一一世紀末の翻訳者で医学知識もあった男性コンスタンティヌス・アフリカヌスの小論『性交について』にもあり、この小論を通じて媚薬の知識は男性にも流布したと思われる。リドルは、古代には避妊剤や堕胎剤の黄金の知識がありそれは「女の文化」の中で伝承されてきたが、一三世紀以降の大学の教育課程から脱落したために次第に失われていったと言う（Riddle [1992]）。

出産の問題には、通常産を安産に導くための技術と難産への対処の問題がある。産婆たちは自然出産の理念に沿い、自然の力によって生まれてくる通常産をよく助けることが中心である。異常産・難産は自然に沿わないものとして諦めるという傾向があった。古来、出産は女の領域であり、難産も産婆が差配していたが、難産を通して、つまり帝王切開術を通して、一五世紀半ば以降男性外科医が出産の領域に侵入して来ることになる（小松［一九九九］）。古代から妊婦が死んだ時せめて胎児を救わんとする死後帝王切開術の伝統がヨーロッパにはあり、中世には執刀は産婆に任されていたが、一六世紀半ばまでには、産婆は帝王切開術から排除され、男性外科医にゆだねるよう規制された。なおしばらく通常産は産婆が取り仕切っていたが、一八世紀には鉗子の発明により、通常産もできれば男性産科医に任せた方がよいという風潮になる。一八世紀には産科学が堂々たる医学の一部門となる。

第八節　一七世紀の「科学革命」と医学／生物学

「科学革命」という語には二義ある。クーン（Thomas Kuhn 一九二二—一九九六）の「科学は革命を繰り返す」と言う時の科学論・科学哲学における「科学革命」は普通名詞である（クーン［一九七二］）。バターフィールド（Herbert Butterfield 一九〇〇—一九七九）の「一七世紀前後の近代科学の成立は人類史にとって一大革命である」と言う時の、歴史上の「科学革命」は固有名詞で一つしかない事態をさす（バターフィールド［一九七八］）。

近代科学の成立は、一七世紀前後に天文学革命・力学革命から発する物理科学中心に起こった革命であるため、「コスモスの崩壊」（コイレ（Alexandre Koyré 一八九二—一九六四））、「世界の機械化」（ディクステルホイス（Eduard Jan Dijksterhuis 一九〇〇—一九七三））などとも表現される。一八世紀末に近代化学の成立が見込まれるため化学革命は遅れた科学革命とも言われる（バターフィールド［一九七八］）。

では生物学の革命とは何か。生物学の革命の問題は固有である。一七世紀の生理学革命、即ちハーヴィ（William Harvey 一五七八—一六五七）の血液循環論の発見をして言うのか。一九世紀の生物学という統一体の成立をもってして言うのか。二〇世紀の分子生物学革命を言うのか。近代科学が数学的かつ実験的科学なのだとすれば、一七世紀ハーヴィ以降の生理学も一九世紀の生物学も実験的科学となったのみである。数学的かつ実験的科学となるのは、二〇世紀の分子生物学革命まで待たねばならないことになる。中村禎里（一九三二年生）は一七世紀の生理学革命をもって近代生物学の誕生とし、近代生物学の性格は記述科学から実験的科学に変わったのみとしている（中村［一九七三→一九八三］）。医学の革命は第二節で述べたようにさらに独自である。何をもって近代医学の幕開けや成立とするかは史家によってさまざまである。

また科学革命論自体も近年変容している。クーンの「科学は革命を繰り返す」との主張や通約不可能性の指摘は刺激的で科学者にも衝撃を与えたが、パラダイム論の適用範囲の限界も指摘されたし、何が科学かという境界設定の問題もある。理性と非理性の問題、科学と魔術の問題もある。魔術の問題についてもパラケルスス派の見直しが提言されている（ディーバス［一九八六］［一九九九］、ウェブスター［一九九九］）。一六・一七世紀の魔術は両義的に思える。魔術からひそかに霊感を受け操作的自然観を受け継ぎながら堅固な力学などの近代科学の建設に励んだニュートン（Isaac Newton 一六四二―一七二七）らの上層の科学と、まさに呪術・魔術・迷信の側に置かれた排除された下層の術があると思われるのだ。最近の極めつけは科学革命などなかったとするシェイピンの議論である（シェイピン［一九九八］）。少なくとも科学革命の〝劇的〟性格は否定ないし緩和された。

フェミニズム科学史が科学革命論にもたらしている問題もある。（フェミニズム科学史の最近の展開については第一〇章を参照。）一七世紀頃に近代科学が成立したとして、「近代科学＝客観的精密科学＝男の科学」か、という問題だ。この時期は「自然が死んだ」時であり、家父長制的資本主義が勃興する時である（マーチャント［一九八五］）。マーチャント（Carolyn Merchant 一九三六年生）の『自然の死』はシヴァ（Vandana Shiva 一九五二年生）を初めとするエコフェミニズムにも影響している。従来、近代科学の成立と同時に「魔術の追放」（ウェーバー（Max Weber 一八六四—一九二〇））が進行したとされた。イーズリー（Brian Easlea）も科学革命は裏面で魔女狩りを遂行し多くの犠牲の血を流しながら進行した、と言っている（イーズリー［一九八六］）。女の術は近代科学には招かれず貶められて下層の術として呪術・魔術・迷信の側に置かれたことは、徐々に明らかになっていくだろう。それは産婆が追放され男産婆・産科医が出産を取り仕切るようになっていく時（シービンガー［一九九二］）であり、癒しの女たちが姿を消す時（アクターバーク［一九九四］）である。

フーコー（Michel Foucault 一九二六—一九八四）に倣えば、一八世紀末の臨床医学の誕生をもって近代医学が成立し、一八〇〇年頃の生物学という統一体の成立をもって近代生物学は成立したことになる（第一章第二節参照）。中世の医学／自然誌と近代医学／生物学との非連続と連続を見てみると、非連続としては、中世前期の異世界性が際立つ。健康の園への信念、神の薬としての植物の意味。修道院医学における救済論的・神学的構図、神の罰や神の試練という病の意味。動物の生態・行動が人間に道徳的意味を示唆している動物の意味。こうした意味の世界は、人間への神の愛・救い・恵みから発している。中世前期の修道院での医療・看護や病院（しばしば救貧院）は神の愛への反射としての隣人愛を実践する場だった。キリスト教精神と言ってきたが、神のイメージが愛の神・恵みの神なのだ。神の法は神の思惟の中にあり叡智的だが、神は叡智的なだけでなく人格的なのだ。また制度としても修道院での医療・看護や修道会の病院は病者への無償の奉仕であり、中世社会に存在した無料の福祉システムだった。

非連続の第二は保健学や養生法の広大な領域が前近代にはあったということである。それは古代医学でも中世前期修道院医学でも中世後期から近世の大学医学でもそうであった。

非連続の第三は近現代の医学／生物学の制覇により隠されてしまった民衆医療の薬草の秘術があり、中国やインドなどの非ヨーロッパ医学では今も存在しているものだが、ヨーロッパの正統的医学では消えたものである。民間ではハーブ愛好として今も根強くあると思われる。前近代の民衆医療の担い手は種々の下級医療職であり、家庭では女性であった。

連続の一つとしては、一三世紀以降の大学の医学の時代に見られた自然主義がある。病の自然的解釈が行われる。一二世紀以前の世俗のサレルノ医学校もそうだったかもしれない。古代のヒポクラテス・ガレノス医学がすでにそうであった。十二世紀ルネサンスで再生するのは、まさに自然主義であり、自然治癒力への信念、自然の法への信念である。主に一三世紀以降の大学医学部で、まず医学の世俗化が起こったと言える。

だが具体的な病理学説は前近代のものでは体液病理学説だが、近代のそれは病気の局在論であり固体病理学説であり機械の故障につながる見方で、ここには非連続がある。

連続にはまた、一三世紀以降の免許制度の拡充と大学出の医師の増大がある。病院も中世末になるほど世俗化し、一五世紀には市の大病院も出現した。中世末には市の医師ポストも設けられ、大学出の医師がその任に就いた。医療制度上も世俗化が起こり現在に至っていると言える。民間の下級医療職は大学出の医師に圧迫される運命となった。

ギリシア自然主義が一二世紀や一五・一六世紀のルネサンスで再生する中で、キリスト教精神は神の法への信念を内包して流れつづける。一三世紀にアリストテレス自然主義への宣教を行ったのはトマス・アクィナスである。だが自然の法を神の法の中へ総合するトマスの自然神学は不安定な危うい総合だった。一五・一六世紀の諸思潮のカオスを経て、一七世紀にキリスト教精神に合致した機械論哲学が創出される。

神の法が自然に内在する不変な法則への信念として生き続け、一七世紀博物学ではむしろ強まるように思える。特に分類学でいきものの類縁性からほのみえる自然の体系を神の叡智の中にあった計画としてとらえる。聖なる博物学の相貌が濃くなるのに比べて、生理学はガレノスを範として常により自然主義的であった。

総じて言えばキリスト教精神は中世以来連続していて、中世前期の愛の神・恵みの神から一七世紀は叡智の神に移行したと言っては粗雑だろうか。有神論から一七世紀は理神論が強くなり、一八世紀には無神論も現れ始め、神の棚上げ（実証主義）が始まると言うべきか。現代でも自然に内在する不変な法則への信念は生き続けており、匿名の理神論とも言える。

また古代からの連続として、男性覇権主義が消長はあっても常にある。神のもとの平等を説いたキリスト自身にはなくとも教父の中にすでにあったと思われる。自然学・医学的言説は女性観の形成に権威をもち、確かに女性を差別し抑圧する機構にも加担しやすかった。第七節で見たアリストテレスも本稿では省いたヒポクラテスの婦人病論もしかりである。

一六世紀からの連続として、精緻化の進行がある。自らの眼による観察の重視と絵画の写実主義があいまって、人間の死体を切り開き凝視する眼を養った。死体解剖学＝「死の科学」が医学において凌駕してくる。産婦人科学の精緻化にも死せる妊婦解剖が寄与したし、病理学の精緻化にも死体病理解剖が寄与した。一六世紀人体解剖図と同時に、動物図譜・植物図譜の精緻化が進行する。精緻化は一七世紀光学顕微鏡の開く極微の世界へと連続し、ついには現代の電子顕微鏡の開く超極微の世界へと連続している。

文献（邦文）（＊印は「おわりに」で解説されている。）
アクターバーク、J［一九九四］『癒しの女性史』長井英子訳、春秋社（原著一九九〇年）
アーバー、A［一九九〇］『近代植物学の起源』月川和雄訳、八坂書房（原著一九三八年）
イーズリー、B［一九八六］『魔女狩り対新哲学』市場泰男訳、平凡社（原著一九八〇年）
伊東俊太郎［一九七八］『近代科学の源流』中央公論社
――［一九九三］『十二世紀ルネサンス』岩波書店

ウェブスター［一九九九］『パラケルススからニュートンへ』金子務監訳、平凡社（原著一九八二年）
クーン、T［一九七一］『科学革命の構造』中山茂訳、みすず書房（原著一九六二年）
ケラー、E・F［一九九六］『生命とフェミニズム』広井良典訳、勁草書房（原著一九九二年）
児玉善仁［一九九八］『病気の誕生』平凡社
小松真理子［一九九三a］「中世の医学教育におけるテキスト」『帝京大学文学部紀要教育学』一八号 二六一—二八一頁
——［一九九三b］『古代中世の発生と遺伝の理論』井上書店
——［一九九五］「コンスタンティヌス・アフリカヌスの『性交について』とチョーサー」『帝京大学文学部紀要英語英文学』二六号、一—一九頁
——［一九九九］「帝王切開術と男性外科医の産婆世界への侵入（一）（二）」『科学医学資料研究』三〇〇号、一—一二頁、三〇一号、一—九頁
シェイピン、S［一九九八］『「科学革命」とは何だったのか』川田勝訳、白水社（原著一九九六年）
シッパーゲス、H［一九八八］『中世の医学』大橋博司ほか訳、人文書院（原著一九八五年）
——［一九九三］『中世の患者』濱中淑彦監訳、人文書院（原著一九九〇年）
シービンガー、L［一九九二］『科学史から消された女性たち』小川眞里子・藤岡伸子・家田貴子訳、工作舎（原著一九八九年）
ディーバス、A・G［一九九九］『近代錬金術の歴史』川崎勝・大谷卓史訳、平河出版社（原著一九七七年）
——［一九八六］『ルネサンスの自然観』伊東俊太郎ほか訳、サイエンス社（原著一九七八年）

＊中村禎里［一九七三→八三］『生物学の歴史』河出書房新社
バターフィールド、H［一九七八］『近代科学の誕生』（上下巻）渡辺正雄訳、講談社（講談社学術文庫）（原著一九五七年）
＊フーコー、M［一九六九］『臨床医学の誕生』神谷美恵子訳、みすず書房（原著一九六三年）
——［一九七四］『言葉と物』渡辺一民・佐々木明訳、新潮社（原著一九六六年）
マクラレン、A［一九八九］『性の儀礼』荻野美穂訳、人文書院（原著一九八四年）
マーチャント、C［一九八五］『自然の死』団まりな・垂水雄二・樋口祐子訳、工作舎（原著一九八〇年）

文献（欧文）

Hunt, T. [1992] *The Medieval Surgery*, The Boydell Press.
Maclean, I. [1980] *The Renaissance Notion of Woman*, Cambridge University Press.
Needham, J. [1975] *A History of Embryology*, Arno Press.
Riddle, J.M. [1992] *Contraception and Abortion from the Ancient World to the Renaissance*, Harvard University Press.
Reeds, K.M. [1991] *Botany in Medieval and Renaissance Universities*, Garland Pub.
Siraisi, Nancy [1990] *Medieval and Early Renaissance Medicine*, The University of Chicago Press.
Temkin, O. [1973] *Galenism*, Ithaca.

第六章　人種分類の系譜学
——人類学と「人種」の概念

坂野徹

19世紀後半における５大「人種」。1875年出版の一般向け著作より

第一節　人類学の研究領域

英語のanthropology（人類学）という言葉は、ギリシア語で「人間」を意味するanthropos（アントロポス）に由来するが、現在の日本では、人類学は、いわゆる理系の学問である自然人類学（physical anthropology）と、文系の学問に分類される文化（社会）人類学（cultural/social anthropology）に分けて考えるのが一般的である。このように、人類学が、理系、文系両方の学問領域にまたがっているのは、当然のことながら、人間が、単なる一生物種にとどまらず、文化あるいは社会と呼ばれる営みを行う存在であることに起因している。

だが、いうまでもなく、人類学は人間に関わる全ての問題を対象としているわけではない。たとえば、少なくとも現在では、人間の「心」の問題を扱う心理学を人類学の下位分野と考える人はいないだろう。しかもまた、自然人類学と文化人類学という学問分類は全世界共通のものではなく、ドイツなどにおいては別の分類法が用いられている。ともかく、まずは人類学という学問が対象とする問題を明確にするために、その学問分類と関連領域について、もう少し詳しくみてみることにしよう。

自然人類学は、人間を自然科学的あるいは生物学的な観点から扱うため、この領域の研究は医学、生物学と密接に関わるが、これまで自然人類学が主な研究主題としてきたのは、人間の身体がもつさまざまな形質とそれに基づく分類単位である「人種」をめぐる問題だといってよい。近年でこそ、自然人類学者の間でも、「人種」を明確には定義できないという認識から、「人種」に代わって地域的集団といった概念が使われる場合がほとんどだし、その研究方法も、遺伝子レベルの解析が主流となりつつある。だが、伝統的に自然人類学者は、頭の形や身長、髪の毛の性質などに基づいて「人種」を分類し、その特徴や起源に関する研究を進めてきたのである（こうした事情から、この領域の研究は、形質人類学と呼ばれることもある）。

自然人類学と並ぶ人類学のもう一つの柱である文化人類学の場合、その名称にまつわる歴史的事情は少々複雑である。文化人類学は、当然、人間の文化的側面を扱うわけだが、文化人類学者が研究対象とするのは、多くの場合、かつて「未開」と呼ばれた伝統社会である。現代の文化人類学者は、そうした社会を対象に、まずはフィールド・ワーク（現地調査）を行うことになる。一般に彼らは、長期にわたって対象とする社会の成員として生活を共にしながら調査を行うため、その調査方法は参与観察法と呼ばれるが、こうした文化人類学の手法は、ポーランドに生まれ、イギリスで活躍した人類学者マリノフスキー（Bronislaw Malinowski 一八八四―一九四二）のトロブリアンド諸島における調査によって確立されたといわれる。なお、文化人類学という名称は主としてアメリカ流のものであり、伝統的にイギリスでは、対象となる社会の構造を問題にしてきたため、社会人類学という名称が用いられるが、現在では両者の実質的内容は変わらないといってよい。

しかし、文化人類学の場合、事情をややこしくしているのが、この領域に関して、民族学（ethnology）というもう一つの古くからの名称が存在することである。自然人類学の「人種」に対して、文化人類学（民族学）は、人類の言語的・文化的・歴史的な区分である「民族」の問題を扱ってきたといえるが、歴史的にみれば民族学と名のつく学会の誕生は人類学という名称を用いた学会よりも古く、それ以来、ヨーロッパでは民族学という名称も広く用いられてきた。整理していえば、現在のアメリカやイギリスでは、人類学という一つの学問領域の中に文化（社会）人類学と自然（形質）人類学（さらに先史考古学）が含まれるのに対して、ヨーロッパ大陸諸国では、人類学は人間をもっぱら自然科学的な観点から研究する学問を指し、英米の文化（社会）人類学に該当するものとして民族学という名称を使うのが一般的である（祖父江［一九九〇］）。

日本の場合は、もともと一八八四年に自然科学系の研究者を中心に創設された人類学会のもとに、幅広い人類学研究が進められていたが、やがてドイツ、オーストリアの影響のもと、一九三四年に日本民族学会が結成され、ヨーロッパ大陸型の学問分類となった。しかし、戦後新たに英米流の文化（社会）人類学が導入されて以降は、理系の自然人類学（狭義の人類学という場合もある）に対して、文系の側は民族学と文化（社会）人類学両方の名称が併用されるという状況が続いてきたのである。ちなみに、日本民族学会では、一九九四年、文化人類学会へと名称変更することが議論の俎上に上がったが、結局は従来通りとなっている。

そしてさらに、文化人類学（民族学）と密接に関わる学問領域として、もう一つの「ミンゾクガク」、すなわち民俗学についても触れておかねばならない。現在の日本では、民俗学は、もともと民謡や伝説などの口承に関する研究を意味する英語の folklore の訳語として理解されることが多いが、たとえばドイツ語圏では、Völkerkunde が「民族学」、Volkskunde が「民俗学」に該当する。ドイツ語の Volk とは「民族」であり、民族学が他の諸民族を研究対象とするのに対して、民俗学は、主として自国民（=単数形の Volk）、とりわけ「庶民」の歴史、生活習慣などを対象とする学として発展してきたのである。しかもまた、日本では民俗学を体系化したのは柳田国男（一八七五―一九六二）だといわれるが、民族学の学会を創設した研究者も柳田から大きな影響を受けており、そのことが両者の関係を複雑なものにみせる一因となっている。

第二節　人類学の歴史の「難しさ」

以上ここまで、人類学の基本的な学問分類と関連領域についてみてきたが、さまざまな学問領域との関係、さらには国による分類の違いなどが、その歴史を一義的に捉えることを困難にしている。しかもまた、人類学の歴史において厄介なのは、人類学者と名のつく研究者以外の人々も「人類学的」と呼びうる研究を行ってきたということである。たとえば「人種」分類の問題は、人類学が専門分野として確立する一九世紀以前より、博物学者にとって大きな関心事であったし、植民地では宣教師や行政官が、実際的な必要性にかられて、現地住民に関する調査を実施していた。さらには旅行者、探検家が書き残した記録の中に、現在の文化人類学者（民族学者）による調査（一般に民族誌ethnography と呼ばれる）に相当するものが含まれる場合も多い。こうしたさまざまな領域の研究者、さらに非専門家の記録をどう評価するかによって、人類学の歴史記述は大きく異なってくるだろう。

そして、何よりも人類学の歴史を扱うことの「難しさ」は、それが有する政治性、イデオロギー的性格に関わっている。あらためていうまでもなく、人類学という学問の形成と発展は、欧米――さらには日本――による植民地支配の歴史を抜きに考えることはできない。人類学者たちは、かつて「野蛮」「未開」と呼ばれた非西欧社会の人間を対象に、彼らの身体を計測したり、その生活習慣や社会構造などを記述してきた。だが、こうした研究は、植民地支配という状況を前提に行われたものである以上、現代において人類学の歴史を描くという作業は、いやがおうなくその負の歴史への考察を伴わざるをえないのである。

実は、人類学者（特に文化人類学者）の植民地支配に対する責任という問題は、古くより指摘されてきた事柄である。だが、これはただ単に人類学者が具体的な植民地支配にどの程度関わったかという問題にとどまらない。そうした観点からみれば、総体として、人類学者が植民地支配に直接役立つ研究を行うことは少なかったといってよいだろう（クーパー［二〇〇〇］）。

しかし、だからといって人類学が植民地主義と無関係だというわけではない。ここで注目されるのが、パレスチナ生まれのアメリカの文芸批評家エドワード・サイードによる「オリエンタリズム」批判という視点である。サイード（Edward Said 一九三五年生）は、その著作『オリエンタリズム』（一九七八年）において、西欧における東方（オリエント）世界を対象とした芸術や学問を取り上げ、そこに帝国主義、植民地主義に根ざした西欧中心主義的な眼差し＝「オリエンタリズム」をみいだし、これを激しく批判した（サイード［一九八六］）。

サイード自身は、少なくとも当初、彼のいう「オリエンタリズム」の範疇に人類学を含めてはいなかったが、彼の問題提起が人類学にも当てはまることは明らかだろう。「オリエンタリズム」批判の視点からは、人類学の研究を支えてきたさまざまな概念や方法論がもつ歪み、イデオロギーが問題にされる。たとえば、これまで人類学が所与のものとしてきた「文明」と「未開」という対立図式も疑問に付されることになるし、人類学者による「人種」分類もまた、そこに紛れ込む西欧中心主義的な偏見や、「人種」を分けるという行為自体のもつ政治性が問われることになる。そもそも人類学は、多くの場合、西欧社会の人間が非西欧社会の人間に一方的な観察の眼差しを向ける非対称的な関係に支えられて発展してきた。現代において、人類学の歴史を考える場合は、観察者と被観察者の間に存在するそうした権力関係をも問題にしなければならないのである。

そしてまた、人類学の歴史は、国民国家形成との関係からも問題にされうる。近代国民国家は、その成員＝「国民」(nation) の統合を押し進めるため、公教育制度、徴兵制を伴う軍隊、言語政策などの装置を有しているが、近年では、国民国家システムへの批判の高まりとともに、言語学や歴史学などさまざまな学問分野が統合のイデオロギーとして機能してきたことが問題にされるようになっている。そして、「人種」「民族」の歴史やその起源の共通性という意識が、国民としてのアイデンティティと密接に関わることを考えれば、人類学という学問もまた、国民統合の装置のひとつとして捉えられることになる。たとえば日本では、明治以降、「日本人」の起源をめぐるさまざまな人類学的研究が進められ、現在でもそうした関心は高いが、なぜ「日本人」の起源に対して人々は熱中するのだろうか。また、そこでの「日本人」とは一体誰を指すのだろうか。

いずれにせよ、人類学という学問は、その政治性を含めて、現在、根本から見直しが進みつつあり、それに伴って、歴史的再検討の重要性も高くなっている。だが、ここまで述べてきた「難しさ」もあって、残念ながら日本では人類学の歴史を扱った著作は非常に少ない。実際、少数の研究書も、文化人類学中心だったり、比較的蓄積のある進化論史の著作で人類学に触れるだけのものが大部分を占めるし、日本の人類学についても、その歴史を通史的に扱った著作はいまなお一冊しかみあたらないという現状である（寺田［一九七五］）。（なお、日本における人類学の歴史については、近刊予定の拙著『日本人類学の軌跡――古物趣味から植民地研究へ（仮題）』（勁草書房刊）において論じる予定なので、そちらも参照してほしい）。

むろん、本章においても、その限られた紙幅のなかで、欧米さらには日本などにおける人類学の歴史的展開を網羅的に紹介することは不可能である。また、生命科学の歴史を扱おうとする本書の性格から考えて、いわゆる文化人類学（民族学）の領域に関わる研究は、その多くを射程の外におかざるをえないだろう。

そこで以下では、近年の研究をふまえつつ、思いきって問題を「人種」分類の問題にしぼって、西欧における人類学の歴史を素描していくことにしたい。ここで「人種」の問題に着目するのは、「人種」が、自然科学的アプローチによる人類学研究における中心課題であったとともに、その政治性が最も明瞭に現れる場であるからである。

ただし、本章では、いわゆる人種（差別）主義に伴う問題については、詳しく論じることはしない。歴史上、「人種」という概念は、しばしば「人種」間に優劣の序列があるという考えを伴い、人種主義と呼ばれるこの思想は、さまざまな場面で悲惨な帰結をもたらした。たとえばナチズムによるユダヤ人虐殺、南アフリカ共和国における人種隔離政策（アパルトヘイト）などを思い起こせば、人種主義をめぐる問題の深刻さが分かるだろう。しかし、当然のことながら、人種主義の要因を全て人類学に帰すことはできないし、人種主義がもたらした諸問題について詳細に紹介するだけの余裕もない。したがって、ここではあくまでも学的な場面に限って、「人種」という概念の系譜をたどっていくことになる。

第三節　「人種」分類の起源

冒頭で述べたように、近年では、人類学者の間でも、「人種」分類の難しさと恣意性、さらには「人種」という考え方がもたらしたさまざまな差別への自覚に基づいて、「人種」概念そのものが破綻したという意見が主流になりつつある。だが、一応は、生物学的あるいは身体的な特徴による人類の分類単位を「人種」と呼ぶのが、現代における一般的な了解だと考えて間違いないだろう。「人種」とは、いうまでもなく race の訳語であり、分類学上、「人種」(race) は、種 (species) の下位分類単位に当たる。

「人種」の語源については、ラテン語起源 (ratio) やアラビア語起源 (ras) など諸説あるが、イタリア語 (razza) を経由して、一六世紀初頭フランスに入り、その後ドイツでも使われるようになった。もともとは動物、とりわけ馬の血統を意味し、一七世紀頃から人間の血統を指す言葉としても用いられるようになったといわれる。そして、「人種」という言葉が近代的な意味に近づいた最初の用例といわれるのが、一六八四年に匿名で発表された「居住する人間のさまざまな種あるいは人種 race による世界の新しい分類」と題する論文である。そこではヨーロッパ人、黒人、アジア人、ラップ人、アメリカ人などについて記載されているという (寺田 [一九六七]、大林・森田 [一九九四]、鵜飼 [一九九八])。

だが、当然のことながら、「人種」(race) という言葉がヨーロッパ語として使われるようになる以前より、世界中に存在する肌の色や顔の形が異なる人々を分類しようとする試みは存在した。そうした西欧における広い意味での「人種」分類の歴史を考えるとき、みのがすことができないのは聖書の存在である。聖書は長年にわたって西欧世界の人々の世界観を根底から支えてきたが、聖書の記述にしたがって、ノアの息子であるヤペテ、セム、ハムの三兄弟が世界中の諸「人種」の起源となったという考え方が、西欧における「人種」分類の出発点になったといってよい。兄弟それぞれが、どの「人種」の祖であるかについてはさまざまな議論があったが、最も一般的だったのは、ヤペテの子孫がヨーロッパ人となり、セムはアジア人、ハムはアフリカ人となったという解釈だった（ポリアコフ［一九八五］）。

しかし、聖書に基づいて全ての「人種」が単一の起源に発するという考え方は、一五世紀に始まる大航海時代における地理上のさまざまな「発見」によって揺らぎをみせ始める。いわゆる新大陸とそこに住む人々の存在はヨーロッパ人の想像力を刺激し、一六世紀以降、少数ながらパラケルス（Philippus Aureolus Theophrastus Paracelsus 一四九三／四—一五四一）、ジョルダーノ・ブルーノ（Giordano Bruno 一五四八—一六〇〇）といった思想家たちが、伝統的な聖書解釈への批判を始めたのである。彼らによれば、新世界の「人種」はアダム由来ではなく「別のアダム」の子孫、つまりは自分たちとは全く起源を別にする「人種」であった。かくして、ここに全ての「人種」は単一の祖先に由来すると考える単起源説（monogenism）と、それぞれの「人種」は別の起源を有すると主張する多起源説（polygenism）という、人類の起源をめぐる二つの考え方が出そろったことになる（寺田［一九六七］、ポリアコフ［一九八五］、マルフェイト［一九八六］）。

ちなみに、現代の自然人類学では、「人種」形成に関する有力な仮説として、アフリカに起源をもつ現生人類（いわゆる新人）が全世界に広がる過程で各地の地域集団が形成されたとする「アフリカ起源説」がなかば定説となりつつあるが、この「アフリカ起源説」と、各地域集団はそれぞれの地域で北京原人やネアンデルタール人などの段階から独自に進化したとする「多地域進化説」との間で、つい最近まで激しい論争が続いてきた（瀬戸口［一九九五］、尾本［一九九六］、河合［一九九九］）。進化論を前提とした現代の人類起源論（進化論と人類学の関係については後述する）は、どの「人種」もその起源を遡っていけば最終的には単一の祖先に到達するという意味では、いずれも単起源説の立場に立つ。しかし、「多地域進化説」は、それぞれの地域における原人や旧人の段階から現代の「人種」への進化を主張するため、多起源説的な性格を強くもつといえるだろう。このように考えると、現代の人類の起源をめぐる論争は非常に古い起源をもつわけである。

第四節　啓蒙時代の「人種」分類

先に述べたように、世界中におけるさまざまな「人種」の存在は、西欧世界では、長年にわたり聖書の記述とその解釈に基づいて説明されてきたが、一八世紀以降、こうした「人種」の「聖書パラダイム」――ここでは、聖書に基づく「人種」の神学的な解釈をそう呼ぶことにしよう――は、次第に言語や文化、身体的差異に基づく新たな科学的説明にとって代わられることになる。ただし、ここで注意しておきたいのは、近代以降の新たな「人種」についての説明は、「聖書パラダイム」の枠組みを根本から破壊するものではなく、その多くが従来の枠組みの上にいわば接ぎ木されたものだったということである。

では、西欧の研究者たちは、具体的にどのような「人種」分類の体系を作り上げてきたのだろうか。ここでは、まず一八世紀の有名な博物学者、分類学者であるカール・フォン・リンネ（Carl von Linné 一七〇七—一七七八）の『自然の体系』（第十版、一七五八年）における「人種」分類を挙げてみることにしよう。

リンネによれば、霊長類（Primate）はヒト（homo）とサル（simia）に大別されるが、前者は、さらにホモ・サピエンス（Homo sapiens）とトログロディト（Troglodytes）に分けられる。そして、ホモ・サピエンスには、アメリカ人（Homo americanus）、ヨーロッパ人（Homo europaeus）、アジア人（Homo asiaticus）、アフリカ人（Homo afer）、さらには「野生人（Homo ferus）」、「奇形人」（Homo monstorosus）といった「人種」が含まれる。

現在のわれわれの目からみて奇妙なのは、ホモ・サピエンスに含まれている最後の二つだろう。「野生人」とは、森や山に捨てられ動物に育てられた野生児のことであり、「奇形人」とは、気候の激しさや人工的処置によって「奇形」化した人間たちを指す。すなわち、リンネの分類体系においては、社会の外部へ捨てられた人間や、旅行者たちの逸話に登場する人間、さらに現在であれば病理学的異常の中に含まれるであろうものまでもが、人間の分類単位として想定されていたのである。

しかもまた、ホモ・サピエンスと並んでいるトログロディトは単にチンパンジーなどの類人猿を指すのではない。トログロディトには、「夜の人」（Homo nocturnus）や「カカーラッコ」（Kakurlacko）といった逸話に基づく種族や、マレー語で「森の人」を意味する「オランウータン」のラテン語訳である「ホモ・シルヴェストリス」（Homo sylvestris）などが含まれるが、彼らは、人間とサルの中間に位置する半‐人間と考えられていた（大林・森田［一九九四］）。

動植物の名称を属名と種名によって決定する二命名法の提唱によって分類学に大きな足跡を残したリンネは、人間にも二命名法を適用することで（「ホモ（属）サピエンス（種）」）、単起源説に基づく科学的な「人種」分類をうち立てたといわれる。だが、敬虔なキリスト教徒であったリンネは、聖書に基づいて、全ての「人種」がアダムとイヴに由来すると考えていたし、こうしたリンネの「人種」分類からは、一八世紀においてもいまだ現在とはっきり異なる形で「人種」が捉えられていたことが分かるだろう。

ここで登場するのが、「退化（degeneration）論」という、やはりもともとは聖書に端を発する枠組みである。周知のように、聖書には、人間はエデンの園における神の恩寵を受けた完璧な状態から堕落＝退化の方向に向かっているとする議論が存在する。そうした考えに基づき、一八世紀以降の単起源説は、全ての人間はアダムとイヴに由来するが、その子孫の一部においては、罪、あるいは環境（気候）の影響によってより「退化」が進み、現在のようなさまざまな「人種」が生じたと考えた。たとえばリンネと同時代、フランスでは博物学者ビュフォン（Georges Louis Leclerc de Buffon 一七〇七―一七八八）が、『博物誌』（一七四九―一八〇六年）の中で、さまざまな「人種」の形成を論じていたが、彼によれば、黒人は、日光と熱に持続的にされされたがゆえに「退化」して生まれた「人種」なのである。

彼によれば、さまざまな変異があるにもかかわらず、人類は単一の種を構成する。なぜならば、どのような「人種」の間でも生殖が可能であり、生まれてくる子供にも繁殖力があるからである。しかもまた、たとえば黒人の肌の黒さは、彼らが何世代も北欧で暮らし続ければ白くなる可能性があり、黒人にみられるアルビノとは、何らかの理由で黒人が人間本来の白さに回帰したものだという（渡辺［一九九七］）。

さて、「野生人」や「奇形人」といった奇妙な「人種」は、西欧の植民地拡大や一八世紀以降の比較解剖学の発展による動物、人類に関する知見の増大に伴ってすぐに姿を消す。そして、現代に通じる「人種」分類体系を確立し、一九世紀以降の人類学に大きな影響を及ぼしたといわれるのが、ドイツの博物学者ヨハン・フリードリッヒ・ブルーメンバッハ（Johann Friedrich Blumenbach 一七五二―一八四〇）である。しばしば（自然）人類学の父とも呼ばれるブルーメンバッハは、一八〇六年、主として頭蓋骨の比較研究に基づき、人類を五つの「人種」に分類した。彼のいう五大「人種」とは、コーカサス人（白色人）、モンゴル人（黄色人）、エチオピア人（黒色人）、アメリカ人（赤色人）、そしてマレー人（褐色人）である。

彼の「人種」分類には、リンネにおけるような混乱がないことは明らかだし、頭蓋骨の比較に基づく点でも非常に「科学的」にみえる。だが、ブルーメンバッハに至ってもいまだ「聖書パラダイム」の影響は明白である。たとえば、ブルーメンバッハが白人に与えたコーカサス人という名称は、「コーカソイド」（Caucasoid）という名で現在でも用いられているが、ブルーメンバッハによれば、ユーラシア大陸中央部に位置するコーカサス山脈こそが人類発祥の地であり（彼がそう考えたのは、この地方由来の頭骨が最も美しいからであった！）、世界中の「人種」は、本来の人類からの「退化」によって生じた。太古のコーカサス人からの気候の影響による「退化」の進行に伴って、アメリカ人、モンゴル人という系統と、マレー人、エチオピア人の系統という形で、「退化」の流れは大きく二つに分けられ、それによって現在の五大「人種」が形成されたというのが、彼の「人種」形成論にほかならない（ゴシオー［一九八八］）。

なお、ここで注意しておきたいのは、ブルーメンバッハはこうした「人種」間の差異が程度問題にすぎず、「人種」分類が本質的に恣意的なものであることを自覚していたということである。単起源説は、さまざまな「人種」の存在を、環境の影響による身体変化によって説明することが多く、したがって、多くの場合、各「人種」間の差異は必ずしも固定的なものと考えられていなかった。たとえばビュフォンも、分類学にはあまり関心を抱いておらず、「種」や「人種」は、便宜上作られたものにすぎないと考えていたのである（マルフェイト［一九八六］）。

一方、もともと正統的な聖書解釈の立場からすれば異端の考えであった多起源説は、一六世紀の登場以降、けっして主流の「人種」理論になることはなかったといってよい。だが、一八世紀に入ると、少数ながら、フランスの啓蒙思想家ヴォルテール（François Marrie Arouet, dit Voltaire 一六九四―一七七八）、スコットランドの哲学者ケイムス卿（Lord Kames Henry Home 一六九六―一七八二）など、一定の支持者を得るようになる。啓蒙思想は、確かに一面において人類の普遍性への信念を高めたが、一方でそれが内包する反キリスト教的姿勢、科学的精神への信頼が、正統的な単起源説への批判をも後押ししたといえるかもしれない。たとえば、ヴォルテールは、宗教的狂信を批判し、寛容の精神を唱えたことでも知られるが、一方で彼は多起源説を支持し、奴隷制度を正当化さえしたのである（ポリアコフ［一九八五］）。

そして、一八世紀後半以降、多起源説の立場による単起源説への批判も少しずつ増えていく。多起源論者によれば、たとえばアフリカの黒人を奴隷として温帯地方に連れてきても、その肌の色が次第に白くなるということはなく、このことは各「人種」の安定性、独立性を示すと解釈された。また、今日の世界に存在する「人種」が、古代エジプトの遺跡にも描かれていることは、これらの「人種」がもとから異なっている証拠だと考えられたし、さらには異なった「人種」間に生まれた子どもは不妊である——少なくとも生殖力が低い——といった主張さえも行われていたのである（グールド［一九八九］）。

もちろん、こうした多起源説の主張に対しては、単起源論者から、現実の人間に存在する多様性、たとえばある「人種」集団内にみられる個体差は、しばしば「人種」集団間における差異よりも大きいといった批判も行われた。しかし、こうした批判に対しても、多起源説の立場から、過去には「純粋人種」が存在し、そうした「人種」間の混血によって、現在の「人種」の姿が生じたと考えることは可能だった。そして、このような単起源説と多起源説の対立は、一九世紀に入って以降も、「人種」の形成をめぐる論争の中心であり続けるのである。

ところで、これまでの記述からすると、全ての「人種」がアダムとイヴに由来するとする単起源説は、多起源説に比べて、人種（差別）主義から遠いようにみえるかもしれない。たとえばネイティヴ・アメリカンやアフリカの黒人が、自分たちヨーロッパ人とは別の起源をもつ異なった「種」であると考える方が、彼らに対する過酷な扱いを正当化するには都合がいいからである。実際、総体としてみれば、多起源説の方がより露骨な人種主義的主張を生みだしやすかったとはいえるだろう。

ただし、ここで確認しておきたいのは、多起源説＝人種主義や植民地支配の正当化につながる「悪者」／単起源説＝人類の単一性・普遍性を信じる「ヒューマニスト」と捉えてしまっては事態を単純化しすぎるということである。そもそも一八、一九世紀における西欧の知識人にとって、「人種」間における優劣の存在は所与の前提であり、白人がその頂点に、黒人がその底辺にあることを誰も疑わなかったといってよい。そうした信念を前提に、単起源論者と多起源論者の論争も行われていたのである。したがって、単起源論者が奴隷制度を正当化することもあったし、逆に、多起源説の立場から、ヨーロッパ人がアフリカの環境で死亡率が高いのは「人種」ごとに適切な環境が決定されていることを示すという、植民地支配と矛盾するような言明が行われることもあった。いずれにせよ、多起源説と単起源説それぞれに分類される研究者、思想家たちの主張と対立は、相当に錯綜しており、その全体像を明らかにする作業は、今後の研究を待たねばならない。

第五節　進化論と「人種」

ダーウィン（Charles Robert Darwin 一八〇九―一八八二）の『種の起源』が刊行され（一八五九年）、生物進化の観念が広がっていく一九世紀後半には、総体として「聖書パラダイム」の影響力は消滅していく。たとえば「退化」の概念は、精神医学の領域では、多くの精神病を人間性の正常からの逸脱、すなわち先天的・遺伝的な「退化＝変質（dégénérescence）」と捉えるフランスの精神医学者モレル（Benedict Augustine Morel 一八〇九―一八七三）の変質論として一定の影響力を残すが、「人種」の形成を説明する枠組みとして「退化」がもち出されることは少なくなっていく。人類史を太古の完全な状態からの「堕落＝退化」として捉える歴史観は、一八世紀以降の進歩主義思想の広がりに対抗しうるものではなかったし、進歩の思想は、ダーウィンの進化論の登場とともに、生命の歴史自体をある種の「進歩」の過程として捉える発想を生み出すことになる。

だが、人類学史、さらに「人種」概念の歴史の上で、ダーウィンの進化論の位置を評価することはなかなかに難しい。いうまでもなくダーウィンは、生命科学さらに科学の歴史上、最も有名な人物の一人であり、ダーウィニズムがさまざまな学問領域に与えた影響について、従来より繰り返し語られてきた（優生学とのつながりについては第七章第五節、また「おわりに――読書案内とともに」も参照）。

しかし、近年、イギリスの科学史家ボウラー（Peter J. Bowler 一九四四年生）を中心に、一九世紀後半におけるダーウィニズムの影響についての見直しが進むにつれて（ボウラー［一九八七］［一九九五］［一九九七］）、ダーウィンが人類学に与えた影響についても、従来の評価を再考する必要が生じている。たとえば、しばしば文化人類学の祖といわれるイギリスのタイラー（Sir Edward Burnett Tylor 一八三二―一九一七）やアメリカのモルガン（Lewis Henry Morgan 一八一八―一八八一）らは、人類学史上、（文化）進化主義学派と呼ばれる。その思想を一言でまとめるならば、彼らは、世界中の多様な文化の違いを人類の進化段階の違いとみなすことで、人類文化史を再構成しようとしたのである（ガーバリーノ［一九八七］、綾部［一九九四］）。

彼らの試みは、従来、何の疑いもなく、ダーウィニズムの影響に基づくものとみなされてきた。だが、実際には彼らがダーウィニズムの進化機構論である自然選択説に着目することはなかったし、ボウラーによれば、彼らの思想は、『種の起源』刊行以前より西欧の知識人の間で広がっていた社会の進歩主義史観、広い意味での社会進化主義の産物とみなすべきだという（ボウラー［一九九五］）。

通常、ダーウィンの進化論の人間社会への適用というと、一般に社会ダーウィニズム（social Darwinism）と呼ばれる思想が有名であり、ダーウィニズムの選択原理を人間に当てはめて人間社会の進化を説明しようとする思想＝社会ダーウィニズムが一九世紀後半から二〇世紀初頭にかけて欧米で大流行したといわれてきた。たとえば、その代表的な人物としてしばしば挙げられるのが、イギリスの社会学者ハーバート・スペンサー（Herbert Spencer 一八二〇―一九〇三）である。しかし、実際には社会ダーウィニストと呼ばれた思想家の多くも、必ずしもダーウィンの進化論を全面的に採用したとはいえず、最近では社会ダーウィニズムという呼称自体の有効性も疑われるようになっている。いずれにせよ、一九世紀後半における進化思想の広がりに対してダーウィンの果たした役割は過大評価されてきたきらいがあり、こうしたダーウィニズム見直しと連動して、人類学における（文化）進化主義学派についても、新たな評価が必要とされているのである。

むろん、生物進化という思想が、人類学、とりわけ「人種」概念に対して、影響力をもたなかったというわけではない。当然のことながら、一九世紀後半以降、一般に「人種」形成の問題は、人類を含む生物進化という広い枠組みの中で理解されるようになる。非西欧社会の「人種」は人類の進化過程において、何らかの理由でかつてヨーロッパ人が通過した原始的な段階にとどまっている存在だということになった。

また、進化論によって、「人種」は共通の類人猿の祖先に由来するが、その後の進化過程における地理的隔離と分岐によって生じたと考えられるようになった。その意味で、進化論は単起源説に立つが、一方で、進化の初期段階において、そうした分岐が起こったとするならば、多起源論者がよって立つ「人種」の安定性という主張も支えられることになる（河本［一九八八］、ボウラー［一九九五］）。したがって論理的にみれば、ダーウィニズムの登場は、「人種」の単起源説と多起源説の対立を無意味化するはずであった。ダーウィン自身の言によれば、「進化原理が一般に承認されたとき、それは遠からず間違いなくそうなると思われるが、単起源論者と多起源論者の論争は静まり終息して知らぬ間に消滅してしまうだろう」（ダーウィン［一九九九―二〇〇〇］、この著作については第八章第三節も参照）とも予想されたのである。

だが、実際には、ダーウィニズム登場以降も、多起源説的な立場に立ち、過去には複数の別の起源に基づく「純粋人種」が存在したという主張はあり続けた。ここで着目すべきは、一九世紀後半に進められた化石人類の発見だろう。ダーウィンの進化論が登場したのは、世界各地で、重要な化石人類の発見が相次いだ時代であり（ドイツのネアンデル渓谷におけるネアンデルタール人の発見が一八五六年、フランスのクロマニヨン岩陰におけるクロマニヨン人の発見が一八六八年、さらにジャワ原人の発見が一八九一年）、これらの発見は、進化論の影響下、人類の古さをめぐる考察や、ネアンデルタール人は自分たちの祖先であるか否かといったさまざまな議論を生みだしていく（トリンカウス、シップマン［一九九八］）。そして、こうした発見に基づき、異なる種類の類人猿が進化して、今日の「人種」が誕生したという主張として、多起源説は存続したのである。たとえばドイツの解剖学者フォークト（Karl Vogt 一八一七―一八九五）によれば、アフリカのサルが進化して黒人となり、アメリカのサルが進化してアメリカ人種は形成されたのであった（ボウラー［一九九五］）。多起源論者による理論にも、それぞれの「人種」の起源をいかなる類人猿にするか、また化石人類を進化過程のどこに位置づけるかによって多様な解釈が存在したが、こうした主張は、形を変えて、先に触れた現在の「多地域進化説」に引き継がれているといってよい。

第六節　「人種」の「科学化」とその隘路

ここまで、主として単起源説と多起源説の間の伝統的な対立を軸に、西欧における「人種」概念の系譜をたどってきたが、ここであらためて注意したいのは、一九世紀にいたるまで、「人種」(race) という言葉は、必ずしも明確に自然科学的含意をもつ概念ではなかったということである。一九世紀初頭までの「人種」分類においては、補助的な手段として言語や生活習慣といった文化的差異も考慮に入れられており、もっぱら自然科学的観点から「人種」が理解されるようになるのは一九世紀中盤以降のことである。そして、こうした「人種」概念の「科学化」を押し進めたのは、この時期における人間の身体を計測する手法の発展だった。そこで、最後に、これまでの記述を前提にして、「人種」が自然科学的な分類単位として表象されるようになる過程を概説しよう。

まず、人間の身体を計測する先駆的な試みとして注目されるのが、オランダの解剖学者カンパー (Peter Kamper 一七二二―一七八九) により一八世紀末に唱えられた顔面角 (facial angle) の概念である。動物や人間の横顔を並べ、それぞれの鼻の付け根から耳孔に直線を引き、次に額から顎の一番突き出た部分にかけてもう一本の直線を引いてみよう。この二線が交差して作られる角度が顔面角である。カンパーによれば、後頭部の容量が大きいほど顔面角は大きくなるので、顔面角の増大は知的能力に比例する。こうして彼は、犬、オナガザル、オランウータン、さらには黒人、「蒙古人」、ヨーロッパ人などの諸「人種」を経て、理想的人間の象徴である古代ギリシア人に至るまで顔面角が次第に増大する図を描いてみせた。彼によれば、たとえばヨーロッパ人は顔面角が八〇度であるのに対し、黒人は七〇度で、人間とサルの中間に位置するという（ゴシォー［一九八八］、大林・森田［一九九四］）。ここで考えねばならないのは、顔面の角度という数値によって「人種」の知的能力を客観的に測ることができるという発想がもつ意味である。確かに現在のわれわれの目からは、こうした考え方は、差別的で馬鹿馬鹿しいものにみえる。だが、数量化がもつ「実証性」が威力を発揮した一九世紀において、顔面角の概念は一定の説得力をもつことになるのである。

顔面角以上に、一九世紀の人類学に大きな影響力をもったのは、骨相学（phrenology）の運動である。骨相学とは、頭蓋骨の隆起によって人間の性格や精神的特性を知ることができるとする学説であり、もともとは一八世紀末、オーストリアの解剖学者ガル（Franz Joseph Gall 一七五八―一八二八）によって考案されたものである。ガルによれば、人間のさまざまな精神的能力は脳の一定の位置に座をもち、それぞれの能力は脳の各部分の大きさに比例する。ゆえに、訓練を受けた観察者であれば、頭の形を観察することで、個々人の精神的特性を知ることができると彼は考えたのである。骨相学は反宗教的と目され、ウィーンでは講義禁止処分を受けたが、パリに移ったガルとその弟子で「骨相学」の命名者であるシュプルツハイム（Johann Casper Spurzheim 一七七六―一八三二）は、講演旅行などの熱心な啓蒙運動を続けた。その結果、欧米各地に骨相学協会が結成、さまざまな機関誌の類も出版され、一九世紀中葉まで、骨相学は広範な普及をみせたのであった。

科学史上、「擬似科学」の典型として挙げられることがある骨相学は、科学の制度化が進行する一九世紀にあって最終的に正当な科学知識として定着することはなかった。だが、ここで注目されるのが、骨相学の流行によって、頭の形を計測し、数量的に表す方法が次々に開発されるということである。ガルやシュプルツハイムは、もっぱら頭への触診に基づく診断を行っていたが、次世代の骨相学者によって人間の頭の形を正確に測定するクラニオメーター（頭蓋測定器）といった装置も考案され、こうした骨相学の方法論は人類学にも影響を与えることになる（大林・森田［一九九四］）。

ここでは、骨相学と人類学をつなぐ人物として、アメリカの医者で頭蓋学（science of craniology）の提唱者であるモートン（Samuel G. Morton 一七九九―一八五一）を取り上げよう。骨相学の影響のもと、顔面角を短時間で測定するためのゴニオメーター（顔面角度計）といった装置も開発したモートンが特に注目したのが、頭蓋骨容量、すなわち脳の大きさである。彼は、世界中から収集した大量の頭蓋骨の内部を鉛の玉で満たし、それを計測するという方法によって、ネイティヴ・アメリカンや黒人などの頭蓋容量は白人よりも少ないという「結果」を得たのだった。むろん、彼が導き出した「結果」は現在の目からは端的に誤りであり、彼の測定と計算が、さまざまなごまかしに満ちたものであることを、現代アメリカの古生物学者で科学史家でもあるグールド（Stephan Jay Gould 一九四一―二〇〇二）が明らかにしていることもここに付け加えておこう（グールド［一九八九］）。

同様に、頭部の計測に基づく「人種」分類において、その後の人類学に大きな影響を及ぼしたのが、一八四二年にスウェーデンのレツィウス（Anders Retzius 一七九六―一八六〇）が提唱した頭蓋指数（頭示数／cranial index）という概念である。一九世紀初頭には、既にブルーメンバッハが「人種」分類の指標として頭蓋骨に注目していたが、レツィウスの頭蓋指数にも数量化への信仰が明確にみてとれる。頭蓋指数とは、頭幅の頭長に対する比で表され、この数値が〇・八より大きければ「短頭」（brachycephalic）、〇・七五より小さければ「長頭」（dolichocephalic）と呼ぶ。なお、レツィウスによれば、現代スウェーデン人に代表される「長頭」のアーリア人種はヨーロッパにおける征服者の末裔であり、したがって「長頭」は優秀さの証だったが、こうした彼の主張に対してはさまざまな反論もあった（ボウラー［一九九五］）。それはともかく、頭蓋指数の概念は、その後の「人種」分類において重要視され、二〇世紀以降も自然人類学者によって広く使われ続けることになる。

こうした状況下、一九世紀中葉には、人類学の学会がフランスとイギリスに相次いで結成される。すなわち、英仏では、既にそれぞれ一八三九年、一八四三年に民族学の学会が結成されていたが、フランスでは一八五九年（パリ人類学会 Société d'Anthropologie de Paris）、イギリスでは一八六三年（ロンドン人類学会 Anthropological Society of London）に初めて「人類学」と名の付く学会が姿を現すのである。各学会創設の中心となったのは、ともに「人種」多起源論者であるジェームス・ハント（James Hunt 一八三三―一八六九）とポール・ブロカ（Pierre Paul Broca 一八二四―一八八〇）だったが、とりわけ著名な解剖学者ブロカによって率いられたパリ人類学会は、一九世紀後半における西欧の人類学をリードする存在となる。学会では、モートンの頭蓋計測学の方法論が導入され、頭部を中心として人間の形質を測定するためのさまざまな計測装置が考案、改良されるとともに、フランス国家を構成する「人種」の問題、「人種」や「種」の概念、『種の起源』の評価、いわゆる雑種の問題などが盛んに論じられた（渡辺［一九九四］）。

かくして、一九世紀後半、数量化、計測の厳密化によって、多くの人類学者は、もっぱら自然科学的な観点から「人種」を捉えるようになり、もはや言語などは「人種」を確定するための指標とはなりえないと考えられるようになった。だが、こうした「人種」概念の「科学化」は、逆にある困難を生み出すことになる。身体の計測が厳密で正確になればなるほど、多種多様な「人種」とその下位集団を単純に数学的差異で表現することが困難になるという逆説が生じてくるのだ。既に述べたように、そもそも「人種」分類が恣意的なものであることはビュフォンやブルーメンバッハも指摘していたが、皮肉なことに、そうした疑念を計測の厳密化と数量化が推進することになったのである。

実際、アジア、アフリカへの植民地拡大と化石人類の発見もあいまって、一九世紀後半にはさまざまな「人種」分類体系が提案されたが、研究者ごとに「人種」の数が異なるというのが現実であり、「人種」分類が予想された以上に困難であることが次第に明らかになっていく。たとえばブロカ自身、人間のさまざまな類型（type）への区分は絶対的なものではなく、「人種」という用語を使うのもそれが便利だという形でしか正当化しえなくなっていた（渡辺［一九九七］）。こうして、一九世紀末には「人種」概念は、一種の認識論的袋小路へ陥り、早くも人類学者自身の中から「人種」を正確に定義することをあきらめる動きも生まれてくる。現在の自然人類学者の間では「人種」概念を放棄しようとする空気が一般的だが、「人種」概念をめぐる疑念は、専門領域としての人類学が成立したときから既にはらまれていたといってよい。

しかもまた、二〇世紀に入ると、自然科学的な「人種」概念とは一線を画する新たな人類学の潮流も登場する。たとえば、フランスでは、デュルケーム（Émile Durkheim 一八五八―一九一七）を中心に、「人種」という自然科学的・生物学的な概念ではなく、人間を社会的・文化的存在として捉える「社会学」が登場し、この流れはデュルケームの甥であるマルセル・モース（Marcel Mauss 一八七二―一九五〇）によって発展させられることになる（渡辺［一九九四］）。同様に、アメリカにおいては、ドイツに生まれた人類学者ボアズ（Franz Boas 一八五八―一九四二）とその弟子たちが、イギリスのマリノフスキーに先だって現地調査を行うとともに、人種主義、とりわけ「人種」に基づく生物学的決定論への実証的な批判を始めていた。こうしてボアズとその弟子たちの潮流は、現代の文化人類学へとつながっていく（ガーバリーノ［一九八七］）。

では、二〇世紀初頭という段階で、どうして「人種」は完全に崩壊してしまわなかったのだろうか。実は、一旦「危機」に陥った「人種」概念は二〇世紀に入って以降、新たに登場した遺伝学によって延命に成功する。すなわち、メンデリズムの再発見（一九〇〇年）と現代遺伝学の成立は、

「人種」に対して、比較的等質な遺伝的集団という新たな定義を可能にし、「人種」概念は、二〇世紀後半まで生き残ることになる。だが、二〇世紀以降の「人種」概念の展開とそれに伴う諸問題――たとえばナチスの人種政策とそれに対する人類学者の協力といった問題（マッサン［一九九六］）など――については、残念ながらここで扱うことはできない。

文献（＊印は「おわりに」で解説されている。）

綾部恒雄編［一九九四］『文化人類学の名著50』平凡社
鵜飼哲［一九九八］「人種主義」『岩波哲学・思想事典』岩波書店
尾本恵市［一九九六］『分子人類学と日本人の起源』裳華房
大林信治・森田敏照編［一九九四］『科学思想の系譜学』ミネルヴァ書房
ガーバリーノ、M・S［一九八七］『文化人類学の歴史―社会思想から文化の科学へ』木山英明・大平祐司訳、新泉社（原著一九七七年）
河合信和［一九九九］『ネアンデルタールと現代人―ヒトの五〇〇万年史』文芸春秋社
河本英夫［一九八八］「進化と人種」『現代思想』一二月号
クーパー、A［二〇〇〇］『人類学の歴史―人類学と人類学者』鈴木清史訳、明石書店（原著一九九六年）
グールド、S・J［一九八九→一九九八］『人間の測りまちがい―差別の科学史』鈴木善次・森脇靖子訳、河出書房新社（原著一九八一年）

ゴシオー、P・P［一九八八］土田知則訳「『啓蒙時代の人類学』―《自然》文化と儀礼的人種主義」『現代思想』一二月号
サイード、E［一九八六］板垣雄三・杉田英明監修、今沢紀子訳『オリエンタリズム』平凡社（原著一九七八年）
瀬戸口烈司［一九九五］『「人類の起源」大論争』講談社
祖父江孝男［一九九〇］『文化人類学入門（増補改訂版）』中央公論社
ダーウィン、C・R［一九九九―二〇〇〇］長谷川真理子訳『人間の進化と性淘汰』（I・II）文一総合出版（原著一八七一年）
寺田和夫［一九六七］『人種とは何か』岩波書店
――［一九七五］『日本の人類学』思索社
トリンカウス・E、シップマン・P［一九九八］中島健訳『ネアンデルタール人』青土社（原著一九九二年）
*ボウラー、P［一九八七］鈴木善次ほか訳『進化思想の歴史（上）（下）』朝日新聞社（原著一九八四年）
――［一九九五］岡嵜修訳『進歩の発明―ヴィクトリア時代の歴史意識』平凡社（原著一九八九年）
*――［一九九七］横山輝雄訳『チャールズ・ダーウィン　生涯・学説・その影響』朝日新聞社（原著一九九〇年）
ポリアコフ、L［一九八五］アーリア主義研究会訳『アーリア神話―ヨーロッパにおける人種主義と民族主義の源泉』法政大学出版局（原著一九七一年）
マッサン、B［一九九六］「人種的人類学と国家社会主義」オルフ=ナータン、J編、宇京賴三訳

『第三帝国下の科学—ナチズムの犠牲者か、加担者か』法政大学出版局（原著一九九三年）
マルフェイト、W［一九八六］湯本和子訳『人間観の歴史』思索社（原著一九七四年）
渡辺公三［一九九四］「19世紀のフランス市民社会と人類学の展開」『歴史学研究』第665号
——［一九九七］「人種あるいは差異としての身体」『民族の生成と論理（岩波講座人類学第5巻）』岩波書店

第七章　優生学の歴史

松原洋子

優生学の啓蒙図　American Philosophical Society 提供

第一節　優生学史の特異性

優生学は、一九世紀末のイギリスとドイツで、ダーウィン（Charles Robert Darwin 一八〇九—一八八二）の進化論や当時の遺伝研究に強く影響されながら、人類の遺伝的改良を目的として誕生した。二〇世紀初頭には、第一線の生物学者や医学者たちが優生学の研究と普及に積極的に関与し、いくつかの大学や研究所に優生学部門が設置され、優生学の専門雑誌や学術専門書が発行された。また、優生学はヨーロッパや北米だけでなく、ロシアや南米、日本を含む東アジアやインドにも波及し、多くの国々から優生学の国際学会に生物学者、医学者をはじめさまざまな学問分野の研究者や社会運動家、官僚たちが参加した。

生物学・医学にもとづく新しい応用科学として脚光を浴びた優生学であったが、やがて、うさんくさい主義主張を科学の名を借りて正当化するための擬似科学（pseudoscience）とみなされるようになり、第二次世界大戦後には正統的科学から排除されていった。特に、ドイツのヒトラー政権がアーリア民族至上主義のもとで優生学を積極的に採用したことが、戦後の優生学のイメージを決定づけた。優生学は生物学的決定論によって差別を正当化し、ホロコースト、ジェノサイドを呼び寄せた元凶として、多くの人々に忌避されるようになったのである。

優生学は、今では完全に生物学・医学の正統から切り離され、生命科学の正式な一分野とはみなされていない。しかし、その一方で、人間の遺伝的改良という優生学の理念そのものは、第二次世界大戦以降も人類遺伝学や遺伝医療のなかに存続していたことが、優生学史研究者によって指摘されている。また、一九九〇年代以降のヒトゲノム研究や生殖技術、発生工学の飛躍的進展は、遺伝的差別、クローン人間の誕生、生殖細胞に対する遺伝子操作の実現可能性を高めており、これを新しい優生学としてとらえる論調もみられる。

このように、優生学史は生命科学史のなかでも特異な位置を占めている。生物学・医学から絶縁されたはずの優生学の歴史が、生命科学史の研究対象になりうるのはなぜか。また、科学としては廃れたはずの優生学が、先端的な生命科学研究との関連で現在注目されているのはなぜなのか。優生学の歴史を述べる前に、優生学史の研究史をたどりながら、これらの点についてまず確認しておきたい。

第二節　優生学史へのまなざしの変化

優生学史はなぜ研究するに値するのか。優生学は過去の遺物であるばかりでなく、科学を標榜しながら科学の名に値せず、しかも人類の歴史に無残な傷跡を残した、生命科学史上の鬼子のようにみえる。もし科学史研究の目標が、もっぱら科学理論が洗練されていく過程や、価値ある科学的発見に至る経緯の解明にあるとすれば、生命科学から脱落した優生学を生命科学史研究のメイン・テーマとするのは難しい。実際、インターナル（内的）・アプローチと呼ばれる学説史研究が科学史研究の主流であった一九六〇年代まで、生命科学史との関連で優生学史が本格的に研究されることはなかった（科学史の方法論については「はじめに」を参照）。当時、優生学史に関してはいくつかの先駆的研究――たとえばアメリカ優生学を扱ったハラー（Mark H. Haller）『優生学』（一九六三年）やドイツ優生学に関するコンラッド－マルチウス（Hedwig Conrad-Martius）『人類育種のユートピア』（一九五五年）など――が出版されてはいたが、これらは主に思想史研究の系譜に属するものであった。

しかし、一九七〇年代以降、科学の社会的側面への関心が高まり、科学史研究においても科学を形成する社会的条件を検討するエクスターナル（外的）・アプローチや、科学知識の社会学（SSK：Sociology of Scientific Knowledge）、科学技術社会論（STS：Science, Technology, and Society）などが盛んになってきた。科学と社会の相互作用に注目するこれらの研究アプローチでは、科学的知識が社会から超然として科学の世界の内部だけで発展するものではなく、社会との深い関わりの中で形成されると考える。また、科学者の社会的責任や科学と技術が社会に与えるインパクトを重視する。優生学は、二〇世紀初頭の遺伝学の成立過程に深く関与するとともに、科学か非科学か、正しいか間違っているか、善か悪かといった評価をめぐる議論の荒波に、現在に至るまでもまれ続けてきた。科学と社会とさまざまなイデオロギーが激しく交錯した現場としての優生学は、新しい研究アプローチにとっては、魅力的なテーマとなったのである。

最初に優生学史研究が進展したのは、優生学の父と呼ばれるゴールトン（Francis Galton 一八二二―一九一一）とその弟子が活動したイギリス、そしてイギリスから優生学を熱狂的に受け入れ、優生学が科学と社会に大きな痕跡を残したアメリカにおいてであった。

イギリスでは、優生学と科学理論の関係を緻密に分析した研究が重ねられ、遺伝学、進化学、生物測定学および数理統計学といった正統的な科学における革新が、優生学研究と密接に連携していたことが明らかにされていった。とりわけ、ＳＳＫの中心であったエディンバラ学派のマッケンジー（Donald MacKenzie）が『イギリス統計学』（一九八一年）で、専門科学としてのイギリス優生学を、数理統計学の確立との関連で論じるとともに、優生学を学者や教師などの専門職中流階級のイデオロギーと性格づけて論議を呼んだ。

一方、アメリカでもラドマラー（Kenneth M. Ludmerer）の『遺伝学とアメリカ社会』（一九七二年）などの重要な研究が発表されていたが、同時に優生学は今日的問題としてイギリス以上に注目されるという状況もあった。一九六〇年代末から七〇年代にかけて、アメリカでは知能の人種差を示唆するジェンセン（Arthur R. Jensen 一九二三年生）の論文や人間の社会行動を遺伝と進化で説明するウィルソン（Edward Osborne Wilson 一九二九年生）の社会生物学が登場したが、これらは遺伝決定論や生物学的決定論にもとづき人種差別や階級差別を正当化するものとみなされ、激しい非難と抗議行動の標的となった。このとき、既存のアメリカ優生学史研究が歴史上の反面教師像を提供した。人間に関する遺伝研究と優生学が強く結びついていたこと、また、優生学の普及が人種差別的な移民制限法や精神障害者に対する強制的な不妊手術の合法化をもたらした歴史が、そこには描かれていたからである。

こうして、優生学が強制的で差別的なイデオロギーを体現した「悪い科学」であるというイメージが、社会に一層広まることとなった。さらに、一九七〇年代は遺伝子組換え技術が確立し体外受精児が生まれるなど、バイオテクノロジーがもたらす諸問題について盛んに議論され始めた時期であった。さらに、生命操作への懸念を、人為的に望ましい人種の増大を追求したナチスの優生学と結びつけた批判も現れた。人間を対象とした遺伝子科学・技術や生殖技術がもたらす社会的影響について、優生学再興への危惧と結びつけて論じるという議論の構えはこの時期に成立したといえよう。

「優生学」という言葉が全面的な悪を意味するようになり、タブー化されたのも、この頃である。戦後しばらくは、科学者や医学者の間では、ナチス型優生学とは別の、科学的で正しい優生学が存在するという主張が公然となされていた。しかし一九七〇年代以降は、科学者、医学者も自分たちの研究や臨床的実践が「優生学」と呼ばれないよう神経を使うようになった。また、一九六〇年代末から七〇年代にかけて、アフリカ系アメリカ人の公民権運動や女性解放運動、患者の権利運動、性革命が起こって新たな人権意識が生まれ、生殖のありかたを決めるのは個人やカップルであるという考え方が広まった。公共の利益を優先し、科学や医学の権威において個人に生殖の望ましいありかたを押しつけるような旧来の優生学の立場は、時代になじまなくなっていったのである。

一九八〇年代には英米系の研究が蓄積されるとともに、ドイツの優生学史研究が本格化した。人種衛生学（Rassenhygiene）の名で知られるドイツの優生学の歴史については、一九七〇年代からマン（Gunter Mann）の医学史研究室で社会ダーウィニズムとの関連を中心に研究が行われていたが、一九八〇年以降、それまでタブー視されていたナチス政権下の人種衛生学と医学、優生政策と医療政策の関係に踏み込んだ研究が盛んに行われるようになった。その端緒は、長年の沈黙を破って医学者自身がナチス医学に踏み込んだ一九八〇年五月のドイツ保健学会総会のシンポジウムであり、バーダー（Baader）・シュルツ（Shultz）編『医学と国家社会主義』（一九八〇年）として出版されている。ワイマール期やそれ以前の人種衛生学研究も一層充実し、またワイス（Sheila Faith Weiss）『人種衛生学と国家効率』（一九八七年）、プロクター（Robert Procter）『人種衛生学』（一九八八年）といった英語の研究書は、ドイツの最新の研究成果が英語圏の優生学史研究者にも広く知られるところとなった。

一九七〇年代の英米系優生学史研究は、優生学の多面的な性格、たとえば擬似科学と簡単に片付けられないほど生物学・医学と密接な関係があったことや、政治的にも右派だけでなくリベラルから左派にわたる幅広い支持を優生学が獲得していたことなどを明らかにしてきた。さらに一九八〇年代以降のドイツ優生学史研究の本格化は、優生学の象徴とされてきたナチスの優生学に迫ることで、優生学史研究の深化をもたらした。

また、この時期にはフェミニズムおよびカルチュラル・スタディーズが、科学史研究にも波及した。その結果、優生学についても従来の科学と社会の相互関係という問題設定にとどまらず、「身体の政治」(body politics)、人種・階級・ジェンダーおよびセクシュアリティという観点から、人々の身体および生殖の変容を促した現象として優生学に注目する傾向が出てきた。子孫の質の改良という優生学の目標を達成するためには、人類の遺伝に関する知識の獲得だけでなく、生殖する身体に直接介入する必要があった。生殖の前提としての恋愛や結婚、男女の関係はどうあるべきか、生殖コントロールはいかになされるべきか、それらの理念をいかに実行すべきかといった問題が、優生学の成否を決めるポイントであった。フェミニズムやカルチュラル・スタディーズからのアプローチは、従来の科学史研究ではすくい上げられなかった優生学のこうした重要な側面に光を当てることになった。

そもそも優生学は学際的性格を備え、社会における多方面の展開を特徴としていた。そのため、優生学史については科学史、医学史だけでなく心理学史、人類学史、思想史、社会学史、政治学史、人口学史、社会政策史、犯罪学史、現代史、文学史、社会事業史、教育史などさまざまな局面から関心が寄せられてきたが、一九八〇年代の新しい研究動向は優生学史研究の多様化にさらに拍車をかけた。

こうした中で登場したのが科学史家ケヴルズ(Daniel J. Kevles 一九三九年生)の『優生学の名のもとに』(一九八五年)である。本書は互いに密接な関係をもちながらも、それぞれ独自の展開をみせたイギリスとアメリカの優生学史を同時に論じた、初の本格的な比較研究であった。画期的だったのは、一九三〇年代以降、イギリスやアメリカで顕著になった比較的リベラルで穏健な優生学的主張を、従来のように優生学の退潮の表われとしてとらえるのではなく、別のタイプの優生学、すなわち「修正優生学」(reform eugenics) として定義したことである。その結果、ケヴルズは、第二次世界大戦までで記述で終わるのが常であった優生学史の記述を、戦後まで拡張することができた。戦前の古典的な優生学が廃れ、優生学という名のジャンルが姿を消したとしても、戦後の科学的な人類遺伝学の発展の中に、修正優生学という形で優生学史が存続したとケヴルズは考えたからである。

「修正優生学」という概念は、その後の優生学史研究の射程を一挙に拡大するとともに、現代のヒトゲノム研究と遺伝医療の展開に対する優生学的懸念について、新たな考察の材料を提供することとなった。一九九〇年に開始されたヒトゲノム解析計画では、自然科学・理工学的研究だけでなく、ヒトゲノム研究がもたらす倫理的・法的・社会的問題(ELSI: Ethical, Legal, and Social Issues)という人文科学・社会科学系の研究プロジェクトも組み込まれ、そこで優生学は重要な研究テーマの一つに挙げられた。また、遺伝子研究や遺伝子技術の倫理的問題を検討する主要な分野となっているバイオエシックスにおいても、優生学史研究の成果を引用しながら優生学をめぐる議論が行われてきている。

このように優生学は歴史的研究対象としても、現代の生命科学や医療との関係においても、複雑かつダイナミックな性格をはらんでいる。また、優生学の歴史像は多様化し書き換えられている最中であり、その全体像をここで描く余裕はない。以下では主にアメリカおよびイギリスの優生学史研究の成果にもとづき、優生学史の概容を提示しておきたい。

第三節　優生学の成立

「優生学」(eugenics) という言葉は、イギリスの科学者ゴールトンによって作られた。ゴールトンは、一八八三年に出版した著書『人間の能力の発達とその研究』のなかで、遺伝的資質に恵まれた「良い血統」を意味するギリシャ語“eugene”にちなんで、「血統を改良する科学」を“eugenics”と名づけた。

ダーウィンの母方の従弟にあたるゴールトンは、特定の研究機関に属さず自分の資産で研究活動をまかなう、いわゆるジェントルマン科学者であった。一八六〇年には、地理学の業績が認められ王立学会のフェローに選ばれている。ゴールトンが優生学を提唱するようになったきっかけは、ダーウィンの『種の起源』(一八五九年) に触発されたことであった。ダーウィンは種が自然選択によって変化しうることを説明するにあたって、動植物の品種改良の例を数多く挙げたが、ゴールトンは人間も進化を遂げてきた生物の一種である以上、他の動植物同様に「品種改良」が可能であると考えた。ゴールトンは紳士録等の分析結果を挙げて、著名人の家系では才能が遺伝していると主張した。同時に、文明が高度化すると人類には自然選択が働かなくなり、人類が脆弱化して衰退するという危惧をゴールトンは抱いていた。そのため、計画的かつ効果的に人類の品種改良すなわち人種改良を実行するための「科学」として、優生学の必要を提唱したのである。

しかし、ゴールトンをeugenicsの提唱者として一躍有名にしたのは、一九〇四年にロンドン大学で開催された第一回社会学会での講演「優生学―その定義、展望、目的」であった。ここでゴールトンは「優生学とは、ある人種（race）の生得的質の改良に影響する全てのもの、ならびにその生得的質を最高水準にまで発展させることに影響する全てのものを研究する学問である」と定義した。

この講演が契機となり、一九〇七年に優生運動の啓蒙団体として優生教育協会が設立され、ゴールトンは請われて名誉会長に就任した。優生教育協会は、機関誌『ユージェニックス・レビュー』を一九〇九年に創刊したほか、パンフレットの発行や、講演会を通じて、優生思想の啓蒙運動を展開した。また、生活保護、離婚、教育、性病、精神薄弱者、アルコール中毒対策など優生政策に関係する政府各種委員会への委員派遣や、優生関係法制定のためのロビー活動などの政治運動も活発に行った。

一方、ゴールトンと同時期にドイツでは二人の在野の医師、プレッツ（Alfred Ploetz 一八六〇―一九四〇）とシャルマイヤー（Wilhelm Schallmayer 一八五七―一九一九）がそれぞれドイツ版の優生学といえる人種衛生学を構想していた。

「ドイツ優生思想の父」といわれるプレッツは、一八九五年に『人種衛生学の基本方針』を著した。"Rassenhygiene" はプレッツの造語である。この本でプレッツは、社会主義的ヒューマニズムの立場から、弱者の排除ないし下層階級の形成に至る個人に対する無差別な自然淘汰に代えて、生殖細胞レベルで人為的な淘汰を行うことを主張した。こうすれば熾烈な生存闘争を回避しながらも、一般原理としての淘汰作用は確保することができるとプレッツは考えたのである。文明化に伴う弱者保護は自然淘汰の障害となり、遺伝的質の劣化をもたらすと批判する自由放任主義的な初期社会ダーウィニストの批判と、そうした淘汰主義に反対する社会福祉尊重派の立場を止揚するものとして、プレッツは民族衛生学の存在意義をアピールした。プレッツはその後一九〇四年に『人種生物学および社会生物学雑誌』を創刊し、翌年にはベルリンで世界初の優生学会である人種衛生学会を結成して、ドイツの優生運動の拠点を作った。この学会はプレッツの人脈によりアメリカと北欧に賛同者を得て一九〇七年には国際人種衛生学会と改称され、一九〇五年当時三二名だった会員数は百人ほどになった。

プレッツがドイツにおける優生運動を主導したのに対して、シャルマイヤーは理論面で貢献した。シャルマイヤーは一八九一年にドイツで初めての優生学研究書『文明人の身体変質の脅威と医療の国有化』を出版していたが、一九〇三年の第二作、『国民史における遺伝と淘汰』で一躍脚光をあびた。後者はドイツ軍需産業のクルップがスポンサーとなった、有名な一九〇〇年の懸賞論文の第一位に入選した著作であり、ドイツの読書人に広く受け入れられた。『遺伝と淘汰』は三版を重ね、ワイマール期の優生学書の定番としてドイツ優生運動に大きな影響を与えた。そこで提案された実践的な優生学的施策の多くは、プレッツらの民族衛生学会にも採用されている。

一九一〇年代には優生学の国際会議も開催された。プレッツらの国際人種衛生学会が組織して一九一一年にオランダのドレスデンで開かれた国際衛生学博覧会・人種衛生特別部会が最初で、ドイツ、オランダ、チェコスロバキア、イギリス、オーストリア、デンマーク、アメリカから優生学者、遺伝学者、発生学者たちが集まった。一九一二年には第一回国際優生学会議がロンドンで大々的に開かれ、三百名余が欧米諸国から参加した。大会会長にはイギリス優生教育協会会長のレオナルド・ダーウィン（Leonard Darwin 一八五〇—一九四三 チャールズ・ダーウィンの子息）を据え、大会副会長としてイギリス内務大臣チャーチル（Winston Leonard Spencer Churchill 一八七四—一九六五）、アメリカの有名な発明家ベル（Alexander Graham Bell 一八四七—一九二二）、アメリカの代表的優生学研究機関である優生学記録局のダヴェンポート（Charles Davenport 一八六六—一九四四）、ドイツの優生学者プレッツ、パリの自然史博物館館長エドモンド・ペリール（Edmond Perrier 一八四四—一九二一）、スイスの精神科医フォレル（August-Henri Forel 一八四八—一九三一）ら著名人が各国の代表として名前を連ねている。ロンドン大会の目的は人種の改善・衰退の研究成果を広く知らしめ、現在の知見がどの程度優生学的立法化を正当化できるか議論し、さらに世界の優生学会と研究者の国際協力体制を構築することであった。第一次大戦により国際協力は一時中断したが、戦後まもなく復活し、国際優生学会議はその後第二回（一九二一年）、第三回（一九三二年）にいずれもニューヨークで開催された。なお、これと並行して国際優生団体連盟などの国際機関が設立され、日本からも日本民族衛生協会（一九三〇年設立）が一九三六年に同連盟に加盟している。

また、優生学の専門的な研究機関も設立された。イギリスでは、ゴールトンが統計学的手法を使って生物測定学による遺伝研究をすすめ、後進の集団遺伝学および数理統計学の研究者に大きな影響を与えていた。一九一一年にはゴールトンの遺志と遺産に基づきロンドン大学ユニヴァーシティ・カレッジ優生学研究所が設置された。所長にはカール・ピアソン（Karl Pearson 一八五七—一九三六）が就任し、同研究所は生物測定学的方法によるイギリスの優生学研究の拠点となった。ピアソンは一九〇〇年に再発見されたメンデル（Gregor Johann Mendel 一八二二—一八八四）の遺伝法則に否定的で、メンデル遺伝学を支持する生物学者のベーツソン（William Bateson 一八六一—一九二六）や優生教育協会のメンバーらと厳しく対立しながら、生物測定学による優生学研究を推進していった。一方、アメリカでは、メンデル遺伝学の信奉者であった動物学者ダヴェンポートの働きかけによって、一九一〇年に優生学記録局がコールドスプリングハーバー研究所に設立された。ダヴェンポートは、養成した調査員を全米に派遣して家系調査にあたらせ、データ分析にあたってメンデルの法則を適用して目の色といった身体的性質はもとより、その他のさまざまな特徴—たとえば犯罪傾向や貧困、音楽的才能、動物愛護、「海洋愛好癖」など—の遺伝性を立証しようとした。またドイツでは人類学者オイゲン・フィッシャー（Eugen Fischer 一八七四—一九六七）を所長として、カイザー・ヴィルヘルム人類学・人類遺伝学・優生学研究所が一九二七年にベルリンに設立され、双生児研究をはじめとする人類遺伝学研究が行われた。

このようにイギリスとドイツでほぼ同じ時期に新興学問として立ち上げられた優生学は、急速に世界各国に広まっていった。西欧やアメリカをはじめ、北欧、ロシア、東欧諸国、さらに南米や東アジアにまで優生運動はひろがり、学問や思想レベルにとどまらず政策的にも影響を与えた。

第四節　優生学の思想的背景

優生学の思想的起源は、プラトン（Platōn 前四二七―前三四七）の『国家』（前三七五年頃）にまでさかのぼると言われる。『国家』では、優れた男女の生殖とその子孫の養育を奨励する一方、劣った男女から生まれる子供は育てないよう説かれていた。優れた者の出生を奨励し劣った者の出生を防止しようとする優生学に通じる思想は、このように古くからさまざまな形をとって存在していたが、こうした思想が優生学として体系的に提示されるようになったのは、一九世紀末のことであった。

優生学が一九世紀末の西欧で誕生し、二〇世紀初頭に国際的に普及した理由として、一九世紀後半から二〇世紀初頭にかけて世界で流行した社会ダーウィニズムが挙げられる。社会ダーウィニズムはダーウィン進化論に着想を得て、自然淘汰説を人類進化の説明に適用するもので、文明化による弱者保護が自然淘汰を妨げ人類進化を停滞させると主張した。一九世紀後半に流行したスペンサー（Herbert Spencer 一八二〇―一九〇三）に代表される初期社会ダーウィニズムは、自然淘汰に人類進化をまかせれば進歩は可能である、という進歩主義的で自由放任主義的な性格が強かった。しかし、一九世紀末に登場した優生学は、自然淘汰による人類の進化という原則を踏まえつつ、文明化に伴う人類の脆弱化といった否定的側面に着目し、人類を自然淘汰に委ねることは断念して、人類の生殖に対する人為的介入、すなわち「人為淘汰」を主張した。

特に欧米では、二〇世紀に入ると出生率の低下が大きな問題となり、社会ダーウィニズム的解釈から、これは「逆淘汰」につながると考えられるようになった。「逆淘汰」とは、生活にゆとりのある「優れた」階層が高学歴による晩婚化や生活水準の確保のために、子供の数が少なくなるのに対して、「劣った」階層は医療や福祉によって保護されるとともに出生率も高く、その結果人口の質が低下することを指す。このため、優生学者には産児制限運動や女性解放を目の敵にする者も多かった。一方で、産児制限運動家たちは「少なく生んで大事に育てる」ことが人種改良にかなった行為であると主張するとともに、結婚規制や不妊手術などによる「劣等者」の生殖防止が強調される傾向があった。

逆淘汰は、文明化にともないあらゆる民族が直面する問題とみなされ、民族の退化すなわち変質の問題は深刻に受け止められた。優生学者たちは進歩と進化を同一視しており、自然淘汰あるいはこれに代わる人為淘汰のメカニズムが正常に機能しない場合、進化すなわち進歩に逆行すると危機感をもったのである。この考え方は「変質」という概念と関係している。

一九世紀末のヨーロッパでは文明の爛熟に伴う退廃、衰退への恐れが支配し、「変質」(退化

degeneration）という概念が流行していた。ダーウィンも『人間の由来』（一八七一年）で文明社会がもたらす人間の「変質」に言及している。身体の虚弱化や精神異常といった変質の兆候は正常から逸脱した人間の心身に見出すことができ、それは遺伝的に受け継がれて子孫を衰弱させ、ついには家系ないしは人種の滅亡にいたると考えられた。また、変質は飲酒や性病、また劣悪な生活環境などによっても引き起こされるとみなされた。

このように、変質概念には環境要因の子孫への影響も含み込まれていたが、実際、優生学にはヴァイスマン（August Friedrich Leopold Weissmann 一八三四―一九一四）主義的に獲得形質の遺伝を厳格に否定するものから、そうでないものまで幅があった。

たとえば一九世紀前半の生物学者ラマルク（Jean Baptiste de Lamarck 一七四四―一八二九）の影響が強かったフランスでは、ダーウィン説やメンデル遺伝学はあまり浸透しなかった。ゴールトンの優生学も顕彰されることはなく、環境要因の遺伝的伝達と進化を唱える新ラマルク主義的な立場から、子供の養育への配慮にもとづく優生学が唱えられた。フランス流の優生学は「良い子」をつくるために結婚から妊娠・出産・育児の全過程を射程に入れた育児学が中心であり、その担い手は産婦人科医や小児科医などの家庭医であった。またフランスの影響が強く、公衆衛生が整備途上にあったブラジルでは、公衆衛生と優生学はほぼ同一視されていた。つまり環境改善の結果得られた優れた獲得形質が遺伝することにより、子孫の改良が可能になると考えられたのである。ロシア（ソ連）や日本でも新ラマルク主義的な遺伝観をもつ優生学支持者は多かった。英米中心の優生学史研究では、優生学は遺伝決定論として特徴づけられることが多かったが、他の国の優生学史研究の進展にともない、このような新ラマルク主義的な議論も優生学のバリエーションとみなされるようになってる。

第五節　促進的優生学と抑制的優生学

ところで、優生学には「優れた者」の出生を奨励する「促進的優生学」(positive eugenics) と、「劣った者」の出生を防止する「抑制的優生学」(negative eugenics) のふたつの方向がある。促進的優生学の例としては、前述のフランスの育児学のほか、イギリスの性科学者エリス (Henry Havelock Ellis 一八五九―一九三九) による女性の自由恋愛の推奨が挙げられる。女性はその社会的地位の低さから、恋愛感情とは別に男性の地位や経済力で結婚相手を選び勝ちであるが、本来は自由恋愛によって女性が男性を選択することが進化の摂理にかなっており、人種改良に結びつくとエリスは主張した。これはダーウィンの性淘汰による進化説を援用したもので、当時の母性主義的フェミニストたちに支持された。また、ナチス親衛隊員の私生児や占領地から誘拐してきた「ゲルマン的」な子供を養育するナチスの秘密機関であった「レーベンスボルン」(命の泉) も、促進的優生学の見地から「優良人種」としての「アーリア人種」の増加をめざすものであった。

しかし優生政策が強力に展開されたのは、むしろ抑制的優生学においてであった。アメリカでは東欧や南欧からの移民の子孫に「精神薄弱者」や犯罪者が多いと主張していた、優生学記録局のローリン（Harry H. Laughlin 一八八〇―一九四三）の影響下で、これらの地域からの移民を防ぐ移民制限法が一九二四年に制定された。また一九〇五年のインディアナ州の結婚規制法のように精神障害者や性病患者などに対する結婚制限政策も行われた。

さらに、一九〇七年にはやはりインディアナ州で世界最初の断種法（不妊手術を合法化する法律）が制定され、一九三一年までには二八州で断種法が成立した。中でもカリフォルニア州断種法（一九〇九年成立）は一九三三年のナチス・ドイツの断種法のモデルになったことで知られている。このほか、エストニア、カナダ、スイス、ノルウェー、スウェーデン、フィンランド、メキシコ、日本などでも断種法が制定された。

一九三〇年代までに各国で相次いで成立した断種法（日本は一九四〇年）の筆頭には、たいてい「精神病者」とならんで「精神薄弱者」が挙げられていた。アメリカの心理学者ゴダード（Henry Herbert Goddard 一八六六―一九五七）は、自分が所長をつとめたニュージャージー州にある「精神薄弱者」の訓練施設の入所者の家計調査データをもとに『カリカック家―精神薄弱の遺伝学的研究』（一九一二年）を出版した。データ収集にはコールドスプリングハーバー研究所の優生学記録局が協力した。カリカックとは善を意味するカロスと悪を意味するカコスを合わせた造語で、一人の男性が正常な女性との間に「正常家系」（カロス）を、「精神薄弱」の女性との間に「変質家系」（カコス）を形成し、後者の子孫がゴダードの施設の入所者であったということになっている。ゴダードは「精神薄弱」を犯罪や不道徳と結びつけ、さらに「精神薄弱」は遺伝的なものであるとみなしていた。カリカック家のイメージは、「精神薄弱」の人々の生殖と増殖への危機感を煽りながら、長年にわたってさまざまな方法で一般の人々の間に流布した。こうして、カリカック家研究は断種法をはじめとする「精神薄弱」の人々への生殖規制を支持する基盤を強化することとなった。

「精神薄弱」とみなされた人々に対する生殖規制の考え方は根強く残った。たとえば、一九〇八年に発表された集団遺伝学のハーディ－ワインバーグの法則は、優生学的理由による断種の無意味さを示すものとしてしばしば言及される。この法則によれば、遺伝性疾患はほとんどが常染色体劣性形質で頻度もまれなので、その病気が出た人に子どもを作らせないようにしたところで、劣性遺伝子をヘテロでもつ、病気が現れない人の方が断然多い。したがって、集団中の劣性遺伝子の頻度はほとんど減少しないことになる。しかし、優生学史研究者のポールによれば一九一〇～三〇年代の遺伝学者たちの多くは、ハーディ－ワインバーグの法則の意味を承知のうえで、断種法を支持していたという。

当時は、「精神薄弱」は劣性遺伝だが頻度が非常に高いとみられていたため、一般の遺伝性疾患よりは断種の効果が期待できると考える遺伝学者もいた。また、「精神薄弱者」の断種が遺伝子プール中の劣性遺伝子の頻度を下げる効果がほとんどなくとも、わずかでも下げられれば断種の意義があるとか、頻度ではわずかでも人数にすれば何万人にも相当するから意味がある、といった理由で「精神薄弱者」に対する断種を支持する遺伝学者もいた。当時の遺伝学者たちの科学的データの解釈には、「精神薄弱」が他の障害や病気と違う特別な問題であるという認識、つまり、犯罪との関連や施設収容者の増加による財政負担の大きさなど、生物学的理由以外の判断が、含みこまれていたのである。

このように遺伝にもとづく判断と社会的理由による判断の境界が曖昧になる傾向が、優生学には存在する。新ラマルク主義的な優生学の存在も含めて、優生学を単なる遺伝決定論として片づけるのは危険である。

第六節　本流優生学と修正優生学

科学史家のケヴルスによれば、一九三〇年代にイギリスやアメリカでは本流優生学から修正優生学への転換がみられた。二〇世紀初頭に優生学を立ち上げ発展させた中心勢力は、遺伝決定論的な傾向が強く、強制断種や隔離といった強硬策の実施に積極的で、人種および階級的偏見が優生学の議論に露骨に表れていた（本流優生学）。しかし一九三〇年代以降、あたらしいタイプの優生学が目立つようになってきた。ここでは、遺伝的要因だけでなく環境要因が子孫に与える影響を重視するとともに、強制的方法よりも自発性を評価する比較的穏健な主張が特徴であった（修正優生学）。

たとえば、オズボーン（Frederick Osborn 一八八九―一九五四）らアメリカ優生協会（旧・優生教育協会）の幹部は、優生学イデオロギーのプロパガンダ集団から、遺伝と保健の教育に従事する地道な組織への転換を図って協会の体質改善に努めていた。彼らは、ナチスの反ユダヤ主義と全体主義にはっきりと嫌悪感を示した。また、イギリスでは一部の本流優生学者がナチスの優生政策を熱狂的に支持したが、イギリス優生協会はナチスに批判的な立場をとった。また、より急進的な修正優生学者は、優生学が資本主義体制を前提としており階級社会の秩序強化に寄与する擬似科学にすぎないとして、一九三〇年代から四〇年代にかけて本流優生学を手厳しく批判していった。

修正優生主義者たちは、人類の遺伝的改良というゴールトン以来の目標は保持していたが、旧来の優生学はあまりにも人種的あるいは階級的偏見に満ちていると考えていた。これには、一九二〇年代以降主流化したモーガン（Thomas Hunt Morgan 一八六六—一九四五）のショウジョウバエ遺伝学に象徴されるように、メンデリズムと染色体説のもとで、遺伝学が二〇世紀初頭とくらべ格段に発展したことが大きく関係している。ゴールトンやダヴェンポート流の遺伝研究は、新しい世代の遺伝学者たちにとってはあまりにも粗雑で非科学的にみえたのである。

第二次世界大戦後には、ナチスがマイノリティに対して行った数々の暴虐が暴露され、「優生学」とナチズムを結びつける傾向が一層強くなった。本流優生学の威信は完全に失墜した。ただし、戦前からのキャリアをもつ遺伝学者の多くは、本流優生学が人種的階級的偏見と粗雑な科学決定論的類推によって歪んでいたことは認めていたが、病気の原因となる遺伝子の除去といった優生学の「合理的な核心」は放棄してはならないと確信していた。重篤な遺伝性疾患は親を悲惨な状態に陥れ、社会に財政的負担を課すものであり、こうした病気の遺伝子を除去する闘いは、民族的宗教的マイノリティや貧困者を標的とした過去の政策とは明確に区別されるべきだと考えていた。

しかし、一九七〇年代の半ばになると「優生学」という言葉から中立的なニュアンスが消え失せた。なにものかが「優生学」と呼ばれる場合、それはもっぱら非難の対象としてであり、科学者の間でも「優生学」という表現を肯定的に公然と使うことは避けられるようになった。この背景に、当時の人権意識の変化と遺伝決定論批判の運動があったことは第二節で述べたとおりである。

第七節　優生学概念の変遷

一九九〇年代以降、ヒトゲノム計画に伴う人間の遺伝情報の蓄積と管理、出生前診断と障害をもつ胎児の中絶、遺伝子診断の乱用、遺伝子技術と生殖技術を使った子作り、人間を遺伝子中心主義的にみる風潮の拡大などへの危惧から、これらを「新優生学」（new eugenics）の登場とみなして批判する人々が増えてきた。旧来の優生学が公共の利益からみて望ましい生殖行動の規範を個人に押しつけてきたのに対し、新優生学は生まれてくる子供の質を個人本位で自由な決定により選択することを建前とする。

本章の議論をふまえて、新優生学に至る優生学の特徴を時代別に整理してみると次のようになる。

・古典的優生学（本流優生学）……一九世紀末〜一九二〇年代

集団本位、強制的、人種・階級差別、出生率増加支持、黎明期の遺伝学

・科学的優生学（修正優生学）……一九三〇年代～六〇年代

集団本位、自主性尊重、反人種・階級差別、産児制限支持、古典遺伝学から分子生物学へ

・「優生学」のタブー化……一九七〇年代～八〇年代

個人本位、生殖の自律性・女性の自己決定、遺伝カウンセリング、出生前診断と選択的中絶

・「新優生学」の浮上……一九九〇年代後半～

個人本位、ヒトゲノム計画、生殖技術による出生形態の多様化、子孫の遺伝的改変可能性の増大

これらは画然と分離できるものではなく、同じ時期に複数の要素が混在してもいるのだが、それぞれの時期にもっとも注目される変化を中心に整理した。

この整理においては「集団本位」か「個人本位」かが、それぞれの段階を特徴づけるポイントとなっている。集団本位とは、集団（国民、「民族」、人類、遺伝子プール等）の利益を個人の利益に優先させ、原則として自主性を尊重するが、生殖は私的というより公的なものと見なし、政策的強制を容認する。一方、個人本位は、個人の利益を集団の利益に優先させ、生殖を原則として私的なも

のとみなして、「生殖の自律性」(reproductive autonomy)、親になる者の自己決定を最優先し政策的強制を否定するものである。

たとえば「科学的優生学」は、「遺伝子プール」の劣化防止や人口資質の低下防止といった集団の利益を念頭におきつつも、本流優生学とは違い、人種差別や階級差別への警戒や、強制的方法に慎重であるといった性格をそなえていた。しかし、集団の利益が基本にあるので強制的方法を採用することを全面的に否定するわけではない。一方、「新優生学」では、個人の利益が優先される。

自発性を重視しながら人種改良をすすめる立場は、かつては優生学概念から除外されていた。しかしこれを「修正優生学」として認め、そうした立場で優生学史を叙述することで、たとえ「優生学」であっても「自発的」で個人本意であるならば容認するという論調を一部に生み出したことを最後に指摘しておきたい。新しい優生学容認派は、人種差別的で強制的、全体主義的な優生学を非難する一方で、第三者に強制されず個人が自主的に決定した行為であれば、たとえその結果が優生学的効果を伴うとしても、非難するにあたらない、とみなしている。

優生学史研究の発展と多様化は、同時に優生学概念の拡大を促したが、それが結果的に現在の優生学概念、すなわち「新優生学」に新たな肯定的価値を付与する契機ともなりえることを、この事実は示唆している。優生学という概念はつねに政治的な力関係の中に設定されている。したがって、優生学史を研究する者も、自らの立場がいかなる政治性を帯びることになるのか自覚する必要があるだろう。

文献

アーヴィン、J・マイルズ、I・エバンス、J〔一九八三〕『虚構の統計―ラディカル統計学からの批判』伊藤陽一・田中章義・長屋政勝訳、梓出版社（原著一九七九年）
アダムズ、M・B編著〔一九九八〕『比較「優生学」史―独・仏・伯・露における「良き血筋を作る術」の展開』佐藤雅彦訳、現代書館（原著一九九〇年）
天笠啓祐〔一九九六〕『優生操作の悪夢　増補改訂版』社会評論社
石井美智子〔一九九四〕『人工生殖の法律学』有斐閣
市野川容孝〔二〇〇〇〕「黄禍論と優生学―第一次大戦前後のバイオポリティクス」小森陽一ほか編『岩波講座5近代日本の文化史　編成されるナショナリズム』
ウィンガーソン、L〔二〇〇〇〕『ゲノムの波紋』牧野賢治・青野由利訳、科学同人（原著一九九八年）
小俣和一郎〔一九九五〕『ナチス　もう一つの大罪―「安楽死」とドイツ精神医学』人文書院
加藤秀一〔一九九七〕「愛せよ、産めよ、より高き種族のために―一夫一婦制と人種改良の政治学」大庭健編『性を問う3　共同態』専修大学出版局
ギャラファー、H・G〔一九九六〕『ナチスドイツと障害者「安楽死」計画』長瀬修訳、現代書館（原著一九九五年）
キュール、S〔一九九九〕『ナチ・コネクション―アメリカの優生学とナチ優生思想』麻生九美訳、明石書店（原著一九九四年）
グールド、S・J〔一九八九→一九九八〕『増補改訂版　人間の測りまちがい―差別の科学史』鈴木善次・森脇靖子訳、河出書房新社（原著一九九六年）
クレー、E〔一九九九〕『第三帝国と安楽死』松下正明監訳、批評社（原著一九八三年）

ケヴルズ、D・J［一九九三］『優生学の名のもとに――「人類改良」の悪夢の百年』西俣総平訳、朝日新聞社（原著一九八五年）
鈴木善次［一九八三］『日本の優生学』三共出版
立岩真也［一九九七］『私的所有論』勁草書房
トロンブレイ、S［二〇〇〇］『優生思想の歴史――生殖への権利』藤田真利子訳、明石書店（原著二〇〇〇年）
二文字理明、椎木章編著［二〇〇〇］『福祉国家の優生思想――スウェーデン発強制不妊手術報道』明石書店
ネルキン、D・リンディー、M・S［一九九七］『DNA伝説』工藤政司訳、紀伊国屋書店（原著一九九五年）
ハッキング、I［一九九九］『偶然を飼いならす』石原英樹・重田園江訳、木鐸社（原著一九九〇年）
ハッバード、R・ウォールド、I［二〇〇〇］『遺伝子万能神話をぶっとばせ』佐藤雅彦訳、東京書籍（原著一九九九年）
バーリー、M・ヴィッパーマン、W［二〇〇一］『人種主義国家ドイツ　1933－45』柴田敬二訳、刀水書房（原著一九九一年）
ハワード、T・リフキン、J［一九七九］『遺伝工学の時代――誰が神に代りうるか』磯野直秀訳、岩波書店（原著一九七七年）
藤野豊［一九九三］『日本ファシズムと医療』岩波書店
――［一九九八］『日本ファシズムと優生思想』かもがわ出版
――［二〇〇一］『「いのち」の近代史――「民族浄化」の名のもとに迫害されたハンセン病患

者』かもがわ出版
藤目ゆき［一九九七］『性の歴史学』不二出版
プラトン［一九九九］『国家論』藤沢令夫訳、岩波書店
ブロス、C・アリ、G編［一九九三］『人間の価値―1918年から1945年までのドイツ医学』林功三訳、風行社（原著一九八九年）
松原洋子［二〇〇〇］「優生学」『現代思想臨時増刊号―現代思想のキーワード』28(3)：196-199
――［二〇〇〇］「優生学批判の枠組みの検討」原ひろ子・根村直美編著『健康とジェンダー』明石書店
米本昌平［一九八九］『遺伝管理社会―ナチスと近未来』弘文堂
米本昌平・松原洋子・橳島次郎・市野川容孝［二〇〇〇］『優生学と人間社会―生命科学の世紀はどこへ向かうのか』講談社
リフキン、J［一九九九］『バイテク・センチュリー―遺伝子が人類、そして世界を改造する』鈴木主税訳、集英社（原著一九九八年）
若林敬子［一九九六］『現代中国の人口問題と社会変動』新曜社

第八章　生態学と環境思想の歴史

篠田真理子

A・フンボルト『熱帯地域の自然図』(1805-07年)自然の諸現象の相関が概観できる

第一節　はじめに――環境意識の歴史性

環境問題は、最近の問題だと思っている人は多いのではないか。環境問題への関心が盛り上がるきっかけは、米国内で一九八八年に急浮上した地球規模の気候変動問題といわれる。地球規模の環境問題としてはすでにオゾン層破壊問題が表舞台に登場しており、一九八七年のモントリオール議定書の採択によって、国際的合意はほぼ目処がつきつつあったが、これに温室効果ガスによる地球温暖化問題が加わった。これを追って日本でも行政が地球環境問題へシフトし、一九九二年、リオデジャネイロにおける地球サミット前後には、マスコミでもまさにブームというべき報道量の増大があった。それから約十年が経ったが、環境への意識はそれほど薄れてはいない。もう私たちは、人々に環境意識が定着したと考えていいのだろうか。

しかし関心の定着については、懐疑的になる事情がある。それは過去に、自然破壊と公害による健康被害への関心の高揚が、あっさりと退潮したことがあるからだ。

一九六〇年代の日本では、四日市や川崎などでのぜんそく、イタイイタイ病、水俣病、新潟水俣病をはじめとして、各地の公害が大きな社会問題化したことから、自然環境の悪化が人々の生活の質や健康、生命までも損なうことが認識され、公害対策基本法（一九六七年）、環境庁の創設（一九七一年）など、政治も対応を余儀なくされた時期があった。欧米でも一九六〇年代の反戦・人権運動と連動した汚染反対運動から一九七〇年に始まったアース・デイ、一九七二年にストックホルムで開催された国連人間環境会議など大きな動きがあった。しかし石油危機（一九七三—七四年）以降、この波は急激に引いていった。「マスコミは石油危機の発生に伴う経済社会状況を中心に報道し、公害問題の報道は大幅に減った。このため公害問題に対する人々の関心は次第に薄れていった。産業界でも「企業が存立できるかどうかという時に、環境問題に多額の金を投入する余裕はない」という考えが支配的になり、公害対策、ひいては環境行政に対する産業界の発言力を強めた。従来の産業公害の沈静化傾向に、このような経済社会状況が加わり、産業界の一部には「公害はもう終わった」という声さえ出始め」た。（川名［一九九五］八頁）。

欧州でも米国でも、一九六〇年代—七〇年前後の高揚期のあと特に行政の関心が顕著に低下する現象がみられた。もちろん、この間も地道に活動を続けた人々は各国に存在しており、西ドイツでは緑の党（「緑の人々」）が結成された。米国ではむしろ主流環境保護団体の会員数増大があったが、方針が妥協的になったといわれている。日本では公害対策が後退し環境アセスメント法案は再三にわたって見送られた。

一九八六年のチェルノブイリ原子力発電所の事故は多くの人に原子力問題への意識を呼び覚ましたが、日本では欧州で感じられたほどの身近さ、深刻さをもって受け止めたとはいえず、関心は徐々に薄らいだ感は否めない。このような停滞の後では、一九八八年に降って湧いた「地球環境問題」が、多くの人には新鮮に感じられたであろう。退潮期が間に挟まっていたことと、一九七〇年代には環境問題という語が使われることは少なく、一九八〇年代末に環境という語の使用が急増したという経緯のために、環境問題は最近十年ほどの問題であると考えられがちだ。「公害問題はもう古い、これからは環境問題を考えなければならない」という言い方はすでに一九七〇年代には出現していたが、八〇年代末にはさらに声高に唱えられたことも、このことに与っているだろう。(1)

それだけではない。環境思想、環境主義自体はすでに一九世紀後半には現われていたのだが、一九六〇年代以降の環境主義は、それ以前のものとかなりの「断層」があった。そのため、過去の動きが忘れられがちな傾向はそのときにも見られたのである。

長い歴史をもつにもかかわらずそれが目新しいものに思われてしまうことについて、メラーはその運動が狭い意味での「政治」の場に力をもたなかったゆえであると端的に分析する。「これ［社会主義］とは対照的にフェミニズム運動とエコロジー運動は、その分析と処方箋が現実の政治構造のなかに反映されてこなかったという意味で「新しい」」（メラー［一九九三］二四四頁）。

この言葉は、フェミニズム運動やエコロジー運動が今後の変革を担うだろうという希望を述べていると同時に、その運動が長い歴史をもっていようとも、正統的歴史記述からは無視されがちなことを示してもいるようである。歴史をもたないとしたら環境運動は、いつまでも一からやり直さなければならない。私たちは環境問題を時事問題として、あるいは自然科学が差し示す問題であるとして非－歴史的に受けとりがちだ。しかし、過去の成果も教訓も受け止めることはできないのだろうか。

特に日本においては、公害という負の遺産を参照することの重要性は、どれほど繰り返してもいいだろう。確かに五感に感じるほどの汚染は減りつつあり、汚染の責任の所在はより複雑化した。しかし、公害問題によって提示された問題点はいまでも学ぶべきことが多く、とりわけそこで科学技術の果たした役割――期待されたような役割を果たせなかったこと――は、現在でも私たちに問いを発している。この問いを踏まえない科学論・環境論は、空疎なものにならざるを得ない。

この章では個々の環境問題について論じることはせず、環境思想を体系的に説明することもしない。環境を意識した行動、思想をエコロジーと呼ぶが、これはもともと日本では生態学と訳された一つの科学のジャンルの名称であった。このような複合性が作られた経緯を読み解くために、生物学／生態学とのつながりを中心に環境への意識を歴史的に概観することを目的にする。まず、環境への意識をおおまかに環境主義と捉え、起源と展開について考察する（第二節）。環境意識と生態学の関係を把握するために、一九世紀―二〇世紀の生態学史と前史をごく簡単に示し、環境問題への関心の高揚が生態学に及ぼした影響について示す（第三節）。また、環境意識や生態学的観念が歴史叙述にどのような影響を与えているかを検討する（第四節）。最後に、私たちが「自然」と感じるもの、つまり、植物や動物や地形などを把握する「自然誌（史）」の現代での役割について考える（第五節）。

第二節　環境主義

環境主義とその起源

ここでは種々の環境思想、環境運動、自然保護運動、公害・有害物質反対運動、食や農業や健康と環境への意識のなどをすべて含む概念とし、時代的にも幅のある思想を環境主義（Environmentalism）と呼ぶことにする。(2) これは、自然科学の一分野である生態学（エコロジー）と思想的・政治的・社会的エコロジー（エコロジズム／エコロジー運動）を区別したときの後者に当たる。

環境主義の考え方および運動は、一九世紀後半ごろ、欧州と北米を起源として始まったとされており、世界で最初の民間環境保護団体はイギリスで一八六五年に結成された「共有地（コモンズ）・オープンスペース・フットパス協会」と言われている（アレン［一九九〇］三一七頁、マーフィー［一九九二］、マコーミック［一九九八］一二頁ほか）。それまで放牧や、薪やキノコや果実の採取や、リクリエーションや散策に使うことができた土地が囲い込みによってアクセスできなくなることに反対して起こされた運動で、多くの人の寄付により景勝地や歴史的建造物を買い取るナショナルトラスト運動（一八九五年設立）の源流である。同じ頃、欧州各地で動物の保護、すなわち飼育動物の虐待禁止や反・動物実験（特に生体実験）、渡り鳥などの乱獲に反対する動物愛護団体や景観を守ろうとする自然保護団体も発足した（トマス［一九八九］）。ドイツでも鳥類保護協会が一八七五年に設立されている。米国では一八七二年にイエローストーン、一八九一年にはヨセミテが国立公園に指定された（岡島［一九九〇］六六頁以下）。また現在も続く大きな環境団体であるオーデュポン協会が一八七六年に、シェラクラブが一八九二年に結成された。

上記の動向は欧米の主流環境運動の起源に該当し、言及されることが多いが、環境主義はこれらから全てが始まったとは言えない。たとえば漁業資源量の測定や維持、狩猟管理（狩りの獲物になる鳥獣を一定数に安定させること）などを辿ることができる。なかでも過剰に収奪的ではない持続的な森林管理は歴史が古く、かつ為政者からも重要であると考えられており、日本、欧州、および欧州の植民地経営で行われていた（マーチャント［一九八五］）。また、キリスト教は自然を支配すべき対象として人間と対立的に見ているといわれることに対抗して、キリスト教内部にも自然と融和する思想が存在する例としてアッシジの聖フランチェスコ（Francesco di Assishi 一一八一？―一二二六）がしばしば挙げられるように、もっと過去に遡ることも可能である。同じように東洋思想に霊感を求める環境思想の流れに従えば、釈迦や老子やその他の思想・宗教に起源を辿ることもある。さらにいえば、世界各地、各時代において、自然への崇拝や愛情が表現されていたのを私たちは見い出すことができるが、これを環境主義の源流と考える場合もある。

しかし私たちが今、環境主義と呼ぶものには、上記のような伝統的な自然への態度に加え、別の要素が含まれている。それを〈自然環境の中における人間〉の認識としておく。これだけでは漠然としすぎているが、たとえばダーウィン（Charles Robert Darwin 一八〇九―一八八二）の『種の起源』（一八五九年）がもたらし、そこから派生した自然観・人間観を抜きにして現代の環境主義を考えることは難しい。環境主義は生物学や生態学、進化論と深いつながりがある。このことを踏まえると一九世紀後半に環境主義の起源を求めることには妥当性があると言えよう。

科学技術への環境主義の姿勢

ここで生物学、生態学と環境主義との関係を考える前に、科学技術を環境主義がどう見ているのかを検討する。

ペパー（David Pepper 一九四〇年生）は環境（保護）主義を「エコ中心主義」と「テクノ中心主義」にわけて分類してみせた（ペパー［一九九四］ただし最初に定義したのはオリオルダン（一九八一年））。この分類では「エコ中心主義とテクノ中心主義は、いずれも自然やその特性を探究するための方法論として科学を重用している」が、その科学の内実は異なる。「テクノ中心主義者はベーコンの教義にしたがって、科学知識は私たちが私たち自身の目的のために自然をコントロールし支配し操作できることを教えていると主張する。エコ中心主義者はシステム論的視点から、支配と搾取はやめて、その代わりに調和的で執事的な関係に転換すべきであると主張する」（ペパー［一九九四］一六三頁以下）。

テクノ中心主義とエコ中心主義はそれぞれ二つに分けられる。まとめると、

一、テクノ中心主義（環境の保全や修復に当って巨大テクノロジーを認め、科学者や経済学者の見解を権威と認める）

（一―一）　豊穣礼賛者（成長を信じ、専門家の管理のもとで人間はあらゆる困難に解決策を見い出すことができると考える楽観論者）

（一―二）　環境管理主義者（適切な税制や法整備、被害者への保障、及びコンセンサスの形成により経済成長と環境は両立可能であると考える改革論者）

二、エコ中心主義（エリートの専門家や中央集権的国家権力を信じず、進化論、システム論などに影響を受け、ロマン主義からもインスピレーションを受けている）

（二―一）　自己信頼型ソフトテクノロジスト（小規模テクノロジーを用いた小規模コミュニティへの参加が社会の基礎となる）

（二―二）　ディープ・エコロジスト（自然はそれ自体権利をもち、人間の倫理の源泉はエコロジー［生態学］の法則である）

この分けかたは、環境主義のさまざまな潮流を整理した分類法の一つに過ぎず、包括的なものとは言えない（たとえばエコフェミニズムや、反公害など地域的問題に対するいわゆる草の根的住民運動に属する各潮流、宗教的エコロジーなどをどこに分類するのかが示されてない）。だが多くの見解の最大公約数的なものであるとは言える。ここでは、次の点で論じるのに都合がよいので特に示した。一つは、科学技術に対する態度という一つの軸に沿ったスペクトルのように分類していること。二つ目には前者における環境問題の解決に当たると想定される科学技術、後者における自然の認識の基盤としての生物学・生態学の重視、およびそれとは対照的な巨大技術への拒否とを、分節できる点である。これに沿ってもう少し詳しく考えてみよう。

テクノ中心主義

テクノ中心主義の重視する科学技術は一六、一七世紀の科学革命の時代に西欧という限定的な時間と地域で始まった科学技術だといえるだろう（科学革命については第二章第一節参照）。こうした科学技術は、確かに汚染の実態を把握したり、それを修復したりするのに役立つかもしれない。だが、それこそが自然破壊に責任を負う科学なのだと論じたのはキャロリン・マーチャント（Carolyn Merchant 一九三六年生）である。マーチャントは著書『自然の死』において、科学革命によってもたらされた機械論的科学が自然及び社会の管理と支配、そして女性への抑圧と連動して興隆し、ひいては現在の自然破壊の正当化につながったと述べた。機械論は自然界の現象を目的因を排し、作用因のみで説明しようとするものであり、「自然と社会と人体は、互いに互換性のある原子のごとき部品からなりたっており、それらの部品は外側から修復あるいは取り替えが可能」（マーチャント［一九九四］三五九頁）になる。それゆえ自然は、それ自身がもつ霊魂や「生命」を失って、「死」んだのであり、人間はパーツとしての自然を管理し利用しうるようになった。

「テクノ中心主義は必ずしも環境悪化を支持しているわけではなく、通常はその逆である。しかしそれは効果的な環境管理の問題であると主張するのである。現代の工業化がもたらした窮状の後の〝清浄化〟のために、その工業化を放棄したり改善したりすることは何であれ原始の野蛮主義への復帰だとみなされる。エコノミックな人間の要求と環境との間の衝突で、両者の利害が管理によっては解消できないような場合には、エコノミック人間が勝利を収めることになる」(ペパー［一九九四］五五頁以下)。しかし、政治・社会・経済とそこに組み込まれた科学技術がつくった現行体制を大きく変えることなく環境保護を訴えることができるという点で、主流の環境団体・組織に支持されている、とする。

エコ中心主義

人間が自然界における特権的地位を持ち、自然は人間が利用するための素材であるという観念が進化論によって揺さぶられ、人間も生物の一員という認識が、人間を含めたあらゆる生物の相互関係、特にその有機的な連関性に意識を向けさせた。こうした複雑な関係性への関心には有機体論、システム論も影響している——これらがエコ中心主義の科学的ルーツとされる。人間は利益を得ると考えられる行為を、技術によって好きなだけ自然界に及ぼすことができるという考え方こそ自然破壊の元凶であるという洞察が、それに対抗するための生命(生態系)中心主義をもたらしたことは重要な転回であった。テクノ中心主義が現在の社会・生活をそのままにして、技術発展や改良主義的改革によって環境問題に対処しようとするのに対し、よりラディカルで、社会や生活のスタイルの変化が必須であるとする。「ラディカル」なエコロジーのさまざまな潮流については、マーチャント（［一九九四］）が包括的に論じている。

エコ中心主義はしばしば生態学に指針を求めたり、霊感の源泉とする。たとえば、ディープ・エコロジーの創始者であり、生命圏の平等を目指す環境主義を説いたネス（Arne Naess 一九一二年生）は「野外調査にたずさわる生態学の研究者は、生命存在のあり方や形態に対し、深い敬意、あるいは崇敬の念ともいえるものをもつようになる。（中略）生態学の野外研究者にとって、生き栄えるという等しく与えられた権利は、その存在に疑いの余地のないことが直観的に理解される価値体系なのである」（ネス［二〇〇一］三三頁）と、生態学の視角に指標の一部を得ようとする。

資源管理から土地の倫理へ——アルド・レオポルド

資源を枯渇させぬように守り管理する立場の実践者、つまり上の分類で言えばテクノ中心主義から、自然そのものの意義を認め、その有機的つながりを重視する立場に「回心」を遂げた顕著な例を、「土地（ランド）の倫理」の提唱者であるアルド・レオポルドにみることができる。

米国の森林局で資源としての森林管理を強力に押し進めたコンサベーショニスト、ギフォード・ピンショー（Gifford Pinchot 一八六五—一九四六）の活躍した二〇世紀前半、米国では、狩猟の対象となるシカなどの草食動物や家畜を益獣、それを捕食し家畜を脅かすオオカミ、コヨーテなどを害獣であるとし、国立公園などで「有害獣」駆除作戦を行った。レオポルド（Aldo Leopold 一八八六―一九四八）は森林官としてこれを推進し、『獲物の管理』（一九三三年）を著わした。この絶滅作戦の一つの帰趨が、よく知られた事例であるカイバブでのシカの大量死（二四―六年）であった。肉食獣が急激に減少したために鹿が増えすぎ、栄養不足と疾病を招いたのである。

レオポルドは悪玉としての肉食獣観を徐々に変化させた。彼はまずカタストロフに陥らない安定した関係を維持するために必要な存在として肉食獣を認めるようになり、自然は人間が管理して利益を引き出す対象であるという功利的な観念を少しずつ離脱し、最終的には自然そのものの権利という「土地の倫理」に到達したといわれる。

土地の共同体

「個人とは、相互に依存し合う諸部分からなる共同体の一員である。……土地倫理とは、要するに、この共同体という概念の枠を、土壌、水、植物、動物、つまりはこれらを総称した「土地」にまで拡大した場合の倫理をさす。……要するに、土地倫理は、ヒトという種の役割を、土地という共同体の征服者から、単なる一構成員、一市民へと変えるのである。これは、仲間の構成員に対する尊敬の念の表われであると同時に、自分の所属している共同体への尊敬の念の表われでもある」（レオポルド［一九九七］三一八―九頁）。

ヒトという種を他の種と同一平面上に起き、土地の構成要素の「相互関係」を語るこの一文は、生態学の基本概念であると同時に、多くの環境主義者に強い影響を与え続けている。

功利主義的管理者から共同体の一員へというのレオポルドの「回心」に、生態学が大きな役割を果たしたことは間違いないと思われる（ウースター［一九八九］三四五頁、ナッシュ［一九九三］一三七頁）。〈土地の共同体〉の観念は生態学に由来するからである。死後に出版された『砂の国の暦（邦題「野生のうたが聞こえる」）』（レオポルド［一九九七］）は、自然のなかを、時には猟銃を手にして逍遙する楽しみを率直に述べた記述のなかに、物質循環の考えや、栄養段階のピラミッド構造とエネルギーの関係を述べた「食物連鎖はエネルギーを上方の層に送る生きた回路である」（レオポルド［一九九七］三三三頁）等の生態学から学んだ記述が混在している。「山の身になって考える」という彼の有名なフレーズがあるが、人間と山との視点の越え難い違いを乗り越えるのは、肉食獣と草食獣と植物と土壌の連鎖に関する知識、生態学的な知識である。

レオポルドは「物事は、生物共同体［コミュニティ］の全体性、安定性、美観を保つものであれば妥当だし、そうでない場合は間違っているのだ」（レオポルド［一九九七］二七二頁）と述べ、土地は、どれだけ利益をあげられるかという観点で計られるのではなく、生態学が私たちの目を開かせてくれた自然の見方、すなわち生物共同体の全体性と安定性から評価されるべきだと主張した。美観というのも奇観やパノラマ的に美しい風景だけではなく、生態学を学ぶことによって目を開かされる、土地の精妙な美しさなのである。レオポルドにとり生態学は倫理の重要な源泉だった。

しかし現在、生態学の示すところによれば、生態系は、レオポルドが考えていたほど（彼が依拠していた当時の生態学のある部分が示唆していたほど）には常に安定してはおらず、人為が加わらなくともしばしば攪乱が起こる。逆に人間が干渉することは、常に生態系の全体性と安定性と美観を損なうとは限らない。たとえば農村や牧野や里山や人工林の生態系は常に人の手が加わることで安定しており、急に人為が消失すると生態系は崩れ、人が美観を見い出していた景観は変化する。レオポルドが〈原生自然（ウィルダネス）〉つまり人の手が加わらない理想的な風景であると考えていた一九世紀中葉より前の北米にも、人間は住んでいたが、ネイティヴ・アメリカンと自然との関わりは考えられていない(3)。

レオポルドによる土地の共同体という発想は、後の環境思想にとって重要な一歩を記したものであったが、生態学の観点からみると一筋縄ではいかない関係をもっている。

ここまで見てきたように、環境主義にも多様な考え方が混在しており、生態学との関係も、それに応じて考えなければならない。先の分類に従って、あえて単純化すれば、「テクノ中心主義」的環境主義にとって生態学は、事例、データ、方法、モデル、近似的予測を提供する学問・知識であり、「エコ中心主義」的環境主義にとって生態学は、倫理、思想、生活スタイル、自然観の源泉・指針である。では次に生態学の歴史を辿ってみよう。

第三節　生態学とその前史

生態学とヘッケル

生態学 ecology は、自然科学の一分野である。この語はエルンスト・ヘッケル（Ernst Häckel 一八三四―一九一九）がギリシャ語のオイコス（「家」）をもとに造語した（『一般形態学』（一八六六））。同じ語源をもつエコノミー（ここでは経済ではなく秩序ある営み・運行を意味する）から派生した「自然界の秩序」＝the economy of nature を念頭において、動物や植物と周囲の自然条件や動物相互の関係を研究する、これから興されるべき学問としてエコロジーと名付けたのである。

エコロジーという学問分野はヘッケルの造語から約三〇年経った一九世紀末から二〇世紀初頭に徐々に形を整え始めた。このとき、ヘッケルは生態学の動きに関心を寄せてはいたらしいが、みずからこの分野を研究することは、ほぼなかった。生態学が発達していくための、プログラムのようなものをヘッケルが作ったわけでもない。つまりヘッケルは高名な動物学者であり、造語した人ではあったが、エコロジーという一分野の創始者とは言い難い。

しかしヘッケルは環境主義には影響を与えたと言われている。ヘッケルの学問的研究よりもむしろ、当時ベストセラーになった『生命の不可思議』（邦訳＝岩波文庫）、『宇宙の謎』などの一般書に盛り込まれた物心一元論や自然愛好、独自の進化論を踏まえた反・人間中心主義が、環境主義に刺激を与えたとする論者もいる（ブラムウェル［一九九二］六六―八六頁）。

ヘッケルを軸足として、学問としての生態学と環境主義の双方の源流はつながるか、との疑問もあるだろう。だがヘッケルは生態学の創始者ではなかったし、この時期には、学問としての生態学と環境主義に直接的な関係はなかったと考えられる。しかし、この点に関しては、歴史研究の余地が残されているといえよう。

生態学的思想のはじまり

現在の生態学の起源と考えられる概念や方法や認識は、一九世紀に行われたフィールド（野外）調査を基盤とした研究のなかに散在している。直線的な発展ではなく、複数の流れが絡み合って形成されたのである。

生態学的思想の源泉を一八世紀の博物学的調査やマルサスの『人口論』（一七九八）に求めることもあるが、直接的影響力という点では第一にアレクサンダー・フンボルト（Alexander von Humboldt 一七六九―一八五九）の名前を挙げなくてはならない。野外研究の方法論の自覚、地球全体を視野に入れた動植物と無機的世界との相互影響への探究、思弁的ではなくまず自然界の複雑な関係性を捉えようとする態度などにより、一世紀後の生態学者も直接参照しているほどである。

一九世紀の初頭、アレクサンダー・フンボルトは、中南米に研究旅行を行った。フンボルトは大量の、当時としては最高水準の精密さをもった測定機器を携えて行き、気温や湿度や気象、土壌などのさまざまな測定可能な環境条件と植物の形態との関係を考察する「植物地理学」を提唱した。この研究は、「新種」を探究し記載するのではなく、種に関わりなく植物の特徴的な性質「生活型」と地理的性質とに相関を見い出そうとするもので、これ以降、植物（動物）の地球的な分布パタンやその伝播の経緯、植物の形態・生理とそれが生育するその気候的・地理的条件との関係を考える学問として発達した。

フンボルトの旅行記はチャールス・ダーウィンに強い影響を与えた。ダーウィンは、ビーグル号での航海を経て、進化の機構として自然選択説を唱えるとともに、種としてはかけ離れている動物や植物の「複雑な関係の織物」、捕食し、依存し、住みかを提供し、食物を奪いあう円を描くような複雑な相互関係が種の生き残りに影響すると述べた。「一にぎりの羽毛を、なげあげてみよ。全ては一定の法則にしたがって、地面に落ちるにちがいない。だがこの問題は……無数の動植物の作用と反作用に比較すれば、いかに単純なものに過ぎないことか」（ダーウィン［一八五九］第三章）。すなわち物理的な性質に対する知識に比べて、生物相互とすみ場所との複雑な関係は、いかにまだ知られていないことか、とダーウィンは言う。ダーウィンの信奉者ヘッケルは、このような部分を捉えてエコロジーという学問を名指したと思われる。もっともヘッケルの進化論自体はダーウィン的というよりむしろ、ラマルク（Jean-Baptiste de Lamarck 一七四四―一八二九）・ゲーテ（Johann Wolfgang von Goethe 一七四九―一八三二）を参考にしたものであった。

生態学の成立

一九世紀後半になると複数の種の混じりあった植物の集団の生理的、形態的特性が周囲の諸条件に適合している様相に関心が高まり、植物の周囲の環境への適応の研究が進んだ。たとえば、北極の寒冷で貧しい土壌、砂漠の乾燥、海辺の強風、捕食者の攻撃に抗して生き延びていくための生理や形態、そしてその由来の問題である。リンネ（Carl von Linné 一七〇七―一七七八）の時代には、こうした適応は「神の創造の妙」で済んだが、自然史のなかでの説明が求められるようになったのである。

この分野は植物生理学的研究と結び付いてドイツを中心とした欧州で盛んになり、一九世紀末の一時期、「植物生物学（Pflanzenbiologie）」と呼ばれた。

日本には一八八五年に、ドイツ留学から帰国してすぐ帝国大学の植物学教授になった三好学（一八六一―一九三九）がこの「植物生物学」に「植物生態学」という訳語を造語して当て、新興の学問の動きを伝えた（『欧州植物学輓近ノ進歩』）。これは早いタイミングといえる。というのは、アメリカでは若い植物学者が「植物生物学」に関心を示し、ヘッケルの命名に従ってエコロジーとして研究を始めたのが二〇世紀初頭だったからである。この時期のアメリカ植物生態学の中心人物はフレデリック・クレメンツ（Frederick Clements 一八七四―一九四五）である。

クレメンツは「（生態学における調査とは）生息場所または生息場所が生み出すフォーメーション（群落）の発達と構造を目指すときに始まる。すなわちオイコスの複雑な問題を取り上げるときに」

と述べ、生態学者はさまざまな機器を用いて野外観察と測定を行い、できれば研究対象となる場所に居住して、継続的に研究することが望ましいとした（『生態学研究法』（一九〇五年））。

クレメンツは、植物群落が時間を追うごとに移り変わる〈遷移〉の研究で知られる。群落は、あたかも一つの生命（有機体）のように成長し、成熟し、静止（死）する、つまり一個の個体と同等の〈超-個体〉であるとした。シカゴ大学を拠点としたアリー（Warder Clyde Allee 一八八五―一九五五）らは、社会性昆虫についても、一つのコロニーは一つの個体とおなじような機能を果たすと論じた（一九四九年）。

制度的には、一九一三年に英国生態学会の創立、『生態学雑誌』の創刊、一九一五年に米国生態学会が設立され、生態学が一つの学問分野として成立した。この時点では、実質的な研究はまだ、従来の延長に過ぎないものも多かったが、クレメンツの超有機体論を批判したアーサー・タンズリー（Arthur George Tansley 一八七一―一九五五）のエコシステム（=生態系）の提唱（一九三五年）、個体群の変動を数理的に扱う数理生態学の確立、生産者-消費者-分解者という経済学的な食物連鎖モデルや、食物連鎖の下位にあるものほど数が多いという数のピラミッド（チャールズ・エルトン（Charles Sutherland Elton 一九〇〇―一九九一）ら、一九二七、一九三三年）、エネルギーフローとしての生態系などが概念装置として出され、生態学は二〇世紀前半に次第に形を整えていった。

環境問題への生態学の取り組み

一九六〇年代以前にも、生態学者たちは人間と自然との関係を多くの場合、射程に入れていた。たしかに生態学は人間の影響をあまり受けないよう、人里離れた場所を研究対象として選ぶ傾向があったが、自然保護に「生態学者は深く関与していた」。一九三〇年代に米国中西部を吹き荒れた、耕作による土壌浸食がもたらした大砂塵、農林漁業の維持や資源管理、人間活動に伴う環境の劣化の問題にも多くの生態学者は関わっていた。英国ではタンズリーが勅許状による自然保護局、米国では動物生態学者シェルフォード（Victor Ernest Shelford 一八七七―一九六八）が私的機関としての自然保護局を作るのに尽力した。ふたりともその国の初代生態学会々長を務めた人物である。動物生態学者S・A・フォーブス（Stephen Alfred Forbes 一八四四―一九三〇）が一九世紀末に述べた言葉、「生態学と応用昆虫学者（economic entomologist）の関係は、生理学と医者の関係と同じ」のように生態学は自然と関わる経済学的問題の基礎と考えるものもいた（マッキントッシュ［一九八九］第八章）。

だが、生態学は、医者が人間の病気を治療することを目的としているようには、環境問題を解決することを直接の目的となし難かった。二〇世紀の前半、科学としての確立に向け、生態学内部での専門分化も進行し、政治的な争点となることに関わろうとしない傾向もあったからである。

先述したように一九六〇年代以降、変化が起こった。レイチェル・カーソン（Rachel Carson 一九〇七―一九六四）の『沈黙の春』（カーソン［一九六四］）がベストセラーになって以降、多種多様な環境問題や自然破壊が「エコロジーの危機」として大きな関心を集めるようになった。六八年にはギャレット・ハーディン（Garrett Hardin 一九一五年生）が、管理されていない牧草地はいつかは食いつぶされるとする「コモンズの悲劇」を雑誌「サイエンス」に発表、現在も環境思想、環境倫理上の論点となる問題を提起した。同年、ローマクラブが発足し、自然資源や食料は増加する人口を賄えないことをシミュレートした『成長の限界』（メドウズ［一九七二］）を刊行、世界三〇ヵ国語に翻訳され、大きな反響を呼んだ。バックミンスター・フラー（R. Buckminster Fuller 一八九五―一九八三）が『宇宙船地球号操船マニュアル』（フラー［二〇〇〇］）を、続いてシューマッハー（Ernst Friedrich Schumacher 一九一一―一九七七）が、内容自体は一九六〇年代から提唱していたことをまとめた『スモール・イズ・ビューティフル』（シューマッハー［一九八六］）を出版し、論じ方は異なるものの、原子力などの大規模エネルギーから自然の力を利用した小規模エネルギーへの転換を説いて各国で広く注目された。環境への関心は、程度の差こそあれ、誰もが常識としてもって当然のものとなった。

この動きに対して生態学はどのように反応したのだろうか。生態学者で、基礎的な生態学の教科書を編んだオダム（Eugene Pleasants Odum 一九一三―二〇〇二）は、一九七〇年にオレゴン州立大学で開かれた「生態系の構造と機能」と題した生物学コロキウムで、臨場感をもって語っている（オダム［一九七三］二頁）。

生態系の概念は、今日では生態学の専門的課題の中心を占めているばかりではなく、人間環境の問題の用語の中でもまた最も重要なものとなっている。過去二ヵ年間に、人々は生態学 ecology の語幹の意味―"Oikos"―を把握し、それをそれまでのアカデミックな狭い限界を越えて、〝人類と環境の統一性〟いわば全地球的環境系といった幅広いものにおしひろげねばならなかった。人類がその短い歴史上始めて究極的な障害（これは単に局所的なものではない）に直面しているという極めて単純な理由によって、環境に対する人々の見方に生じてきている歴史的な〝姿勢の変革〟にわれわれは立ち会っている。……十年ほど前にも生態系理論は現在と同様によく理解されていたが、全く実用に供されたことはなかった。……だが現在では、この理論を生かさざるを得なくなっている。

それまで生態学は、自然保護地区や動植物の保護など一部の人々の関心事や、牧草地の乾燥化や資源の枯渇といった、特定の人々に直接利害関係をもつ問題に関わっていた。生態学が、大きな問題を考えるときに参照すべき学問であると考える人は少なかった。学問的術語として扱われてきた生態系や生態学という言葉がより広い文脈から「発見」され、生態学者以外の人々の語彙に登場したのである。

近年では、生態系や生物の（遺伝的）多様性を保全することを直接の目標とする保全生態学／保全生物学が形成され、実践もなされている。〈生物多様性 Bio（-logical）Diversity〉は学術用語としてだけではないキーワードになっており、その保護を謳った生物多様性条約が九二年の地球サミットで採択された。このように国際的規模で生物多様性の保全が機能し始めることも、生態学から環境問題へのアプローチの歴史の一環であるが、プラグラム自体が社会にどう影響するのかも、今後は考えていかなくてはならないだろう。鬼頭秀一は「生物多様性の議論を、全体的に概観してみると、一九八一年以来のポール・エーリック（Paul Ehrlich 一九三二年生）による絶滅動物の生物多様性（Ehrich［一九九二］の議論から、このウィルソン（Edward Osborne Wilson 一九二九年生）が編集した本（ウィルソン［一九九九］）まで、生物学的な、特に遺伝子資源としての生物多様性の議論は盛んであるが、その生物の多様性を育んできた文化の多様性に関する議論が希薄である」（カッコ内は引用者による）と述べている。この意味で文化の多様性が喪失することが生物多様性の喪失にもつながるとして、モノカルチャー化、大企業の化学肥料や農薬とセットになった種苗の独占化の弊害を訴えるヴァンダナ・シヴァ（Vandana Shiva 一九五二年生）（シヴァ［一九九七］）は注目されている。

人間界と人間以外の自然界

環境問題とはつまるところ人間の問題であり、四五億年の地球史のうち人類が存在しなかった圧倒的な期間においては、いかなる大絶滅、気候変動、大気や水質の成分変化があっても環境問題とは呼ばれない。これは自明に思えるが、人間と人間以外の自然を峻別し、後者にはあらかじめ定められた秩序があるとする一七、一八世紀ごろの西欧の考え方にたてば、「存在の連鎖」、つまり鉱物界、植物界、動物界から人間に至る低級なものから高度なものへの階悌の輪は、大洪水でもない限り、一つでも崩れることがあってはならない。なぜならそれは「神のデザインの完全性という信念であり、だからこそ、鎖の一輪でも動かせば危険だと考えられた」(トマス〔一九八九〕四二〇頁以下)。現代では、人類の生存の持続可能性のため自然界に配慮するか、自然界に配慮して人間の生活と社会を変革するかの違いはあっても、「鎖の一輪も動か」さないことはもはや不可能である。しかしそれを、配慮しないことへの免罪符とすることはできない。

生態学は原則的に人間以外の自然界を研究する学問である(だからこそ「人間生態学」という名称を掲げたサブジャンルもある)。しかし環境問題への貢献を期待されるからだけでなく、どのような研究対象地でもすでに人間活動の影響を無視しにくくなっていることからも、ますます人間を含めた自然界を探究の対象に含むようになっていくだろう。

これと表裏にあるのが、人間の側から人間と人間以外の自然との相互関係を考える研究である。人間社会の構造や発展が、地理的、生態学的条件からどのように影響を受けてきた/受けているか、逆にどのような影響を与えているかについての探究を次節で検討する。

第四節　景観と人間社会の歴史

場所から人への影響・人から場所への影響

社会・経済的形態や人間の精神に環境が及ぼす役割を重視する考え方には、長い伝統がある。西洋世界で最も古いものは古代ギリシャのヒポクラテス（Hippokratēs 前四六〇?―前三七〇?）の作と伝えられる「空気、水、場所について」（ヒポクラテス［一九六三］七―三七頁）であろう。これは病気と季節、場所、風、水などの環境要因との関連を述べた前半と、アジアとヨーロッパの住民について居住地域と体格や気質、生活様式との関係を論じた後半とに大きく分かれてる。前半部は医学史において展開し、後半部は、のちJ・ボダン（Jean Bodin 一五三〇―一五八六）を経てモンテスキュー（Charles de Secondat, baron de Montesquieu 一六八九―一七五五）の『法の精神』にも影響を与えた。一七―一八世紀にはヨーロッパ人の地理的な活動範囲の拡大と深化に伴って、さまざまな世界の住人との接触とその生活様式への関心が高まり、「ヨーロッパ」を逆に照射するものとしての異世界叙述が盛んに行われるようになった。ビュフォン（Georges Louis Leclerc de Buffon 一七〇七―一七八八）やカント（Immanuel Kant 一七二四―一八〇四）も、場所と住人の関係について著述した。

しかし、現代の環境思想に連なるのは、逆の作用、つまり人間が人間以外の自然界に与える影響についての明確な意識化がなされるようになって以降のことである。これは、人間の産業活動が活発化し、環境悪化が人々の意識に浸透するにつれて明瞭に認識されるようになってきた。この考え方の起源としては、米国の外交官を務めたG・P・マーシュ（George Perkins Marsh 一八〇一―一八八二）の『人間と自然―人間の行為により改変されたものとしての自然地理学―』（一八六四年未邦訳）が挙げられる。これは環境の劣化と呼ぶべき出来事を人間の行為が引き起こすことを実例によって示し、人から自然への破壊的な悪影響を論じて、大きな展開点となった。

環境史の視点

アメリカ環境史学会の会長を務めたことのあるウィリアム・クロノン（William Cronon 一九五四年生）は、環境史について「その学問的境界が、人間の制度――経済、階級システム、ジェンダー・システム、政治組織、文化的儀礼――を超えて、こうした制度に文脈（コンテクスト）を与える自然生態系にまで拡張された歴史のこと」と述べている。また、このような歴史を書こうとするのは「人々と地球――その動植物と物質的環境――は、長期間にわたる会話をしてきた間柄にあり、互いを再形成し合うという過程に携わってきたのであり、この過程の産物として私たちが現在住んでいる景観と生態系（エコシステム）――そして諸文化――がある」からであり、人間の過去についても、自然の過去についても、相互を注意せずには理解できないからだと述べている（クロノン［一九九五］iii 頁以下）。

クロノンはニューイングランドの景観がヨーロッパ人が探検を始めた頃と、一八〇〇年頃とで大きく異なったことを描いた。ビーバー、シカ、クマ、シチメンチョウ、オオカミなどのそれまで普通に見られた動物が絶え、代わりにヨーロッパから持ち込まれた家畜が、植民者によって作られた柵の中で草を食べることによって植生と土壌を変化させた。森は縮小し、樹種も変化した。土壌は乾燥化し、浸食によって洪水が増えた。土壌は疲弊し、ヨーロッパ由来の害虫や作物病が現われた。そしてインディアン（インディアンの呼称は、コロンブスがアメリカ大陸をインドと誤認したことに由来しているので、現在ではネイティヴ・アメリカンと呼ぶほうが適切とされている。ここでは、クロノンの記述に従いインディアンとする）の人口は急激に減少していた。

このような変化が生じた理由をどのように説明できるだろうか。原因が「ヨーロッパ人の侵略による」と述べるのは容易だが、クロノンは、そこで注意を促す。生態的、経済的変化の実際の過程を単純化したり、単一の因果関係だけを追ってはいないだろうか、と問いかける（クロノン［一九九五］二一一頁）。

植民地時代のニューイングランドにおける、インディアンとヨーロッパ人の二つの人間共同体のセットは、二つの生態関係のセットでもあって、対峙して存在していた。彼らは急速に、一つの世界に住むようになったが、そうなったのは、ニューイングランドの景観があまりにも変化してしまい、初期の頃のインディアンが行っていた環境との相互作用のしかたを行うことができなくなっていった過程の中でであった。私たちの当面の仕事は、ニューイングランドに起きた生態変化を記述するだけでなく、こうした変化をもたらしたものが、インディアンと植民者の身の周りの何であったのかを――彼らと自然との関係及び彼ら同士の関係の点から――確定することである。

つまりインディアンもヨーロッパ人もそれぞれ自然と関係を取り結ぶやり方をもっていたのであり、それを把握し、どのような相互の経済関係や景観の変化が次の結果を引き起こしたか、およびより大きな社会・経済システムの変化の中にどのように組み込まれていったかを、示すことである。クロノンの上記の著作はニューイングランドという限定された一地域の歴史ではあるが、そこで叙述される経済的な文脈はヨーロッパ市場と、ヨーロッパから発した資本主義の拡大と関係しているものとして示されている。また、インディアンが居留地に閉じ込められ、猟ができなくなったのはヨーロッパからやってきた人々がそれを強いたからであるのは間違いないが、ヨーロッパ人の到来前のインディアンの世界は静止的であったとか、インディアンはひたすら受動的で「自然的」であったなどの陥りがちな罠にかからぬよう、自戒している。歴史叙述に限らず、私たちは、先住民の人々を無条件で自然と調和した生活様式をもつと、考えがちであるからだ。

環境決定論批判

一九世紀において「歴史とその舞台」の関係を扱う学問は近代地理学の祖の一人といわれ、『自然と、人間の歴史との関係における地理学』を書いたカール・リッター（Carl Ritter 一七七九―一八五九）から、しばしば環境決定論者の代表格と目されるフリードリッヒ・ラッツェル（Friedrich Ratzel 一八四四―一九〇四）へと至るドイツ地理学の系譜によって主に担われた。

ここで、アナール学派のことを想起しておくべきであろう。アナール学派は歴史における環境・

地理的要因を重視している。だが、その名のもとになった『社会経済史年報』をマルク・ブロック（Marc Leopold Benjamin Bloch 一八八六―一九四四）とともに創刊したリュシアン・フェーヴル（Lucien Paul Victor Febvre 一八七八―一九五六）が、ラッツェルを批判したように、自然界のある特定の条件から単純な因果関係によって歴史的な出来事を説明することには、慎重な姿勢をとってきた。

学派の一人ル＝ロワ＝ラデュリ（Emmanuel Le Roy Ladurie 一九二九年生）は気候の歴史を描くにあたって、従来の気候史は人間中心主義だったと批判した。ここでいう人間中心主義とは気候の歴史を顧みずに人間の歴史だけを語る、ということを意味しているのではない。「最初から、人間の歴史を気候によって説明するという、別のまったく危険な企て」（ル＝ロワ＝ラデュリ［二〇〇〇］一七頁）のことである。こうした説明は、しばしば循環に陥る。たとえば、「ハンチントンは、モンゴル人の移動を、中央アジアの乾燥地帯における降水量と気圧の変動によって説明した。ブルックスの方は、この方法を辛抱強く続け、モンゴル人の移動調査から、中央アジアの降水曲線を作り上げたのだった。ハンチントンは気圧計からモンゴル人の行動を演繹的に導き出し、ブルックスはさらに不当にも、モンゴル人の行動から気圧計の数値を導き出したのである。……これよりもっと上手に自分の尻尾を嚙む蛇がいるだろうか」（ル＝ロワ＝ラデュリ［二〇〇〇］二九頁）。つまりル＝ロワ＝ラデュリは、ハンチントン（Ellsworth Huntington 一八七六―一九四七）らを、一見したところあたかも気候の歴史を語っているようで、実は、特定の人間社会の出来事を説明するために、後づけとして気候が用いられているにすぎないと批判しているのである。

進化論と環境決定論

人間の歴史の叙述に、進化論も大きな影響を与えた。デイヴィド・アーノルド（David Arnold 一九四六年生）は特に帝国主義の時代に、他の大陸に住む人々よりヨーロッパ人が優越していることを説明するために、「環境（地理学的、気候的要因）」も「人種」も双方とも人間の歴史の筋道を決定するものとして用いられていたと論じた。とりわけ「人種的ダーウィン主義と興隆しつつあった西洋の帝国主義とが強固に組み合わせられることで、環境主義的観念は一八九〇年代から一九二〇年代後半という時期には異例の影響力をもつ卓越した地位へと押し上げられることになった」（アーノルド［一九九九］）とする。

アーノルドの言う環境主義とは、ここまでわれわれが使ってきた意味ではなく、いわゆる環境決定論を指している。遺伝と環境とは、対立する二つの説明要因のように考えられることが多いが、説明されるべきこと（この場合はヨーロッパ人の優越）が先にある場合、どちらも説明のために動員されることがあるというのである。ヨーロッパ人が他の大陸に進出し、そこで支配を保つことができた理由を人種的差異ではなく環境的・地理的要因であると説明するとしても、両者は同根ではないのか、ということだ。これは先に見たラデュリのハンチントン批判と同様の構図である。

環境史が注目を集めようとしている今こそ、上記のような研究史を踏まえて、人間がその環境のなかでどのように生きてきたのかを叙述するときに、意識的、無意識的にとる生物学的・進化論的・生態学的前提について、私たちはもう一度よく考え直す必要がある。それが、人間と環境の関係を考えるときにも重要になってくるだろう。

第五節　おわりに——自然誌の見直し

環境思想は「進歩」「発展」が望ましい理念であり、それが無制限に可能であるとされていることへの疑義を提起した。近代以降、特に科学技術に関して前進的に変化し続けるものだという思い込みは、それが私たち人間とその住み場所を損ねることに気付かされたときに見直さざるを得なくなった。

生態学にとっても、進歩は善であるのだろうか。確かにモデルや理論は精緻になり、現実の課題にアプローチしていく経験の蓄積という前進もある。しかし一方では、生態学登場以前の、野外の出来事を記録してきた学問、自然誌/史(第一章注(1)参照)をもう一度見直すことがあってもよいだろう。自然誌的研究には過剰に専門化せず、また自然への愛好と言った感情的側面を排除せず、だからこそ鋭く精密に特定の野外における出来事を観察できるというメリットが存在していた。

ギルバート・ホワイト(Gilbert White 一七二〇—一七九三)『セルボーンの博物誌』(一七八九年)は英国で長く読み継がれてきた書物である。セルボーンという小村に長く住んだ副牧師が、周囲の動物、鳥類、昆虫、植物そして時には住人の生活を丹念に記したものであり、時間をかけた観察と自然への愛、そして冷静な科学者的まなざしが読み取れる。ホワイトは、自分のことを書斎派の博物学者ではなく「戸外の博物学者」であると自認しており、他人の説を鵜呑みにせず、自分の目で確認し、実験し、解剖を行っている。

第三節で述べたアレクサンダー・フンボルトもダーウィンも、現在で言う「科学者」ではなかった。彼らは自分の資産で生活し、研究していた。しかし一九世紀中葉から徐々に科学者の専門職業化が進行した。生態学は一九世紀末に始まったときから大学教授や農林・猟獣・水産資源管理などの専門職業と結び付いていた。しかし、専門職業としてでなく自然を観察し、発見し、叙述した伝統は今でも続いている。質素な生活をしながら森の生き物や環境を徹底して観察・測定したヘンリー・D・ソロー（Henry David Thoreau 一八一七―一八六二）は、その代表的な人物である。シェラクラブの創始者で米国の国立公園制定に当たって重要な役割を果たした自然保護主義者ジョン・ミューア（John Muir 一八三八―一九一四）、科学者ではあったが主流のアカデミズムとは離れたところで研究した人物としては、「エコロジー」のもう一人の命名者、生活と汚染の問題に切り込み環境主義の一つの潮流を作り出した人物エレン・スワロー（Ellen Swallow 一八四二―一九一一）が挙げられる。

先述したアルド・レオポルドもレイチェル・カーソンもこれらの系譜の上にある。彼らは専門家である科学者・生態学者が出来ないことを行うことができた。そして自然誌研究は今後も環境意識に対して示唆を与え続けるだろう。日本では開発計画が持ち上がった後に慌ただしく行われる環境アセスメントの不十分さがよく指摘されるが、専門家であると否とにかかわらずその地域を密に調べ、愛情をもってそれと親しみ、日々の、あるいは年単位の変化に常に目を配っている人物がいれば、その場所に何がおり、何が変ってきているのかをあらかじめ知ることができ、どれほどの影響が及ぶのかの予想にも役立つだろう。あるいは、世に知られているよりももっと多くのギルバート・ホワイトがいるかもしれない。

とはいえ、そのような自然誌家がいればそれで済むのかといえば、そうも言えない。その知識や理念を広く社会が受け止めることができなければ、目的は達せられないことは、過去を振り返ってみると分かる。両者をつなぐ回路を作り出すための未完の試みが、現在も求められている。

注

(1) 一九七〇年代にすでに環境問題という言い方は登場しているが、七二年のストックホルムでの国際会議の名称が「人間環境会議」だったことから、たとえば書名においても「人間環境(問題)」という表現が多用され、「地球環境問題」という使い方はほとんどなかったと思われる。また、「人間環境」という言い方も七二年をピークとして少しずつ廃れ、八〇年代にはいる頃にはあまり使われなくなった。このパタンに陥っていない重要図書として鈴木［一九七八］、飯島［一九八四］が注目される。

(2) environmentalism、ecologism、green(s) などの、言葉の範囲、定義、使い分けなどは多くの著者の用法がまちまちで、それぞれの定義が並立している。environmentalism と ecologism を対照的に用いることもあるが、ここでは、environmentalism に意味づけを特にせず、あくまでも総合的に名指すときの用語として用いることとする。

(3) レオポルドは、欧州や日本では農耕牧畜などで長い間人間の手が加わっていても、生態系が〈健康さ〉を保っていることを認めていた。しかし、米国では、農地化による土壌流出が激しかったこともあり、原生自然(ウィルダネス)こそが〈健康さ〉を保持できるとした。また原生自然との接触こそが、アメリカの文化を生み出すとも述べた。

文献(引用・参照したもの)

アーノルド、D［一九九九］『環境と人間の歴史—自然、文化、ヨーロッパの世界的拡張』新評論(原著一九九六年)

アレン、D・E［一九九〇］『ナチュラリストの誕生—イギリス博物学の社会史』阿部治訳、平凡社(原著一九七六年)

飯島伸子［一九八四］『環境問題と被害者運動』(学文社)

ウィルソン、E・O［一九九五］『生命の多様性』(全二巻)、岩波書店(原著一九九二年)

エーアリック、P・R・エーアリック、A・H［一九九二］『絶滅のゆくえ—生物の多様性と人類の危機』戸田清・青木玲・原子和恵訳、新曜社(原著一九八一年)

オースター、D［一九八九］『ネーチャーズ・エコノミー—エコロジー思想史』中山茂・成定薫・吉田忠訳、リブロポート(原著一九七七年、一九八五年)

岡島成行［一九九〇］『アメリカの環境保護運動』岩波書店(岩波新書)

オダム、E・P〔一九七三〕「生態系理論と人類」、木村允監訳『生態系の構造と機能』築地書館（原著一九七二年）
カーソン、L・L〔一九六四→一九七四〕『沈黙の春―生と死の妙薬』青樹簗一訳新潮社（新潮文庫）（原著一九六二年）
川名英之〔一九八七―九五〕『ドキュメント日本の公害』緑風出版。
鬼頭秀一〔一九九五〕「環境と科学技術」、小原秀雄監修『環境思想の系譜1　環境思想の出現』東海大学出版会。
クロノン、W〔一九九五〕『変貌する大地―インディアンと植民者の環境史』佐野敏行・藤田真理子訳、勁草書房（原著一九八三年）
シューマッハー、E・F〔一九七六→一九八六〕『スモール・イズ・ビューティフル―人間中心の経済学』小島慶三・酒井懋訳、講談社（講談社学術文庫）（原著一九七三年）
シヴァ、V〔一九九七〕『生物多様性の危機―精神のモノカルチャー』高橋由紀・戸田清訳、三一書房（原著一九九三年）
鈴木善次〔一九九四〕『人間環境論―科学と人間のかかわり』（明治図書出版）
ダーウィン、C・R〔一九六三〕『種の起原』（全二巻）八杉竜一訳、岩波書店（岩波文庫）（原著一八五九年）
ダウィ、M〔一九九八〕『草の根環境主義』戸田清訳、日本経済評論社（原著一九九五年）
トマス、K〔一九八九〕山内昶監訳『人間と自然界―近代イギリスにおける自然観の変遷』、法政大学出版会（原著一九八三年）
ナッシュ、R・F〔一九九三〕『自然の権利―環境倫理の文明史』松野弘訳、TBSブリタニカ→〔一九九九〕『自然の権利―環境倫理の文明史』松野弘訳、筑摩書房（ちくま学芸文庫）（原著一

九九〇年）
ネス、A［二〇〇二］「シャロー・エコロジー運動と長期的視野を持つディープ・エコロジー運動」、井上有一監訳『ディープ・エコロジー――生き方から考える環境の思想』昭和堂（原著一九七三年）
ヒポクラテス［一九六三］「空気、水、場所について」『古い医術について他八篇』岩波書店（岩波文庫）
ブラムウェル、A［一九九二］『エコロジー――起源とその展開』金子務監訳、河出書房新社（原著一九八九年）
フラー、B［二〇〇〇］『宇宙船地球号操縦マニュアル』芹沢高志訳ちくま書房（ちくま学芸文庫）（原著一九六九年）
ペッパー、D［一九九四］『環境保護の原点を考える――科学とテクノロジーの検証』柴田和子訳、青弓社（原著一九八四年）
ホワイト、G［一九九二］『セルボーンの博物誌』山内義雄訳、講談社（講談社学術文庫）（原著一七八九年）
マーチャント、C［一九八五］『自然の死――科学革命と女・エコロジー』団まりな・垂水雄二・樋口佑子訳、工作舎（原著一九八〇年）
―――［一九九四］『ラディカル・エコロジー――住みよい世界を求めて』川本隆史・須藤自由児・水谷宏訳、産業図書（原著一九九二年）
マーフィ、G［一九九二］『ナショナル・トラストの誕生』四元忠博訳、緑風出版（原著一九八七年）
マコーミック、J［一九九八］『地球環境運動全史』石弘之・山口裕司訳、岩波書店（原著一九九九年）

五年）
マッキントッシュ、R・P［一九八九］『生態学――概念と理論の歴史』大串隆之・井上弘・曽田貞滋訳、思索社（原著一九八五年）
メドウズ、D・H［一九七二］『成長の限界』大来佐部郎監訳、ダイヤモンド社（原著一九七二年）
メラー、M［一九九三］『境界線を破る！――エコ・フェミ社会主義に向かって』壽福眞美・後藤浩子訳、新評論（原著一九九二年）
ル＝ロワ＝ラデュリ、E［二〇〇〇］『気候の歴史』稲垣文雄訳、藤原書店（原著一九八九年）
レオポルド、A［一九八六→一九九七］『野生のうたが聞こえる』新島義昭訳、講談社（原著一九四九年）

その他の文献について

環境問題や環境思想、自然保護に関する本は数多く、重要なものだけでもここで書き尽くせない。本章の内容である歴史的観点と関連し、本文を補うものとして基本的に本文中で触れたもの以外の文献を挙げる。

沼田真［一九四四］『自然保護という思想』（岩波書店（岩波新書））は、かねてから自然保護や生態学の歴史に関心が深かった著者の、この主題では現在容易に入手可能なものとして貴重である。小原秀雄監修［一九九五］『環境思想の系譜』全三巻（東海大学出版会）は、環境思想の起源から現在環境思想の幅広さまでを一覧できる論文集として必読。飯島伸子［二〇〇〇］『環境問題の社会史』（有斐閣）も、公害反対運動から現在の環境問題へ至る社会的動きを概観するものとして重要である。

第一節で述べた一九六〇年代から七〇年代の日本列島が「公害列島」と呼ばれた時期に関しては庄司光・宮本憲一［一九六四］『恐るべき公害』（岩波書店（岩波新書））、原田正純［一九七二］『水俣病』（岩波書店（岩波新書））と同〔一九八五〕『水俣病は終わっていない』（岩波書店（岩波新書））、石牟礼道子〔一九七二〕『苦海浄土―わが水俣病』（講談社（講談社文庫））、有吉佐和子〔一九七五→一九七九〕『複合汚染』（新潮社（新潮文庫））、東大での自主講座をまとめた宇井純〔一九八八〕『合本　公害原論』（亜紀書房）など文献は多数ある。問題意識と当時の空気を読みとりたい。

第二節で述べた環境主義の歴史は、紙幅の都合上、北米と英国中心であった。一般に紹介されるときもその傾向があるが、ヨーロッパにおける環境主義の歴史の一端としてJ・ヘルマント〔一九九九〕『森なしには生きられない―ヨーロッパ・自然美とエコロジーの文化史』（山縣光晶訳、築地書館、原著一九九三年）を補っておきたい。森林管理の歴史については千葉徳爾〔一九九一〕『増補改訂・はげ山の研究』（そしえて）、J・ウェストビー〔一九九〇〕『森と人間の歴史』（熊崎実訳、築地書館、原著一九八九年）、大田伊久雄〔二〇〇〇〕『アメリカ国有林管理の史的展開』（京都大学学術出版会）などを参照。日本の、あるいは東洋の環境思想を掘り起こす、または構築する試みがいろいろ行われているが、本稿では扱わないものとさせていただいた。

第三節で述べたA・フンボルトについては、手塚章編〔一九九七〕『続・地理学の古典―フンボルトの世界』（古今書院）に抄訳と詳細な解説がある。また、フンボルトの旅行記の抄訳、A・フォン・フンボルト〔二〇〇二〕『新大陸赤道地方紀行』（岩波書店（第2期17・18世紀大旅行記叢書））が刊行された。「コモンズの悲劇」については秋道智彌〔一九九九〕『自然はだれのものか―「コモンズの悲劇」を越えて』（昭和堂）、井上真・宮内泰介〔二〇〇一〕『コモンズの社会学―森・川・海の資源共同管理を考える』（新曜社）などを参照のこと。

第四節に関しては世界各地へヨーロッパの侵略とそれによって一体化されていく世界をその自然的生態学的条件とともに描いたものが、近年相次いで翻訳された。マクニール〔一九八五〕『疾病と世界史』（佐々木昭夫訳、新潮社）は疾病について、クロスビー〔一九九八〕『ヨーロッパ帝国主義の謎ーエコロジーから見た10～20世紀』（佐々木昭夫訳、岩波書店）は生物による侵略、つまり雑草、家畜、及び病原菌について、それらがヨーロッパの拡大にたいへん寄与したと説明した。同じような趣旨の一般向けの書籍としてはダイアモンド［二〇〇〇］『銃・病原菌・鉄—一万三〇〇〇年にわたる人類史の謎』（倉骨彰訳、草思社）がある。また、上記の観点も含みつつさらに広範囲に、人類史の曙から現代までの人間と環境の関係を扱ったものとしてポンティング［一九九四］『緑の世界史』（石弘之・京都大学環境史研究会訳、朝日新聞社）がある。

第五節で取り上げたソローの著作は［一九五一→一九七九］『森の生活』（神吉三郎訳、岩波文庫）（原著一八五四年）が代表的である。ソローは思索家であると同時に、生態学の先駆者ともいわれるほどで、森の経時的変化の観察や測定を行っているのを読みとることができる。女性科学者の草分けであり、水や空気の汚染、食品など家庭の環境全般に関する新たな領域を切り開いたスワローに関してはロバート・クラーク［一九八六→一九九四］『エコロジーの誕生—エレン・スワローの生涯』（工藤秀明訳、新評論）（原著一九七三年）に詳しい。シェラクラブの創始者で自然保護主義者ジョン・ミューアの著作は、［一九九三］『はじめてのシェラの夏』（岡島成行訳、宝島社）（原著一九一一年）などがあり、加藤則芳［二〇〇〇］『森の聖者—自然保護の父ジョン・ミューア』（小学館ライブラリー）も参照。自然誌（博物学）の歴史については上野益三［一九七三→一九八九］『日本博物学史』（講談社学術文庫）、西村三郎［一九九九］『文明のなかの博物学—日本と西洋』（紀伊國屋書店）などを参照。

第九章　生物学と性科学

斎藤光

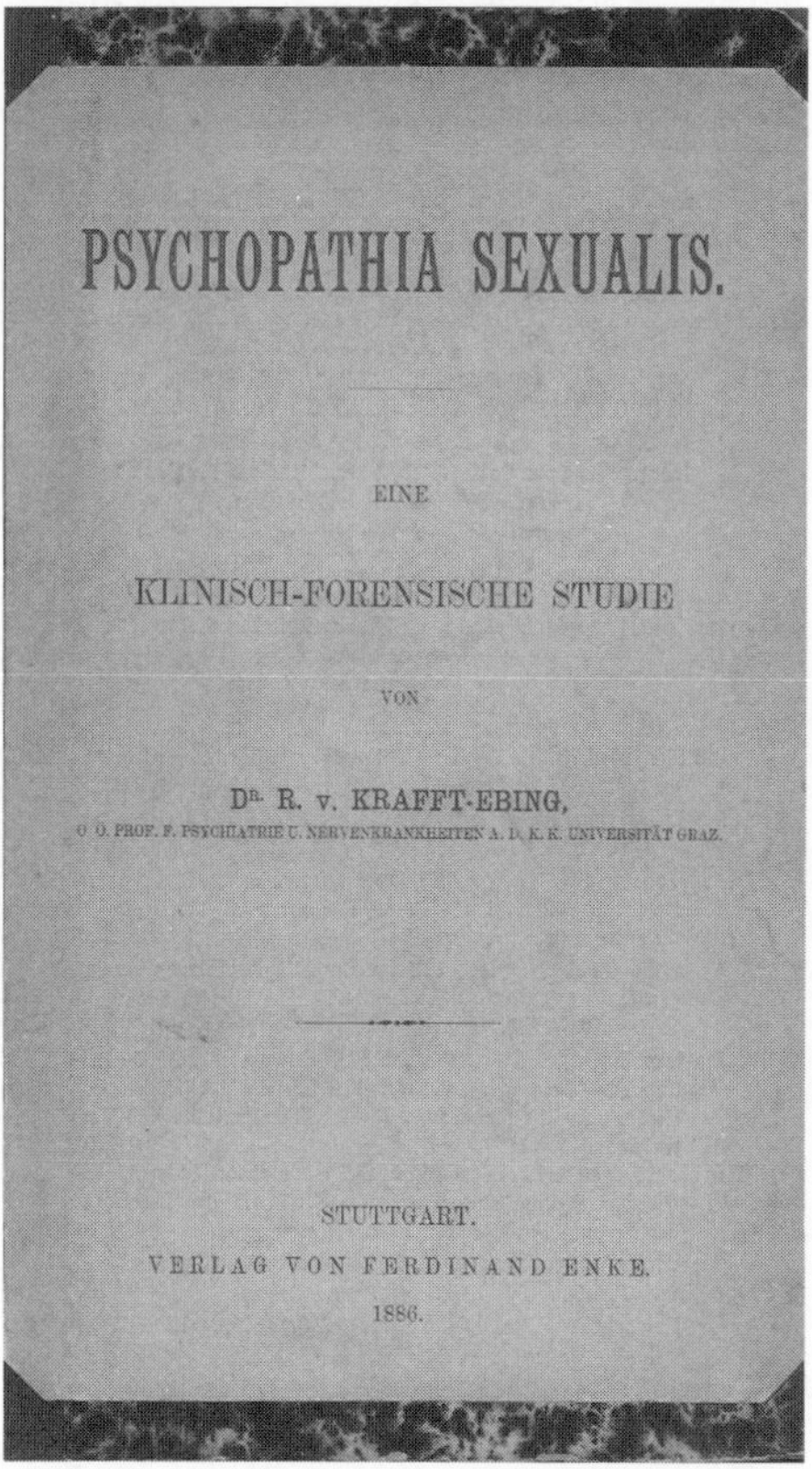
PSYCHOPATHIA SEXUALIS.
EINE
KLINISCH-FORENSISCHE STUDIE
VON
Dr. R. v. KRAFFT-EBING,
O. Ö. PROF. F. PSYCHIATRIE U. NERVENKRANKHEITEN A. D. K. K. UNIVERSITÄT GRAZ.
STUTTGART.
VERLAG VON FERDINAND ENKE.
1886.

近代性科学の起点のひとつとなった『性的精神病質』初版（1886年）表紙

第一節　性科学とは

性科学（セクソロジー sexology）は、性を対象とする科学である。性科学の対象としての性は、一般的に性というよりも、主にヒトの性や人間における性現象を指す。

性科学は科学であるが、しかし、科学であるといっても、方法や理論や制度といった点に独立性と体系性をもつ物理学や生物学などとは、領域性の質が異なっている。簡単に言えば、いろいろな方法による、いろいろな理論をもつ、いろいろな制度にある諸科学・学問が、一つの焦点でつながっているのが性科学であるのだ。言い換えれば、性・セックス、それも、主にヒトの性・セックスという対象の共通性によってまとまりをもとうとする諸科学の集まりの総称、ということができるだろう。

つまり、ホモサピエンスのセックスを研究するサイエンス、それが性科学、セクソロジーであり、ヒトあるいは人間の性や性現象に学的焦点が定まっているために、そのウイングは、ソーシャルサイエンス（社会科学）まで伸びており、時には、人文科学的分野もその傘のもとに入れようとしている、といっていいだろう。

さて、これで性科学とは何かが、分かった気になる場合もある。しかし、実は対象とされる性とは何か、ということが、まず問題なのである。性科学の歴史をたどる前に、その点を少しみておこう。

問題は二つに分かれる。第一は、いまこの社会で性、主にヒトの性は、どう位置づいているのか、あるいは、性を位置づける軸はどのようになっているか、ということである。そのことをある程度把握しておかないと、性科学の範囲や内実について正確な像を結ぶことが難しくなるであろう。

第二は、「性」という記号あるいは枠取りがどういう歴史性をはらんでいるのか、ということだ。つまり、私たちはいま「性」という記号を道具として使っているが、その使われ方は古くからあるのか、それとも新しいものなのか、もし後者なら、いつ頃はじまったのか、などということである。

まず、第一の問題を簡単に図式化しておこう。よく知られているように、一九六〇年代から、世界的規模で、社会での性の位置づけが大きく動いてきた。「性革命」とも名付けられている現象である。また、性自体や性の位置・意味についての理解の基礎となる記号・素材・構図も急速に鋳造され、変貌し、あるものは廃棄され、あるものは蓄積されてきた。フーコー(Michel Foucault 一九二六―一九八四)の『性の歴史(第一巻)』(一九七六年)の出版はその一つの象徴であり出発点だ。これらを踏まえて、いまこの社会での性の位置を単純化してまとめると次のようになろう。

つまり、現在、性を、特に人間の性を位置づける軸は、三本形成されている。一つは、生物性に根差すと仮設された雌‐雄性軸である。二つ目が、その軸との相互関係で相互構築されている人間に関係した女‐男性軸だ。さらに、雌‐雄性軸の動因と女‐男性軸の原理の相互作用が、どういうベクトルを持ち得るのか、介個体的・介主体的力動場をどう分節するのか、という第三の同‐異性軸が存在している。この三つの軸の中に性という事柄が浮かび上がっている、ということができるだろう。あるいは、この三つの軸との関係で、性というものが把握可能になっているのである。

第二の問題は、主に日本語文化圏、広くいえば、漢字文化圏におけるカテゴリーの問題である。前述した雌‐雄性軸からは、性は、人類の始源から存在し、また、前人類的な存在へとさかのぼり得、さらに、進化史的な起源と由来をもつという考えが導出できる。性が生物的原理と仮設されているからである。しかし、そう仮設された軸などを指し示す記号・概念である「性」、日本語における漢字記号としての「性」は、かなり新しく成立したものだ。

「性」がセックスという意味を獲得し、sex や gender などの欧米語・概念に対応する記号とされるのは、起源的には一八世紀の日本であると思われるが、主要には一九世紀の後半以降の日本においてである。「性」と sex や gender の明確な連接は、主として明治期に入ってからの出来事で、それが定着するのは二〇世紀はじめといってもいいだろう。それ以前は「淫」「色」「男女」などという記号が、いま「性」によって指し示されている出来事や現象と重なるものを指示していたのだ。

たとえばそのことは、欧米学術科学言説の日本語文化圏への移植を推進する目的でつくられた『哲学字彙』（一八八一（明治一四）年初版出版、一八八四（明治一七）年改訂増補）にあらわれている。この辞書では、「性」という記号は主として英語における nature の翻訳要素・対応邦語とされていた。Natural law は「性法」とされ、Human nature は「性、人性」とされている。

だがこの時期でも「性」は sex をさすという了解も存在していた。一八八七（明治二〇）年の

『東洋学芸雑誌』には「胎児の性を前知する法」という海外研究の紹介がなされている。アフリカのある「土人」で第一子・第二子の男女比に統計上のずれが生じる現象が扱われ、その原因への論及がある。明らかに男女の性比 sex ratio が問題にされており、「日本においては如何のものなるや」という問題意識も表明されている。

明治前半のこういう「性」の意味が動揺している状況は、二〇世紀に入ると、「性」という記号が、sex や gender とほぼ一対一的に結びつくあり方へとシフトしていく。一九〇四（明治三七）年に出版された『男女之研究』がそれを象徴的に示している。そこでは、「生殖器の如何によりて生物の属する所のものを性といふ」と定義され、科学知識の啓蒙書でも sex としての「性」が使われるようになったことがわかる。

まとめておこう。要するに、性科学・セクソロジーは、ホモサピエンスのセックスを研究するサイエンスである。学的焦点は、ヒトあるいは人間の性や性現象に定まっている。この性科学を考えるとき、二つの点で注意すべきことがある。第一に、性が三つの軸との関係で成立しているのは、別の面からみると、ヒト・人間の性・性現象が、社会や文化とつながり、そのため、性科学の対象としての性が、言説史と社会史と自然誌・史の複雑な織物として立ち現われざるを得ないということだ。このことを大前提として意識する必要がある。

また、第二に、その複雑な織物を貫く記号としての「性」自体、日本語文化圏や漢字文化圏での歴史性を負っており、欧米においても、S・ヒース（Stephan Heath）が『セクシュアリティ』で論じているように、sexそして、sexualityという記号には、似た事態があるかもしれない、ということを、押さえておく必要がある。

以上を押さえた上で、次節から性科学の歴史に目をむけよう。性科学も科学scienceであるということがそこでは重要となる。狭義の科学は科学革命期にヨーロッパという小地域で生じたものであり、その科学には、古典古代からの歴史性が仮設されてきた。したがって、欧米におけるその展開を振り返ることになるであろう。

第二節　性をめぐる科学の三つの軸——啓蒙期までの西洋科学の伝統から

前節で示したように、性科学とは、「ホモサピエンスのセックスを研究するサイエンス（あるいはサイエンス群の総称）」である。ところで、今日の科学技術に連なる狭義の科学、そして、サイエンスは、一六世紀中葉から一七世紀後半にかけての科学革命といわれる時代に、ヨーロッパというローカルな場において、その基礎形が構築された。そのため、性科学の歴史を考えるとき、本来的には、その科学革命を水準器としながら、ギリシャ以来の流れをたどる必要がある。

ところで、前述したように、現在、性、特に人間の性は、三つの軸との関係で、把握され、測定され、探査され、経験されている。その三本の軸は、生物性に根差すと仮設された雌‐雄性軸、雌‐雄性軸との相互関係で相互構築されている人間における女‐男性軸、雌‐雄性軸の動因と女‐男性軸の原理の相互作用が、どういうベクトルを持ち得るのか、という同‐異性軸である。

第一の雌‐雄性軸は、動物などで特に観察可能な二形性から抽出されたであろう軸である。第二の女‐男性軸は、人間の男女の関係性に関わって生じ広まっている性の基軸である。結婚も包含され、また、価値、規範理、制度とつながっている。第三の同‐異性軸は、基本的に近代西欧起源の軸であり、性的関心のあり方や方向性、あるいは、性実践の形式と内容に関わる秩序化をめぐる性の基軸である。いずれの軸でも、対になっている二つあるいはそれ以上の要素がまず捉えられ、つづいてその差異が特定され、特定され名指された差異の基盤に性が　実体化され対象化される。そのようにして、この三軸の中に性はたちあらわれ、したがって、性を対象とする性科学も発生作動する。であるから、この三軸の出現経緯を特に考慮して、展開をたどっていく必要が出てくる。

さて、第一軸である雌‐雄性軸の不完全形、あるいは相似形は、おそらく、民俗生物学やフォークバイオロジーを広く探査すれば、いろいろな文化で発見できるであろう。しかし、生物の本質と深く関係するような、科学的知の対象として特定できる雌‐雄性軸に位置づけられる性は、複数の生きていることの本質をもつという点で他から区別される生物という捉え方の成立によってなされた。また、そういう生物という捉え方は、生物学分野というアイディアによってもたらされたものである。つまり生物学の成立が、性科学の成立に先行し、またその成立の前提なのである。

よく知られているように生物学という記号の、また、生物学分野というアイディアの成立は一九世紀の初めである。本来的には、その時点以降、性科学の歴史は展開する。もちろんそれ以前にも重要な事柄が生成し、生物学へ、さらに、性科学へとつながっている。ギリシャ以来という図柄の中では、三つの重要な構図・出来事(1)が見えてくるのであるが、それらを扱うのはやめ、一八〇〇年あたりからを記述していきたい。

近代的な生物の認識は、アリストテレス（Aristotelēs 前三八四―前三二二）以来の存在物の秩序とは異なる図式を提示した。そこに重要な特質がある。ところで、アリストテレス的な存在物の秩序付けのあり方はどのようなものであったのだろうか。少しわき道にそれるが、簡単にまとめておこう。

アリストテレス以来、一八世紀までの西欧において、自然の存在物の中で、生きているとされたのは、植物と動物、そして、動物と別範疇となる場合が多い人間であった。この二つ、または、三つの範疇、そして、それらの中の下位範疇は、ある性質、または、ある本質が付け加わることによって、階層的に積み重なるというイメージで捉えられてきた。そのイメージが「存在の連鎖」である。

たとえば、アリストテレスでは、栄養や発生というものが、植物、動物、そして、人間に共通する働きとされている。つまり、栄養・発生が生きる存在の一般原理である。動物であることは、この上へさらに感覚と欲求が付加されて成り立つ。また、動物の中でもより高次なものは場所を移動する能力をもち、さらに人間にいたると思考能力と理性が付け加わる。

つまり、各範疇は、直線的に並べられ、並びの順序には方向性があり、性質、特質、あるいは、本質、原理が、次々に加算されていくという階層性をもっていたのである。

では、近代的な生物認識はそれとどう異なるのか。生きているものをいまごく簡単に植物と動物の二大群に類別したとしよう。「存在の連鎖」的な図式ならば、栄養と発生能力をもつ植物、そして、栄養、発生の能力に加えて、感覚能力が付け加わった動物というように、性質の加算にしたがい両者は階層をなすように並べられる。

しかし、近代的な生物認識では、植物と動物に複数の共通性質（能力）があり、さらにそれぞれに特殊な性質（能力）がある、というようになる。植物の上に能力が多い動物が積み重なるというのではなく、生物としての共通性と、植物、動物としての特殊性を備えた二つの、ある意味で対等なカテゴリーとして、両者は、並列している、というイメージになるのだ。

実は、性研究の前提となるのは、こうした生物という枠の設定である。そして、この生物という枠の設定は、生物学分野という学のアイディアによって浮かび上がった対象であるのだ。以下ではこの事と、それに関連した事柄を概観する。

第三節　性をめぐる科学の三つの軸——生物学の成立以後

生物学 biology というアイディアは、記号あるいは単語として、一八〇〇年にドイツの医学系雑誌の脚注に初めて登場した。さらにその二年後、ドイツのトレヴィラヌス（Gottfried Rinhold

Treviranus 一七七六—一八三七）とフランスのラマルク（Jean-Baptiste de Lamarck 一七四四—一八二九）が、生きている存在に現れる諸現象やその原因を探求する固有の学問領域としての生物学、というアイディアを提示した。両者には、それまでの博物学的な記載対象である動植物とは異なる、生物、そして、生物の諸現象という枠組みがあることは明白だろう。新しい生物という見方を内包した生物学の理念は、このように一九世紀初頭に打ち出されたのである（第一章第二節参照）。

その後このアイディアは、一八二〇年までに英語圏で一定の流通性をもつようになり、また、一八三〇代にはフランスの哲学者コント（Auguste Comte 一七九八—一八五七）の実証哲学内で重要な位置づけを得る。こうして、生物学は基盤的な主要学問であるという認識が、西欧世界で広く共有されていくのである。この認識の定着を象徴するのが、イギリスの思想家、ハーバード・スペンサー（Herbert Spencer 一八二〇—一九〇三）の著作『生物学原理』全二巻の出版であろう。世紀中頃の一八六四年と六七年に初版が出され、世紀末の九八、九九年には増補改訂された。

この生物学という記号の登場、そして、生きた存在・生物の一般的な対象化は、一九世紀における知的な事件であり、一八世紀と一九世紀の間には、生き物をいかに考えるかという点において大きな断絶があった、と想定することができる。

では、一九世紀の生物・生命に関する科学成立の特徴は何か。それは、新しい視角から生き物を捉えるような固有の学問領域の誕生ということである。それまでとは異なる次元で、旧来からあった博物学的な動物学と植物学を統括し、それらにとって替わるものが、生物学として新しく出現したのだ。そのことはまた、対象としての生物が成立したということでもあろう。今までの動物と植物の関係性とは異なる動植物間の関係性が浮上し、その新しい関係性を吸収した形で生物が成立したのだ。逆に、そのことは、それまでの動物、植物のコンセプトの変容をも意味していたであろう。

こうした生物学において、生物を捉える視点の基本的特徴の一つとして、自らを組織し保存し増殖していく緊密に構成された組織体と生物をみなす面をあげることができる。生物の個体性の重視である。一八世紀までの博物学では、個物としての動物や植物が、数量や形状に解体されて扱われた。これに対し、生物学領域では、生物個体の総体をその全体性において捉えようとするのである。その際、おのおのの器官や体の部分は、特定の構造や機能のもとで連関態として捉えられる。また、この連関態は、異種間を通して一貫して存在していると了解されるようになる。

この連関態としての生物という捉え方は、一八世紀の生理学・医学の学的探求形式とは異なるものであった。一八世紀の生理学・医学では、特定の一個の器官に対応する個々の機能は他の機能と独立に存在し、その機能は一次的なものではなく原因があって存立するものであり、その原因は特定の器官に結びついている、というものだ。器官－機能－原因の一対一対応態を仮設したわけである。この対応態を探求する場合は、原因性の解明が志向される。しかし、連関態を探求するときは、諸機能間の関係や諸現象間の関係の解明が目指されるのである。

もう一つ別な面も見ておこう。動物と植物の関係性の側面だ。一八世紀の植物学においては、栄養の問題、発生の問題がまず焦点化し、この世紀の半ばになって、植物における運動の問題が立ち現れた。他の機能・働きでも同じであるが、栄養の問題でも、動物における栄養の問題との相似と相違を測ることで、この機能が、捉えられている。この場合、ある共通の性質が動物と植物でどういうあり方になっているのか、また、動物性とされた性質がいかに植物に見られるか見られないか、逆はどうかということが問題とされていったのである。

また、一八世紀後半の気体研究・空気研究も動植物の関係性についての見方と関わると考えられる。そこから生まれた植物における光合成現象の確認は、動物とは異なる植物の機能の把握であり、旧来の動植物関係図式に変更を迫る事象でもあった。

これらの過程が、「存在の連鎖」的な図式、加算的階層的な動植物の関係図を揺さぶり、一般的生物性で共通するが特殊植物性と特殊動物性で区別され並列する対等的な動植物の関係図の出現を促すことになったのである。

では、ラマルクの『動物哲学』を例に、生物学というアイディアとそれに伴う生物という枠の出現時期に、生の問題と性の問題とは、どのような関係状況にあったかを、若干みておこう。

まず、一八〇二年すでに生物学というアイディアを示しているラマルクが、生物を、また、動植物の関係をどうイメージしていたか、つまり生の問題を検討しよう。彼は、植物と動物に共通する性質があるとする。それは、一言で言えば「生命を所有していること」であり、動植物は、その点で、両者が一つとなって生物というカテゴリーとして、無機物と対立していると把握していた。かつて「自然の三界を同一線上にならべたうえで、いわば型どおりに区分するのがかなり一般的やりかた」であったが、それは誤謬であるとするのだ。

ラマルクによると、生物の特質、つまり動植物に共通する性質は、個体性の存在、種形態の所有、ある時点での生成誕生、特殊な力による生気化・活性化、栄養による自己維持、成長による発展、複合物質の形成、繁殖・生殖、死である。あるいは、「あらゆる生物に共通する能力」として、栄養摂取力、体軀構成力、発育成長力、そして、自ら生殖する能力の四つがあるという。つまり、生物という枠を明確に打ち出しているのである。これに対して動植物で対比的に、一方と他方で異なる一般形質を六つあげている。たとえば、植物の呼吸や後の光合成は、摂取物質の様式として論じられ、植物による「水、大気、熱素、光、さまざまな気体」の吸収が、動物による複合物質の吸収と比較される。

つまり、これらから、ラマルクが、「存在の連鎖」図式を批判し、並立図式を採用していたことが分る。すなわち、生物学というアイディアと生物という枠は、並列的な動植物の関係図を導くのだ。

では、雌雄性あるは性の問題に関しては、どのような位置づけが与えられていたのだろうか。実は、この点については、ラマルクは、アリストテレスとかなり似ている面をもっていた。つまり、ラマルクの『動物哲学』では、性が焦点化されているというよりは、生殖／発生 génération が問題とされているのだ。たとえば、第二部第六章は、「直接生殖あるいは自然発生」と題されている。そこでは、一八世紀の発生に関する論争の流れを引いた議論が展開され、生命を与える力、あるいは、能力、あるいは、原理が探求されている。ラマルクは、自然発生・直接発生が、いまここで現実的に生起いているかどうかについては留保するものの、光・熱・電気・湿気の作用で、起き得る、また、歴史的には起きた、という立場を取る。そして、有性生殖 la génération sexuelle は、その模倣形なのだ。つまり、アリストテレスは、自然における生成の一部として発生生殖問題をおき、その一部として雌雄性を位置付ける、という構成をとるのだが、そこまではないにしろ、雌雄や性は、性の問題というよりも、生物の生殖・発生問題に従属し包含されていたのである。

しかしながら、当然のこととはいえ、アリストテレスのように有性の発生を動物の特殊現象とすることはない。一八世紀の植物学の知見をふまえ、雌雄性は動物にも植物にもある性質だとしている。第二部第九章「ある種の生物に特殊な能力について」を見よう。そこでは、食物を消化する能力を筆頭として七つの能力が考察されているが、それらのうちの五番目が、「有性生殖によって繁殖する能力 De se multiplier par la génération sexuelle」である。この能力を、ラマルクは、ある種の動物とある種の植物に特殊な能力であるとし、また、成長と関連付け、分裂（後の無性生殖）と類似の働きである、とする。雌雄性は、特殊ではあるが、生物を貫く性質とされたのだ。

さらに、性 sexe は、独立の実体化された対象として立ちあらわれてはいない。ただしその方向に向いていると解釈は可能だ。第一に、雌雄性をもつ、あるいは雌雄性がある（有性の）、という意味で、性的 sexuelle という概念が使用されている。第二に、生殖器を、sexuels と名指しても いる。第三に、バイセクシュアル・バイセクシュアリティという記号はないが、雌雄同体 hermaphrodite も重要な考察対象とされている。第四に、それと関連して、二つの性ということで les deux sexes（両性）という表現はある。実体化された性はないが、その萌芽はみられるということは可能だろう。

以上のように、生物という枠を対象とする生物学の学的地平上には、生物性に根差すと仮設された雌‐雄性軸が出現していた。さらに、一般的ではないが生物に本質的である性が、萌芽的な形で現れていたのである。

さて、この節の最後として、その後どう展開するのかごく簡単に示そう。一九世紀前半から中頃にかけて、生物という枠を強化し、生物という枠の内実を深化させる二つの見取り図が出現する。第一は、細胞という共通生命単位の見取り図であり、第二は進化という共通由来経路の見取り図である。前者は、一八世紀から続く生物の要素体という問題構成の流れの中で、一八三〇年代から五〇年代にかけて発生・展開し、生物学に取り込まれていく。後者は、一九世紀初め、ラマルクにより提唱されたが、主流的見解として生物学に取り込まれるのは、一八五九年の『種の起源』出現以降である。

このように、共通単位性と共通由来性が設定され、それらに支えられて、生物という枠の共通現象性がより顕著になり、また、より構造的になるのだ。強化され深化した枠の中で、自己再生産、自己複製、増殖が生物的基本現象とされるようになる。この現象は、大きく分けると一つは細胞レベルでの問題とされ、もう一方では個体レベルでの問題ともされる。生殖細胞としての精子と卵のレベルと、生殖行為体としての雄個体と雌個体の生理・形態・行動レベルだ。その二つのレベルは、性という領域の中で、つながり、雌－雄性軸として近代化していくのである。しかもその上に、性行動主体としてのヒト男女も、生物・動物としての人類という視点のもと統合されてもいくのだ。

第四節　性選択と性倒錯——性科学の成立

一九世紀は、科学研究が質・量ともに飛躍的に進展した時期であった。科学が技術と結合してゆき、また、科学技術と産業・工業との協働という状況が出現し始め、個人本意というそれまでの科学研究の性格を一変させる出来事が進行していったのである。科学技術が二〇世紀から二一世紀にかけて大きく展開していく基礎が、この時期に築かれていったといってよいだろう。

そうした動きは、化学や物理の領域で活発であったとはいえ、医学や生物の研究に関しても同じ傾向が見られ、医学や生物も研究成果の蓄積を増大させていった。細菌研究の展開の中で、各種細菌が発見され、また、ジャーム理論という革命的な病因論が成立したことなどがその例となろう。この節との関連では、一九世紀後半から末にかけて、共通単位性、共通由来性、そして、共通現象性をもつ生物という枠に支えられ、生物における性現象の研究が、爆発的に展開した。たとえば、一九世紀末には、「性の決定」という問題が浮上して、それはやがて遺伝子の研究へとつながっていく。やがて一九九〇年に、シンクレアやグベイなどによってＳｒｙ（Ｙ染色体性決定域）遺伝子が提案されるに至るわけである。

ところで、性科学・セクソロジーというのは、第一節で示したように、人間の性を研究する科学である。研究対象は、ヒトにみられる性現象だ。生物の性現象研究が展開していくなか、ヒトの性現象へも研究の探査肢は伸びていった。ヒトの現象であるゆえに、人類学的・民族学的知も発動し、いわゆる社会科学的なアプローチも模索され、人文学的な作品にも影響があらわれるようになる。

本節では、その性研究の対象である性を浮かび上がらせる三つの軸、雌-雄性軸、女-男性軸、同-異性軸の生成を扱う。この生成に関与したのは、ヒトの性関連で焦点化した二つの課題である。第一は、性選択、第二は、性逸脱であった。

性選択

第一の性選択は、ダーウィン（Charles Robert Darwin 一八〇九—一八八二）とともに始まる。ダーウィンは、一八三八年に自然選択に関して、アイディアの骨格を考え出した。そのアイディアを発展させ、公表したのは、一八五八年であり、翌年には、自然選択説と、生物現象と進化の関係とを考察した『種の起源』が出版された。この『種の起源』の中で、進化の機構として自然選択とともに扱われたのが性選択であった。第四章の「自然選択」で、次のように、性選択の基本的な論理は示されている。

「性選択――特殊な性質はしばしば飼育下で一方の性だけにあらわれ、その性に遺伝的に固定していくことがあるので、同じ事実はおそらく自然界でもおこると思われる。もしもそういうことがおこるならば、自然選択は一方の性を、他の性との機能的関係において、あるいは……両性のまったく異なる生活習性との関係において、変化させることができるであろう。……性選択は生存闘争に関係するものではない。それは、雌を占有するために雄の間でおこる闘争に関係がある。その結果となるのは、負けた競争者の死ではなくて、そのものがわずかの子孫しかのこさないか、あるいはまったく子孫をのこさないということである。……雌たちは見物人のように立っていて、さいごに、もっとも気に入った配偶者を選ぶ。……私は、雌鳥たちがかの女自身の美の標準にしたがい、何千世代もかかって、もっとも歌のうまい、あるいはうつくしい雄を選択することにより、顕著な効果を生じさせるであろうということを、うたがうにたりるだけの理由を発見できない。……このようなわけで、ある動物の雄と雌が一般的な生活習性はおなじだが構造、体色、または装飾において差異を示しているとき、この差異は主として性選択によって生じたのであると、私は信じるのである。……」

つまり、雌雄異体の生物（動物）では、雌をめぐる雄同士の競争と、雌による雄の選抜という二つの形式を含む生殖・繁殖・再生産に関する闘争（生殖闘争）がある。この結果、前者では強い雄が雌との交配機会を占有し、また、後者では魅力的な雄が高い確率で交配機会をもつ。このため、前者では他の雄との競争に有利な形質などが選択され進化し、後者では、雌に魅力的な形質などが選択され進化する。雌雄が一般的生活を共有しているが、形質・形態に差がある場合、たとえば、いわゆる第二次性徴といったものが出現する場合、その出現を推進する機構が性選択である、とするのだ。

『種の起源』では、自然選択が主要問題であったので、性選択は、十分に論じられることはなかった。性選択が主題化するのは、一八七一年に初版が出された、『人間の由来』においてである。この著作の正式名称は、The Descent of Man, and Selection in Relation to Sex. であり、全体は、二部に分かれている。第一部は、Descent of Man の部分であって、人類の進化や人間の精神的機能の由来を中心的に扱い、第二部で Selection in Relation to Sex つまり性選択を扱う。後者では、下等動物からはじめて人間にいたる雌雄の形質の違いが概観され、性選択の機構が論じられる。そして、最後に人種差を作り出した自然過程として性選択を提示するのだ。

さてこの著作『人間の由来』は、性科学の立ち上がりに関連して言えば、二つの意味をもっている。第一は、雌雄性や男女性の起源となる進化機構を提示したことであろう。それが性選択の機構である。また、第二に、動物と人間・人類を生物性、動物性、また、進化性で架橋した点である。言い換えると、人間における男女という現象が、実は、動物における雌雄性に、さらに言えば、雌雄という生物性に深く関わる、という視点を提示したことであろう。

つまり、生物性に根差すと仮設された雌‐雄性軸が、性選択という理論を通して、まず動物界を貫くものとして設定されたのである。その時、たとえば動物の色彩、羽、歌、ダンスといったそれまではバラバラにおかれていた現象を、性選択の対象という観点で、同一の枠組みの中に組み込んだ。このことは、性というものを実体化させることであり、また、性に関連する現象という領域を開拓することになった。細胞レベルなどの性現象をも含む大きな問題の地平がこうして出現する。
さらに、雌‐雄性軸との相互関係で相互構築されている人間おける女‐男性軸もここで設定される。たとえば、ダーウィンは、性選択に関わるものを提示する際に、以下のような言説を構築する。

「……髪の毛の量と一般的な体の形において、アメリカの原住民の両性は、ほとんどのヒトの他レイス（人種）と比べて、お互いの違いが小さい。この事実は、ある種の近縁のサル類に生じている事柄と類比的である。例えば、チンパンジーの両性は、ゴリラやオランウータンの両性に比べると差異があまりないのである。」

ここでは、ある人種が取り上げられ、その男女差が問題とされる。その男女差の量を他の諸人種の男女差と比較する。その結果を、動物界の類比的な例と対応させる。チンパンジーにおける雌雄差の小ささと、ゴリラとオランウータンにおける雌雄差の大きさが、人類の事例と平行とされるわけだ。このようにして、女‐男性軸が、雌‐雄性軸と相互的関係的に生成していくのだ。

一八七〇年代はじめに本格的に登場したこの性選択の問題は、さまざまな批判や反響を呼ぶ。たとえば、自然選択機構の「同時発案者」であるウォレス（Alfred Russel Wallace 一八二三―一九一三）の場合、性選択という機構自体の存在に疑問を呈し、性選択に関係するとされた現象を自然選択で説明していこうとする。とはいえ、論争は、雌‐雄性軸と女‐男性軸を学界や社会の中でも生成するという方向を後押ししたと解釈していいだろう。

ダーウィンが『人間の由来』の中で一節をもうけた「両性の心的能力の差異」は、形をかえて、たとえばジョージ・ジョン・ロマネス（George John Romanes 一八四八―一八九四）が一八八七年に発表した論文「男女間の心的差異」に継承された。現在では、科学的に男女間の不平等を正当化した言説として悪名高いものであるが、雌‐雄性軸と女‐男性軸が確固として定着した現われであり、また逆に、二つの軸をさらに浸透させた要素でもある。

一八八九年には、パトリック・ゲデス（Patrick Geddes 一八五四―一九三二）とアーサー・トムソン（John Arthur Thomson 一八六一―一九三三）の共著『性の進化』が出版される。ここでは、性選択自体は批判的に扱われ対抗理論が掲出されているが、細胞レベルから個体レベルまでの性現象を包括する視点も提供されている。対抗理論の核として同化性 anabolic と異化性 katabolic という概念を導入し、前者を受動性という性質で、生殖細胞としての卵から雌、女性までを結びつけ、後者を能動性という性質で、精子から雄、男性までを結び付けた。性自体の実体化対象化は、このように進み、二つの軸の固定化も、ここまで来るともはや明らかである。

その後一八九四年に、のちに性科学の先駆者と評価されるようになるハヴロック・エリス(Henry Havelock Ellis 一八五九―一九三九)が、ヒトの二次性徴に関する百科辞典的な著作『男と女、人間の第二次性徴の研究』を著した。やがてエリスは、彼のライフワークである『性の心理学的研究』の第四巻として『人間における性選択』を一九〇五年に公刊する。この著作はある種例外的なものでもあった。というのも、性選択という理論は、生物学の領域では、この時期ほとんど問題とされなくなっていたからである。とはいえ、ダーウィンが、性選択という理論によって切り開いた領域は定着し、また、性は学の対象として実体化され、かくして、雌‐雄性軸と女‐男性軸の生成は完了したのである。

性逸脱

性を浮かび上がらせる三つの軸のうち、雌‐雄性軸と女‐男性軸の生成は、性選択との関連で前節において扱った。次にこの節では、同‐異性軸を扱う。これに関係したのは、ヒトの性関連で焦点化した二つの課題における第二のもの、性逸脱あるいは性倒錯であった。

性逸脱あるいは性倒錯の研究は、医学特に精神病学の領域で、いわゆる同性愛 homosexuality を対象として始まる。まず、医学における対象化にいたる前史を簡単にまとめておこう。やがて同性愛とされる行為は、一八世紀までにはソドミーというカテゴリーに含まれ、キリスト教の性規範では大きな宗教的罪とされ、また、世俗の刑法では自然に反する罪として犯罪化されていた。一七八九年に始まるフランス革命は、この問題に二つの重要な点で関わる。第一は、ナポレオン法典が提示したソドミーあるいは男色行為の脱犯罪化だ。いわゆる同性愛は不道徳ではあるが、刑法の対象となる犯罪ではないという位置を与えられる。この事は欧米における同性愛の法律的位置の分裂を招く。フランス系の脱犯罪化の流れと、英米独系の古い犯罪化の流れが併存するという状況が出現したのだ。第二に、市民社会の成立に伴う公領域と私領域の区分である。私領域は男女カップルを中核とする家族の領域、公領域は脱性化された、しかし、実際には男性中心である経済政治域とされる。私領域は男女カップルが中核である故に同性間の性愛はそこから排除される。それは公領域の片隅に追いやられ、具体的には都市で家族外の同性間性愛の施設や制度が自生していく。社会において、同性間の性愛を求める者達が可視化していったわけだ。

こうした状況の中ドイツ語文化圏で、ウルリヒス（Karl Heinrich Ulrichs 一八二五―一八九五）による脱犯罪化に向けた活動が始まる。彼は法律家であったが、ドイツ語文化圏で、いわゆる同性愛行為を犯罪としていた刑法の廃止に向けて活動した。一八六四年から、彼はウルニングという男性同性愛者を示す用語などを造り、ウルニングについて理論的に考察し、また、同性愛行為犯罪化条項の批判を行った。

この活動に影響を受け、精神病学の領域で、この問題を把握しようとしたのが、ヴェストファル（Karl Westphal 一八三三―一八九〇）であり、クラフト＝エビング（Richard von Krafft-Ebing 一八四〇―一九〇二）だ。ヴェストファルは、一八六九年に「転倒性性感覚・感情（反対性感覚・感情）」

という新概念を鍵として同性愛の病理化を開始する。この「転倒性性感覚・感情」を同性愛行為の起点や同性愛者の内部に仮設し、それを生得的本能とみなした。この本能によって導かれる現象は、実は病的なものである。したがって刑法によって罰するよりも、医学による治療こそが必要なのだ。

医学への同性愛の囲い込みというこの路線を決定的にしたのは、クラフト＝エビングの『性的精神病質』の公刊であった。この著作は一八八六年に初版が出され、著者が生きている間頻繁な改訂を受け、クラフト＝エビングの死の翌一九〇三年には、彼自身の校定を経た最後の版である、第十二版が出る。その後も後輩の性科学者を編者として一九三〇年代まで改訂版が出され、性逸脱の標準的枠組みを提供し続けた。

『性的精神病質』では、人間の性の中でも異常なもの病理的なものが扱われた。ヒトの性の異常を脳神経系の器質機能障害と仮設し、それを末梢性のものと中枢性のものにわけ、さらに後者を四分割する。すなわち、性発現の時期異常（幼児や老人の性発現）、性発現の過少性異常（成人における性欲の欠如など）、性発現の過剰性異常、そして、性逸脱・性倒錯である。第六版からであるが、性逸脱・性倒錯は、サディズム、マゾヒズム、フェティシズム、そして、転倒性性感覚・感情（つまり同性愛）の四つに類別され、その特徴や考えられる原因などが論じられ、事例が例示された。

つまり、同性愛の析出とそれを核としての性逸脱・性倒錯の探索分類が一八八六年以降急速に医学の領域で進展していくのであり、それは実は、同-異性軸というものの生成の現われでもあったのである。この軸は、クラフト＝エビングのテキストをみると、雌-雄性軸や女-男性軸と一定の関係をもっていたことが明確に分る。というのも、『性的精神病質』では第一章で性生活の心理学を扱っているが、彼は、そこでヒトの性・結婚・羞恥心・道徳の人類進化史的な図式を提示し、性選択にも言及している。病理としての性の異常は、進化の究極である都市的文明的生活により退化・変質として生じてもいるというのだ。ここに、三つの軸が関連しつつ配置された印を見ることができるだろう。

ヴェストファルの「転倒性性感覚・感情」は、一八七一年に英国で紹介され、inverted sexual proclivity（転倒的性傾向性）と英訳された。やがてイタリアで、「性的転倒・性的倒錯」という用語となり、それが、さらに一八九七年のエリス著『性的転倒・倒錯』のタイトルとなる。この著作は、性的転倒・倒錯すなわち同性愛の問題に関する理論や図式の批判的解説と、多数の事例などからなっているものだ。しかもこれは、エリスの大著『性の心理学的研究』にその一部として組み込まれた。

三つの軸の生成と相即的に性は実体化し、また、ヒトの性を対象とする性科学も成立をみるのである。

第五節　性科学の展開

性研究の対象である性を浮かび上がらせる三つの軸、雌‐雄性軸、女‐男性軸、同‐異性軸の生成と、性の実体化とは、ヒトの性関連で焦点化した二つの課題、性選択、性逸脱の関与で進んでいった。その時、ヒトの男女差の問題や、人間の性的異常という事柄が研究されるようになった。性科学の初期は、後者の研究課題が注目され、ドイツを中心に勃興した。この性科学は、一定の政治性をもつと把握されていたため、ナチスの政権奪取後は、ドイツ語圏では弾圧され、ほぼ壊滅したといってよい。それにかわって、戦後は、アメリカを中心に性科学研究が進展する。この節では、その状況をごく簡単に概観し、主な研究の特徴を指摘する。

一九世紀末からドイツでは、多数の研究者が、性科学研究に向かう。その一つの刺激は、前節で取り上げたクラフト＝エビングの『性的精神病質』であった。たとえば、『性的精神病質』の初版では、性逸脱・性倒錯の中に「淫楽殺人」や「転倒性性感覚・感情」が取り上げられていたが、やがて、一八八九年の第四版で、フェティシズムというカテゴリーが導入される。このカテゴリーは、もともとは人類学の分野で「野蛮人」や「半開人」の宗教現象を記載分析するために用いられたものだが、一八八七年の論文で、フランスの心理学者ビネ（Alfred Binet 一八五七―一九一一）によって性的異常の一種を記載するために転用された。その有効性を認識したクラフト＝エビングは、ただちにこの記号を重要カテゴリーとして採用したのである。

その後、一八九一年の『性的精神病質』の第六版で、クラフト＝エビングは、今日でも力のあるカテゴリー、サディズムとマゾヒズムを鋳造導入する。この両記号は、すぐに、性科学研究の領域はもとより、他領域でも流通するようになる。これらの事態は、性的異常研究や性科学の活性の高さを反映していると思われる。

性科学においては、たとえば、性的異常が生得的なものか、獲得的なものか、といった問題が論争の焦点となり研究がなされていった。これは実は治療という行為、その効果にも関係する問題で、大きなトピックとなった。当時の有名な性科学者の一人シュレンク＝ノッツィング（Albert Phillbert Franz Schrenck-Notzing 一八六二―一九二九）は、一八九二年に暗示によって転倒性性感覚・感情をもつ「患者」多数の治療に「成功」する。このような試みがなされ報告されるのは、同性愛が生得的物であるか獲得的ものであるか、あるいは、同性愛性が潜在的に存在し何かをトリガーとして発現するものであるか、といった、同性愛の機構、一般的に言って、性的異常の機構が問題とされていたからであった。

このような状況下多数の性科学者や性の研究者がこの時期に活躍するが、ここでは、ヒルシュフェルト（Magnus Hirschfeld 一八六八―一九三五）、エリス（Henry Havelock Ellis 一八五九―一九三九）、そして、フロイト（Sigmund Freud 一八五六―一九三九）の三人を取り上げる。

マグヌス・ヒルシュフェルトは、医学教育を受けベルリンで医師を開業していたが、一八九四年『サッフォーとソクラテス』を変名で出版することによって性研究の領域に登場した。これは同性愛を人間の性現象の一部（生物現象としての変種的存在）であると主張し、その原因と現象の科学的研究を求め、同性愛を犯罪とするドイツ刑法一七五条の廃止を訴える内容であった。ここでは、のちに彼の考えの要約とされるようになる「第三の性」という見方も提示している。彼は発生学の理論と、人間はもともと両性態であるという考えを混合し、そのどの部分が発生過程で消失するか、また、残存するかで、第一の性として現在でいう異性愛を、第二の性として両性愛を、そして、第三の性として同性愛を位置づけた。男性的身体と女性的心理（あるいは女性的身体と男性的心理）の組み合わせという把握である。この方向での研究はやがて一九一四年の『男性と女性における同性愛』という著作に結実する。

彼の性科学研究への関わりは、まずは、この「第三の性理論」であり、同性愛についての研究であるが、第二に、性に関する社会調査をあげることができる。一九〇三年の報告で彼は、同性愛者が調査対象の二・二％であったという結果を示し論争となった。また、彼は、一三〇あまりの性の生物心理的側面についての質問項目をつくりデータの収集を行った。これは広くヒトの性現象を調査しようとする志向である。また、第三に、彼は「異性装」transvestismという概念を造り、異性装という現象を枠取り研究した。異性装者の多くが異性愛者であるという調査結果をふまえ、同性愛と服装転倒が必然的に結びついているという見方が神話であることを示した。これが彼の一つ目の活動域である。

ヒルシュフェルトの二つ目の重要な活動領域は組織者としてのそれであった。第一に彼は、一八九七年ドイツ刑法一七五条に反対する科学的人道委員会を組織し、同性愛者解放運動を展開した。第二に、この運動や、また、性科学の研究とも関連して、彼は複数の雑誌の創刊や編集に関わっている。一八九九年から一九二三年まで続いた『性的中間段階年報』や一九〇八年に創刊されたが紆余曲折する『性科学雑誌』がそれである。これらは、性科学研究や精神分析研究の発表の場となり、また、性科学や同性愛者権利運動を社会に発信する媒体ともなった。第三に、彼は性科学に関連する国際会議を組織した。第一回の性科学に基く性改良国際会議は、一九二一年にベルリンで開かれた。この会議のテーマは、当時生物学を中心に研究が進行していた内分泌に関してであったが、広い課題が発表討議された。第二回の会議は、性改良世界連盟会議として知られているもので、一九二八年に開催された。翌二九年にはロンドンで第三回が、三〇年にはウィーンで第四回がそれぞれ開催された。一九三二年にチェコスロバキアのブルノで開催された第五回が、この種の国際会議の最後となった。第四に、彼は、一九一九年に性科学研究所をベルリンに設立する。ここでは、前述の質問の回答を含めデータの収集や、性関連性科学関係の文献写真資料の収集保存も、行われたし、性の相談や結婚カウンセリングもなされた。しかし、一九三三年のナチスによる政権獲得後、性科学研究所はナチス支持者によって徹底的な破壊が加えられた。

一九三五年にヒルシュフェルトはなくなるが、これは、ドイツにおける性科学の終焉を象徴しているといえよう。彼は、第二次大戦以前の性科学の研究と運動の両面を生きた人物であったということができる。

ハヴロック・エリスも、性の研究を目指し医学教育をうけたが、医師として開業することはなかった。彼は、はじめ編集者として活躍した。ゲデスとトムソンの『性の進化』出版もエリスが進めたものである。彼自身の性関連の初めての著作は、一八九四年出版の『男と女、人間の第二次性徴の研究』であり、その後一八九七年に同性愛の問題を扱った『性的転倒・倒錯』(Sexual Inversion)が、まず、性の心理学的研究の第一巻として出版された。つまり彼は、世紀末に、雌－雄性軸、女－男性軸、同－異性軸という三つの軸の中で性研究をしたということである。

エリスの仕事の意味は、彼が出版した『性の心理学的研究』に示されている。ここでは、性の中のあるテーマが設定され、そのテーマに関係した歴史的概観や、同時代の諸理論の比較検討がなされ、その上で、全事象を網羅的に分析記載しようと試みられる。まさしく性現象の百科事典的な作品である。つまり、第一に、性という領域の広さを示す試み、あるいは、性という実体が、どのような現象の背後に存在するのかという領域確定の試みであり、性が社会や世界でもつ意味付けを重要なものと位置づけたといえよう。第二に、生物学から民族学、社会学までを性という対象で結び付けるやり方とその実際例を提示し、ある意味で、性科学の地平を可視化したということができる。その上で、第三に、病理としての性に偏っていた研究の焦点や言説の中心点を、普通の一般的な性へと結ぶ経路を開いたのである。

このようなエリスの試みは、彼のオートエロティズム概念にあらわれている。この概念は、一八九八年に鋳造されたものであり、「外的刺激の欠如のもとで発生する自発的性現象」と定義されている。その中には、当時病理的という解釈が強かったマスターベーションや夢精から宗教的な恍惚感までもが含まれ、病的現象から詩や芸術に関わる「正常」な現象、精神文化的活動までが、性的活動性の顕れとみなされた。つまりさまざまな人間活動の奥に性的活性を透視しようとする記号と見方が提示されたのである。とはいえ、彼の理論的な立場は、どの現象においても折衷的中間的であった。たとえば、同性愛が生得的か獲得的かという論争でも、遺伝の傾向性に関しては認めるというあまり明瞭ではない立場を取り、また、理論的図式の提示もあまりなされなかった。もちろんこれは、当時の研究データの限界を彼が知っていたからでもあるが。

一九二九年に『未開人の性生活』を発表したマリノウスキー（Bronislaw Malinowski 一八八四―一九四二）は、同時代に（一九三二年）、多面性と非偏向性をエリスの貢献としつつ、性衝動を膨張と退縮で分析したこと、適度な性の生物学的意義を示したこと、性における個人の側面と社会の側面を指摘区別したことを重要だったとしている。現時点から振り返ると、エリスは、広域的な性研究の可能性と実際を提示し、性科学の研究成果を整理し総合的にまとめる役割を果したと評価できよう。

ヒルシュフェルトとエリスの場合は、現在あまり省みられない。前者は、運動を組織したにもかかわらずナチスによって政治的に破壊されたからあろうし、後者は、そもそも運動を組織したり学派を形成しなかったからからではあるまいか。ジークムント・フロイトは、その点二人と異なり、今にまで続く運動・学派をつくり、現在でも彼の言説や図式は、力をもっている。この節の最後に、フロイトの性研究を若干扱おう。ただし、彼の場合産業と呼んでよいほどのフロイト研究があるが、それらを参照はしていない。

フロイトの性研究の中心は、「性理論に関する三つの論文」であろう。これは一九〇五年に初めて公表され、一九一〇年、一五年、二〇年、二四年と言説の追加や改訂があり発展していった性に関するフロイトの図式の基本的文献である。ここではこの論の特徴を示して、フロイトの性理論、性科学への関与をまとめておきたい。

フロイトの性理論の特徴は、第一に性を生物性のもの、本能性のものと捉え、内因的性欲の発達論を展開した点である。この点で彼はダーウィン的な枠組み内にあるといえる。第二に対人態としての性を考察したことである。つまり、母子という特殊な関係性で性を捉えたり、自分と他者との関係の中で性を捉えるというやり方である。第三に性を社会との葛藤場面で考察することだ。つまり、近親相姦の願望とタブーといった点を焦点化することであり、エディプスの三角形という図式に結晶する路線である。第四に性の内面化という視点がある。つまり、性的なものが、心的幻想的なものにいかに内イメージ化・内言語化され、さらに文化へと内向昇華していくか、という経路を問題として立てる方向である。ここでは、主として第一の特徴に関連して整理したい。

フロイトは、心の側面と身体の側面の介在素として性あるいは性欲をまず設定した。この生物性にも根差す性欲をまず第一に発達の相でまとめたのが彼の重要な理論的貢献である。ここから、いろいろな性の発達段階が導かれるが、より一般的には、性的 sexual と性器的 genital を区別したことがポイントである。性的であるが性器的でないという幼児期の性のあり方が導かれるわけである。

第二に、フロイトは性欲に二つの働きを明示的に設定した。すなわち「目的」であり、「対象」

である。前者は性欲の発現現象として生じる行為・行動であり、最終的には「正常」な性欲の発現としての行為は異性愛的・性器的性交である。後者は、性欲が性的魅力ゆえに向くところのものである。つまり、性欲はヒトの行為として現われ、性欲は自ら志向方向性をもち向かう対象を持っている。この二つは、クラフト＝エビングの性逸脱の四類型をフロイトなりに分析したものであった。ここで彼は、対象性における逸脱、つまり転倒 inversion と、目的性における（行為における）逸脱、つまり目標異常（倒錯）perversion を区分したのだ。

この二つの区分は、性についての新しい見方を提示したといえるだろう。この区分と、発達の図式の提示、そして、性欲（性欲動）の発現に関する心的な力動モデルが、さまざまな病理解釈とさまざまな正常な現象の解釈に動員されることになる。性科学は、フロイトなどを通して、社会へとその図式を移植し、その移植された図式によって、私たちは、自分と他者を読み込み動かしているといえよう。

二〇世紀前半の性科学は、逸脱した性と正常な性の境界とその動因を設定しつつずらしていく形で展開していったのである。

第二次大戦後、性科学研究のセンターはアメリカに移動した。そこでは、科学的方法と客観性にもとづくと仮定されたフィールドワークでの調査と実験室での実験観察が、性科学の主流として立ち上がっていく。また、ホルモンの生理学的研究からの問題設定も出現してくる。大戦前のロックフェラー財団などによる資金投入などは扱わずむしろここでは図式的位置づけを示しておく。

一九四八年に刊行されたアルフレッド・C・キンゼイ（Alfred Charles Kinsey 一八九四―一九五六）を中心とした報告書『人間男性の性行動』（以下キンゼイ報告男性編等と略）とその五年後一九五三年出版の『人間女性の性行動』（以下キンゼイ報告女性編等と略）は、ベストセラーとなり、また、ある種のスキャンダルともなった。ちょうど当時のアメリカでは、一九四七年以来「赤狩り」的運動が始まり、五〇年の二月にはマッカーシーによる共産主義者の摘発告発が始まった。その摘発運動は、すぐに摘発対象を性的倒錯者としての同性愛者にまで広げていくのである。

男性の三七％が同性と何らかの性体験を持ち、三〇歳以上の男性の約一〇％が多分に、もしくは、完全な同性愛者であるという「キンゼイ報告男性編」にもられていた「事実」は、マッカーシズムと朝鮮戦争（一九五〇―一九五三年）という大きな社会的事件の中で、スキャンダラスに受け止められたのは当然かもしれない。しかしここでは、「キンゼイ報告」の社会史的意味はさておき、性科学史の流れで検討し、「キンゼイ報告」に始まる、二〇世紀後半の性科学の展開をポイントのみを見ていく。

キンゼイの調査は、ヒトの性的実践の実態を大量現象として把握していく視角の一つの到達点であり、また、二〇世紀後半の出発点であった。前述したようにヒルシュフェルトは、二〇世紀初頭調査を開始しているし、ロシアのチェレノフも一九〇四年にモスクワ大学生に対してオナニー実践の調査を行った。同じくオナニー問題に関連して調査を行ったのがアメリカのエクスナー（Max Joseph Exner）で、一九一五年に九四八名の男子学生から回答を得ている。一九二〇年代三〇年代にソビエト連邦では少なくとも五回にわたる調査があり（一九二二―三〇年）、また、アメリカでは、エクスナーのものも含めて一九回のこうした調査が「キンゼイ報告」以前になされた。日本でも、山本宣治（一八八九―一九二九）、安田徳太郎（一八九八―一九八三）らによる調査があり、一九二四年から二五年にかけて統計的部分などが発表され、さらに、一九三六年にもその記載内容が報告された。以上のような前史があって、キンゼイの報告が出現したのである。

さて、この調査の特質は二つ指摘できる。第一に、ヒトの性的経験の核としてオーガズムという心理生理的、また、体験的現象を中心点にすえ、オーガズムを得るという点では、さまざまな性実践・行動は等価である、としている点だ。その時アウトレット（放出／はけ口）が、オナニーであろうが、異性との性交であろうが、同性との性的接触であろうが、獣姦であろうが、性的活動として同等なのである。つまり、オーガズムの中心性と、その帰結としての、多様なオーガズム獲得（あるいは射精）活動の同等性が設定されたわけである。

第二に、これはよく指摘されるが、病的な性の側面というよりも、常態の性の側面が調査の対象として浮上するのである。確かに、「女性編」の中で検討されている男女の比較には、のぞきや窃視症、サド・マゾ的な空想、フェティシズムなど、クラフト＝エビングの『性的精神病質』では病態や異常態とされるであろう事への言及はあるが、非常に少なく、かつ、ほとんどが常態の中の部分として捉えられている。

第三に、その表題にあらわれているが、大量現象としての統計的把握であるゆえに、ここで打ち出されるのは、ヒトの平均的性行動、あるいは、人間の性現象の確率的分布である。個々の性行動体験は、平均との遠近で、また、分布平面上の一点として位置づけられるというわけだ。つまり、人間男性と人間女性の平均的性行動像や性行動の偏差が初めて出現したのである。

オーガズムの中心性とそれに支えられる多用な性活動の同等性、性の常態の焦点化、そして、平均的性行動・性現象像の追求、これが、二〇世紀後半以降の性研究の枠組みとなる。この枠組みからさらに生まれたのが、個人の直接的な実験観察によって、オーガズムなどの生理や病理を明らかにしようとする研究だ。これは、ウイリアム・H・マスターズ（William H. Masters 一九一五—二〇〇一）とヴァージニア・E・ジョンソン（Virginia E. Johnson）によってなされ、一九六六年に『人間の性反応』として公表された。

ここでは、第一に対的な性行為が出発点と終着点をもつ過程と仮設され、その過程は性反応と名指され、実証的なデータに基づき連続する四期からなるとされた。興奮期、高台期、オーガズム期、消退期である。平均的性反応から類型的性反応が抽出された点は重要かもしれない。第二に、観察のため用具性交がなされたということも重要である。マスターベーション時の性反応が、オーガズム時の生理を示す資料として捉えられたのだ。つまり、ここでは、マスターベーションの性反応が、それ以外の性反応と同等でかつ基本型である、とされたわけである。

ヒトの生理といっても内分泌・ホルモン研究と関連した領域からも、同じ時期（一九六〇年代）から全く新しいが非常に重要な概念が提示された。両性具有や間性の研究をしていたジョン・マネー（John Money 一九二一年生）は、意気地なし男・お転婆女、異性装者、トランスセクシュアル（変性）者という系列を提示し、内面的な性自認と外的な性役割との違和度の多少にしたがって並べた。ここで重要なのは性自認（性同一性）・ジェンダーアイデンティティという概念である。自分で自分の本来的な性別をどう落ち着きある形で認識し、受容しているか、ということである。性自認（性同一性）は、通常意識されないが、身体の性が性自認（性同一性）と反対である場合問題が生じるとされる。その時変性者であると、自らの身体の性を変更すること、性転換を強く欲望するとされる。

この概念の特徴は、第一に、性自認（性同一性）の基盤にホルモン神経系という生物性を仮設しながら、本能的なものではなく、人格や主体性の次元の性へと直接架橋することであろう。第二に、この概念は異常な性、あるいは、性欲の異常という意味での性の病理ではなく、性と関連する自らの身体性への違和感という性の病理でる。つまり、性の病理自体が、クラフト＝エビング的フロイト的了解とは異なる次元にいたった可能性を示している。

以上、二〇世紀の後半においては、キンゼイの作った枠組みと、マネーの提起した新しい概念によって、性科学が展開してきたといってよいだろう。そのいずれも一九世紀後半に生成した三つの軸、雌‐雄性軸、女‐男性軸、同‐異性軸の間にある性を問題とするものであった。

詳しく述べることができなかったが、以上で取り上げなかったことを二、三指摘して終わりとしたい。

まず、性同一性障害の病理化と反比例するように、同性愛の脱病理化が進んだという点は押さえておく必要があるであろう。一九六九年のストーンウォール事件以降急速に力をもつにいたった欧米を中心とする同性愛者解放運動は、精神医学の中から病理としての同性愛を追放した。同‐異性軸は、変態‐正態という意味を徐々に失い、生活や志向における分割線としての意味を獲得しつつある。

にもかかわらず、同性愛は、一九八一年以来のエイズの流行とともに、また差別的まなざしにさらされもした。だが、このエイズという病は、性行為を媒介として広がる性質をもっていたため、あらためて人々の性行動の確率的分布に関する現代的知見を要求する事態を招いた。このため、多くの先進国で、性現象に関する社会調査が行われ、それは、キンゼイの調査から導出された性行動の確率的分布状況についての知識を訂正するものとなっている。

とはいえ、いまだ軸自体の根源的変更や、軸自体の消失や新しい軸の創造を伴う変化は見えていない。性科学は内容的には量を増大しているが、根源的な変容はないようである。とすれば、それ

第六節　おわりに

はいまだに人々の行動や考えかたを形作るソフトの生産をしてもいるということだ。そのソフトは、私たちや人々の感覚や感情、本能や人格と深く関わっていると思われるが、もしそうならば、自らを理解するためには、そのソフトの歴史性を明らかにする必要があることになる。性科学史は、その道具足り得るであろう。

注

（1）三つの重要な構図・出来事を簡単に示すならば以下のようになる。第一に、ヒポクラテス（Hippokratēs 前四六〇頃—前三七〇）対アリストテレス、のちにガレノス（Galēnos 一二九—一九九）対アリストテレスという形になる動物、あるいは、人間の発生をめぐる異なる考え方の対立構図である。第二は、キリスト教が打ち出し広めたとされる、人々の肉欲と結婚をめぐる規範の構図である。第三は、科学革命期に出現した三つの出来事とその結果、あるいはその枠組みである。出来事は、動物の生殖物質をめぐる新しい理論の出現（「卵」というアイディア）、動物の生殖物質中の新しい要素の発見（「精子」の確認）、そして、雌雄性の植物への拡張である。結果あるいは枠組みは、主として生物学成立前夜の一八世紀に戦わされた、発生に関わる論争である。

文献（邦文）

エリス、H［一九九四］「性的倒錯論」富山太佳夫監訳、土屋恵一郎編、富山太佳夫監訳『ホモセクシュアリティ』二一一—三〇九頁（原典一九二七年）。（これは、この原典の第五、六章の訳である。）
――［一九九五］『性対象倒錯／性の心理第四巻』佐藤晴夫訳、未知谷（原著は不明
河本英夫［一九八二］「19世紀生物学の流れ」、中村禎里編『20世紀自然科学史6 生物学史［上］』、三省堂、一一―三九頁
クローニン、H［一九九四］長谷川真理子訳『性選択と利他行動』工作舎（原著一九九一年）
小松美彦［一九八九］「ベルナール生命観の歴史的境位―生物学史再構成のために」、長野敬編・小松美彦他訳『科学の名著第II期9 ベルナール』、朝日出版社、vii―Lx頁
ダーウィン、C・R［一九六三］『種の起原』（全二巻）八杉竜一訳、岩波書店（岩波文庫）（原著一八五九年）
――［一九九九―二〇〇〇］『人間の進化と性淘汰』（I・II）長谷川真理子訳、文一総合出版
フーコー、M［一九八六―一九八七］『性の歴史』（全3巻）田村俶訳、新潮社（原著一九七六―八四年）
トマス、L［一九九八］『セックスの発明』高井宏子他訳、工作舎（原著一九九〇年）
サイモン、L［二〇〇二］『クィア・サイエンス』伏見憲明監修、玉野真路・岡田太郎訳、勁草書房（原著一九九六年）

文献（欧文）

Vern L. Bullough [1994] *Science in the Bedroom. A History of Sex Research.* BasicBooks

第一〇章　生物学とフェミニズム科学論

高橋さきの

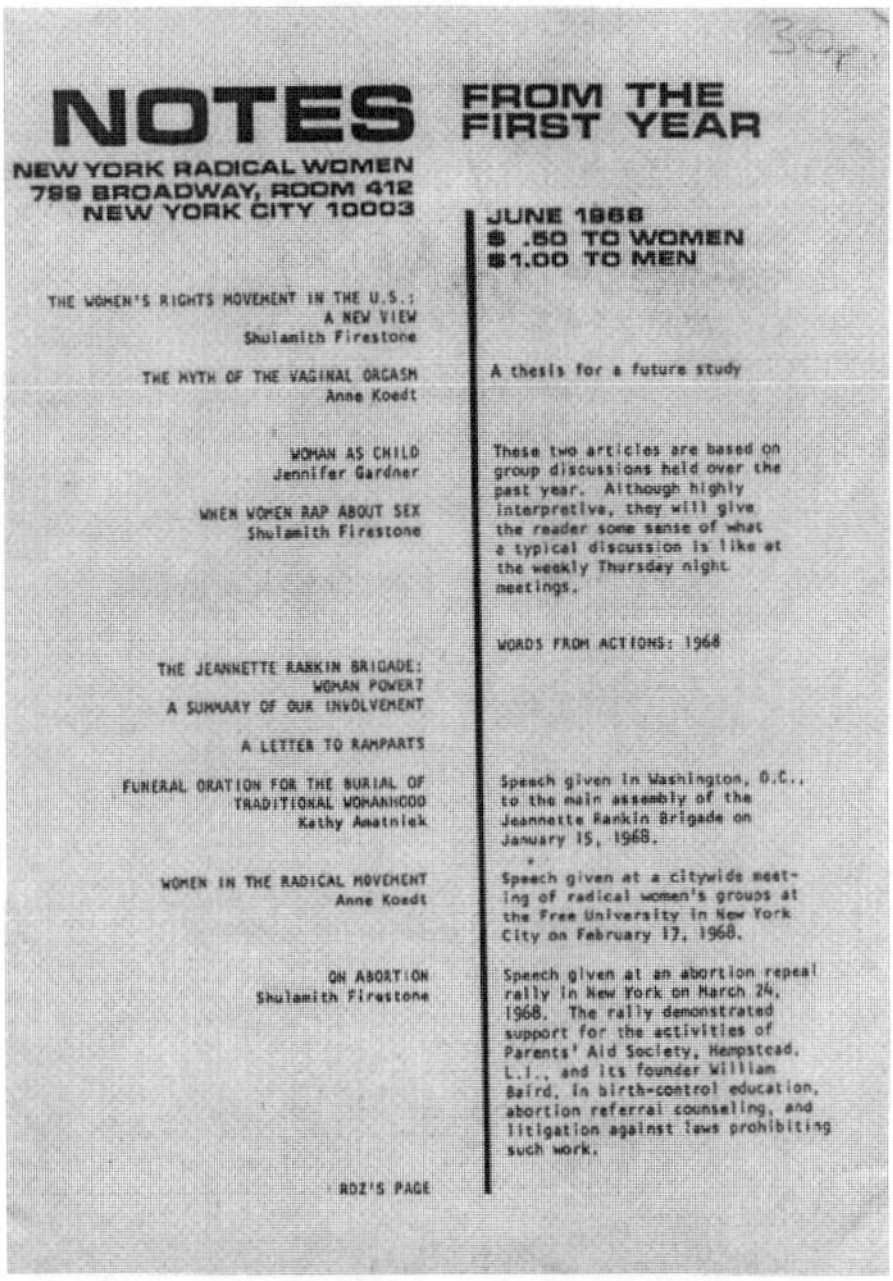

NOTES FROM THE FIRST YEAR

NEW YORK RADICAL WOMEN
799 BROADWAY, ROOM 412
NEW YORK CITY 10003

JUNE 1968
$ .50 TO WOMEN
$1.00 TO MEN

THE WOMEN'S RIGHTS MOVEMENT IN THE U.S.:
A NEW VIEW
Shulamith Firestone

THE MYTH OF THE VAGINAL ORGASM
Anne Koedt
A thesis for a future study

WOMAN AS CHILD
Jennifer Gardner

WHEN WOMEN RAP ABOUT SEX
Shulamith Firestone

These two articles are based on group discussions held over the past year. Although highly interpretive, they will give the reader some sense of what a typical discussion is like at the weekly Thursday night meetings.

WORDS FROM ACTIONS: 1968

THE JEANNETTE RANKIN BRIGADE:
WOMAN POWER?
A SUMMARY OF OUR INVOLVEMENT

A LETTER TO RAMPARTS

FUNERAL ORATION FOR THE BURIAL OF TRADITIONAL WOMANHOOD
Kathy Amatniek
Speech given in Washington, D.C., to the main assembly of the Jeannette Rankin Brigade on January 15, 1968.

WOMEN IN THE RADICAL MOVEMENT
Anne Koedt
Speech given at a citywide meeting of radical women's groups at the Free University in New York City on February 17, 1968.

ON ABORTION
Shulamith Firestone
Speech given at an abortion repeal rally in New York on March 24, 1968. The rally demonstrated support for the activities of Parents' Aid Society, Hempstead, L.I., and its founder William Baird, in birth-control education, abortion referral counseling, and litigation against laws prohibiting such work.

ROZ'S PAGE

「我々女性の生物学的特性はきちんと分析されていない」(アン・コート「膣オーガズムの神話」1968より）336ページ、注(15) 参照。

ほんの四半世紀前のことを考えてみよう。まず、本章のテーマである「フェミニズム科学論」は、まず、影もかたちもなかったろう。「フェミニズム」が何をさししめすのかという実体についても、はっきりしていたとは言いがたい。そして、科学の産物たる特定の製品や技術であればいざしらず、「科学一般」や「生物学一般」が「フェミニズム」と結びつけて語られる日がやってくることを予測していた人は、数少なかったにちがいない。近代医学についてさえ、具体的に女性が登場する場面以外について「フェミニズム」が関わってくることなど、ほとんど誰も予期していなかったのではなかろうか。こうしたことを思い起こしてみると、フェミニズムが、そしてフェミニズム科学論がこの四半世紀に提出してきた議論の重みが見えてくる。

フェミニズム科学論は、ジェンダーの社会関係を分析の視野に入れつつ、科学技術について論じる領域である。そして、性をめぐる社会関係を視野におさめることによって、他のさまざまな社会関係も目に入ってくるようでなくてはならない、というのがフェミニズム科学論の基本的な立場である。そして願わくば、科学技術が生産される内的な過程や論理、そして内容に踏み込んで議論を構築するというのがフェミニズム科学論の基本スタンスであってほしいと思う。

本章では、まず、フェミニズム科学論という領域が成立するうえで必須ともいうべき、「フェミニズムと科学技術は密接に関係している」という発想について、特に、生物学や近代医学を念頭におきつつ考えてみたい。

第一節　フェミニズムから見たフェミニズム科学論

「フェミニズムと科学技術は密接に関係している」という発想は、フェミニズム（以下、フェミニズムということばを、いわゆる「フェミニズムの第二波」を念頭において使用する）の側から見ると、かなり自明な発想かもしれない。というのも、ジェンダーをめぐる社会関係が世の中のさまざまな場面で作用していることを典型的な事例について例証し、そうした事例の積み重ねにもとづいて、「ジェンダーの社会関係が、世の中のあらゆる場面に関与していないはずはない」という公理を打ち立ててきたのが、他ならぬフェミニズムの歩みだからである。そして、たった二行前に、今日的な認識にもとづいて、「典型的な事例」と書いた事例の多くは、そうした事例がフェミニズムの文脈で分析されるまで、およそジェンダーと関連づけて論じられたことすらなかった事例であった。こうした例証の作業を通じて、ジェンダーの社会関係が関与している領域の想像以上の広がりや奥行きばかりではなく、その関与のしかたが千差万別であることも明らかとなった。

科学技術とフェミニズムとの関わりについても、こうした動向の例外ではない。フェミニズム科学論の前史とでもいうべき時期のことを考えてみよう。たとえばスプートニクが打ち上げられた一九五七年に科学ということばのもっていたイメージは、栄えある未来を約束しつつも、日常生活とはどこかかけ離れた世界に関わるものであったろう。仮に、原子爆弾が、科学や技術の影の部分として認識されていたにしても、核兵器が製造されるような事態は、科学の善用悪用論――科学の悪しき使用という事態は、科学の使途を善き使用に限ることによってとどめうるとする議論――で解決のつく事態として一般に把握されていたものと思う。が、一九六〇年代も半ば以降ともなると、科学技術の日常生活への浸透の度合いは飛躍的に増し、日本でも、すでに、主要な家電製品は各家庭におおかた揃い、公害というものの存在も認知されはじめ、科学技術の具体的用途のいかんに関わらず、科学技術という存在自体に必然的につきまとう「暗い」側面が、それと認識されるようになってきた。米国のこの時期は、ベトナム戦争の時期とも重なり、枯れ葉剤の散布といった事態も、科学者が科学について問い返す契機となり、米国や英国を中心に、急進的科学（ラディカル・サイエンス）運動が起こり、人民のための科学（サイエンス・フォー・ザ・ピープル）といった団体も生まれた。

一九六〇年代後半以降の時期は、一方で、第二波フェミニズムの興隆期でもあった。女性解放運動の波の中でめざされたのが、女性の地位の向上や具体的な差別の実態の是正であったことに相違はないものの、そうした作業は、女性たちが関わる具体的な生活の場面や身体の場面を丁寧に掘り起こす方向性をも内包していた。有機農業が指向されはじめたのも、避妊・中絶・出産をはじめとする生殖に関わる一連の場面を核として女性のからだに目が向けられるようになり、ピルの使用について議論が起こったり、優生保護法「改正」をめぐって「私のからだは私のもの」というコンセプトが提出されたり、近代医療の管理的な出産への疑義から、より〝自然〟な出産が提起されたりしたのも、すべて女性解放運動の広がりの中でのことだし、さらには、西欧近代科学全般に対して、とりあえずクエスチョンマークをつけてみるというスタンスが広がった経緯にしても、この時期のフェミニズムの存在を抜きには考えられない。こうした西欧近代科学全般に対して疑義を呈するアプローチでは、西欧文化に色濃い文化 - 自然の二元論にのっとって、文化の側に男性を、自然の側に女性を配したり、また、文化 - 自然の対立軸に西欧近代 - 土着の対立軸を重ね合わせて、西欧近代の側に男性を、土着の側に女性を配する議論が提出された。こうした議論そのものは古くからのパターンであったかもしれないが、そこに、近代科学技術というファクターを絡ませて、近代科学技術において男性優位の構図が成立してくる過程を分析したり、女性のからだという〝自然〟な領域への近代科学技術による介入という構図にもとづいて、近代医療の現場を問い直したりすることは、それはそれで充分に新しいアプローチであった。

出る杭は打たれるとはよくいったもので、こうした動きにバックラッシュはつきものである。そして、伝家の宝刀として機能するのは、常に生物学であった。狭義の生物学(的)決定論——フェミニストたちが異議を唱えた事象であろうが、別段異議を唱えることのなかった事象であろうが、そういうことはすべて生物学的に決定づけられているのだという点を強調する議論——の登場である。雄/男性はそもそも能動的で攻撃的で支配を好み、雌/女性は受動的で受容的で支配される方を好む、男性は空間知覚、数学的処理に優れ、女性は言語知覚にたけ、言語処理が得意である(つまり、数学能力に劣る)、等、この時期、およそ思いつく限りのありとあらゆるパターンの言説が提出され、(1) フェミニストたちも、そうした言説群について、それまでまとまった思考を蓄積してこなかったことに否応なく気づくこととなった。この時期に、生物学決定論的な言説を提出した分野は、互いに重複するものの、主に二つにまとめられる。一つは、伝統的に性差を取り扱いの対象としてきた分野、たとえば、性差心理学、内分泌学、動物行動学など、そしてもう一つは、この時期にディシプリンの確立期が重なった分野、具体的には社会生物学である。

こうした動きについて、フェミニストたちやラディカル・サイエンティストたちが、手をこまねいて見ていたわけではない。批判の手法は、やや強引にまとめると以下のようになる。

（イ） 生物学決定論の言説において、〝劣る〟ものとされた側の諸事象に意義を見いだす議論。(2)

（ロ） 一般論として語られた主張について、その逸脱事例を指摘する議論。(3)

（ハ） 生物学決定論のもつバイアスを指摘したり、手続き面（特に統計学的処理）の不備や恣意性を指摘する議論。

（ニ） 生物学言説（生物学決定論的な言説も含む）の歴史的な存立構造を分析し、生物学決定論的な言説についても、そうした構造の中に位置づける議論。

このうち、（ハ）（ニ）の動向が、フェミニズム科学批評やフェミニズム科学論の出発点となった。

（八）の方向性は、それまで、生物学をめぐる言説についてまとまった分析が行われてこなかったこともあり、当時の切迫した状況にあって重要な意味をもっていた。こうした作業は、一九八〇年代に入ると、相次いで書籍のかたちにまとめられるようになった。このうち、バイアス批判として最もまとまっているのは、アン・ファウスト＝スターリング（Anne Fausto-Sterling 一九四四年生）の『ジェンダーの神話』（ファウスト＝スターリング［一九九〇］）だろう。[4]

（二）の方向性の初期の文献として代表的なのは、ダナ・ハラウェイ（Donna Jeanne Haraway 一九四四年生）の一九七八年の論文二編（「動物社会学とボディポリティックの自然経済、第一部：優位性の政治生理学」と「動物社会学とボディポリティックの自然経済、第二部：過去こそが論争の場である—霊長類の行動研究における人間の本性と、生産と再生産の理論」）だろう（ハラウェイ［二〇〇〇］第一章、第二章）。同時に発表されたこの二編の論文で、ハラウェイは、動物の集団が、二〇世紀を通じて、どのような集団として分析されてきたのかについての見取り図を描く作業を開始した。フェミニズム理論の形成期とも重なったこの時期に、ハラウェイが注目したのは、動物集団の分析において、動物間の支配関係がどのようなかたちで中核的な社会構造として設定され（第一部）、また、生産関係と再生産／生殖関係がいかなるものとして把握されてきたのか（第二部）という点であった。その後、動物集団を分析する際に、動物間の経済関係がどのようなかたちで把握されているのかについて、社会生物学を対象とした分析を行う作業を経て（ハラウェイ［二〇〇〇］第三章）、一九八九年に刊行された大著『プライメート・ヴィジョンズ（霊長類の見方／見え方）』［一九八九］

では、二〇世紀の霊長類学の通史が描かれることとなった。『プライメート・ヴィジョンズ』と相前後して、上記の三論文の他にも、「サイボーグ宣言」(ハラウェイ［二〇〇〇］第八章)、「状況に置かれた知」(ハラウェイ［二〇〇〇］第十章)など、よく知られた論文を集めた『猿と女とサイボーグ』(ハラウェイ［二〇〇〇］)が、そして、その後、分子生物学を扱った『モデスト・ウィットネス(ひかえめな立会人)』(一九九七年)などが刊行されている。

このうち、最初の二編の論文が発表されたのは、創刊まもないフェミニズム系の雑誌『サインズ(Signs : Journal of Women in Culture and Society)』(一九七五年創刊)であった。当時のフェミニズムが、それまでジェンダーの社会関係とは無縁とされてきたことがらについても分析をすすめていたことについては、先述したとおりである。そして、その主要な舞台の一つが『サインズ』であった。この時期の『サインズ』では、一方では、ハートマンが、階級関係とジェンダー関係が交錯する場面――すなわち、今世紀初頭の米国産別労働組合にあって、男性の労使が結託して家族賃金制度の導入をはかる過程を通じて性別労働分業が強化されていった過程――を分析しているかと思えば(ハートマン［一九九一］)、その一方では、男性/雄による狩猟の場面や狩猟用の道具の使用に光をあてた男性＝狩猟者仮説(man the hunter 説)をめぐる議論が沸騰し、採集の場面との関連が論議されていたし、ハラウェイはといえば、霊長類学や社会生物学の理論での、支配関係や再生産/生殖関係の把握のされ方の変遷について検証していた。つまり、当時の『サインズ』には、同誌がほとんど活字ばかりではあったとはいえ、各ページには、現代の多種多様な人々や、過去の人類や、霊長類や、非霊長類の哺乳動物の男性／雄（male）や女性／雌（female）のアクターたちが生き生きと生息しており、そうしたアクターたちは、直接・間接に、生産や生殖をめぐる理論構築作業にそれぞれ参画していたのである。一九六〇年代までであれば議論の大前提であったかもしれない〝自然〟と〝文化〟の別も、人間も文化もおしなべて〝自然〟によって決定されているのだとする生物学決定論者たちの大号令も、防戦一方の〝文化〟擁護論も、この現実の前には生彩を失わざるをえなかった。この時期を境に、（一）性《セックス》／ジェンダーの区別といったツールを持ち込んで、生物学的事象を分析の枠組みの外部に置くなどして、生物学的な事象を検討の対象からはずしたり[5]、（二）自然科学や人類学の各種の理論や知見を議論の場に提出するにあたって、自己のディシプリンの重みを盾とすることによって吟味をまぬがれたり、自ディシプリンの枠組みそのままに提出することによって世界を描ききったような印象を与えるやり方の問題点がはっきりしたといえる。つまり、各議論については、それが、〝文化〟と〝自然〟のどちらの側からの提起であると標榜されているかにかかわりなく、個々の事例ごとに、それぞれの議論において、さまざまな立場から見た説得的な事例を持ち寄り、そうして蓄積した事例をすり擦り合わせることによって議論を構築していくことが求められるようになったということである[6]。

第二節　生物学史から見たフェミニズム科学論

以上、見てきたように、フェミニズムの側からすれば、フェミニズム科学論という領域は、あたかも、ものごとの必然といった経緯を経て形成されてきたわけであるし、その過程では、生物学という領域に関わる歴史をはじめとするさまざまな事象が、分析の対象とされてきたということになる。しかし、こうした経緯を生物学史の側から見た場合には、どうなるのだろう。

科学史研究のここ何十年かの積み重ねによって、「科学の範疇に分類されることがらといえども、社会関係に対して一切中立なことがらなどありえないはずだ」という主張に了解が得られるようになっている。こうした了解にもとづくなら、あとは、この了解内容に、「ジェンダーの社会関係は、おおよそありとあらゆる社会関係に、有形・無形のさまざまなかたちで関与している」という了解内容を付け加えれば、生物学の各種事象の分析にフェミニズムの視点を導入することの意義を説くことは可能であるし、そうした議論に原理的な誤りを認めることは、さしあたってできないだろう。

しかし、それだけでは、説得力にやや欠けることは否めない。「フェミニズムが関わってくるのは、生物学のうちでも、性や性差が絡んでくる生殖や内分泌学のような分野か、社会性の度合いの高い事象を扱う進化理論のような分野だけであって、それ以外の分野のロジックや内容はフェミニズムとは関係ないのではないか」というのは、よく耳にする疑問だし、ある意味でもっともな疑問でもある。個々の事象の周囲に形成される社会関係は、事象ごとに千差万別だし、極端な生物学決定論を提出しつづけてきたような領域と同じ議論が、他の領域の各種の場面にそのまま適用されるはずもない。生物学史とフェミニズムの関わりについては、もう少し丁寧な確認作業が必要かもしれない。ここでは、とりあえず、生物学の直接の守備領域とされる〝自然〟、そして生物学の考察対象であるとされる〝からだ－身体－生体〟について触れておこうと思う。

〝自然〟という領域

生物学を、生きものや生命現象に関わるディシプリンとして定義することは、古くから行われてきた。そして、生きものが生息し、生命現象が生じるのは、通常は、〝自然〟においてのことだとされてきただろうし、この〝自然〟を支えるうえで、生物学の果たしてきた役割は大きい。そして、この〝自然〟の存立構造は、ジェンダーの社会関係とも、また、人種・文化の社会関係とも、さらにはまた階級の関係とも深く関わってきた。〝自然〟は、一方で、不変・普遍の存在として語られつつ、その実、時期や議論の文脈に応じて変容してきたのである。

ごくラフにスケッチする。なお、以下で、便宜上（一）、（二）、（三）の各項に分けた事象が、それぞれ独立に作用するわけではないのは、もちろんのことである。

（一）〝自然〟という領域は、文化やテクノサイエンスによって源泉《リソース》として領有されてきた。〝自然〟と〝文化やテクノサイエンス〟とは対称な存在ではない。また、〝自然〟と〝文化やテクノサイエンス〟との境界は、〝文化やテクノサイエンス〟の側の事情に応じて随時画定しなおされてきたばかりでなく、個々の事象に関して複数の文脈が共存するのに対応して、複数の境界が同時に画定されているのが通例である。〝自然〟と〝文化やテクノサイエンス〟の関係については、階級−支配関係のアナロジーとして考えてみることが確実に有効である(古典的で静的な階級イメージとのアナロジーは、むしろ、有害である。階級関係自体が、〝自然−文化〟の二元論を念頭において把握されてきた点について理解しておくことも必要だろう。)

(二)〝自然〟の領域と〝文化やテクノサイエンス〟の領域は、時代や文脈に応じて、適宜、〝女性性〟と〝男性性〟に配当されてきた。母性が念頭に置かれている文脈では、女性は、大抵、〝自然〟の側に配当されてきたし、また、探検のイメージを念頭に置いて科学の最前線を語るような場面において〝自然〟を探索する側に配されるのも、たいがいの場合、男性であった。配当のされ方こそ、それぞれの場合に応じて変幻自在であったにせよ、そうした配当が常になされてきたことについては、念頭に置いておいてよい。

(三)〝自然〟の領域と〝文化やテクノサイエンス〟の領域は、〝土着〟と〝西欧近代〟にも配当されてきた。この場合も、その境界は、(二)の場合同様、議論の文脈に応じて随時変更される。そして、(三)の〝土着−西欧近代〟と(二)の〝女性性−男性性〟の配当のされ方には、密接な関係がある。(二)と(三)の関係に関して、歴史的に指摘されてきた媒介項の例としては、〝母性〟がある。つまり、〝母性〟を媒介として、〝土着〟なるものが〝自然〟の側に配当されたり、

〝土着〟や〝母性〟の存在を媒介として、〝女性性〟が〝自然〟の側に配当されたりする。そして、この〝母性〟は、〝生物学〟によって基礎づけられるものとして扱われてきた。しかし、その関連づけられ方の度合いや態様は、時期や文脈に応じてまちまちである。(7)

以上の(一)、(二)、(三)に関しては、それ自体、目新しい議論ではない。しかし、これらの各項のどの項をとってみても、生物学ディシプリンとの関係性がきちんと把握されているわけではない。生物学の持ち場とされる〝自然〟領域の設定に、(8)こうした諸関係が関与していること、そして、場面に応じて関与のしかたが異なることの意味については、生物学関連の事象について考えるうえで常に念頭に置いておくべきだろう。

以下、(一)、(二)、(三)に関して重要と思われる点をいくつか挙げておく。

(一)では、〝自然〟が、文化やテクノサイエンスによって規定される存在であった点について言及した。実際、文化やテクノサイエンスは、〝自然〟を源泉としつつ生産され、存在しつづけてきたといってよいし、その意味で、この自然－文化の対立軸は、非対称な対立軸である。が、しかし、〝自然〟は、源泉として領有されるばかりの存在ではなかった。もし、領有されるばかりなら、〝自然〟は、とっくの昔にもっと限局された存在となっていたはずである。そうならなかったのは、自然科学の各ディシプリンが次々と未知の領域を開拓する一方で、〝自然〟の実体・総体としての生態系の存在を、生態学関連ディシプリンが下支えしつづけてきたからに他ならない。

(二)については、一応、狭い意味での生物学決定論の数々の言説について言及しておかないわけにはいかないだろう。こうした言説では、通常、〝自然〟と〝文化やテクノサイエンス〟の各領域に、〝女性性〟と〝男性性〟とが配当される。そのうえで、〝文化やテクノサイエンス〟の優越性を媒介として、〝男性〟的なるものの優越性を主張する図式、あるいは、この図式を逆転させて〝自然〟の優越性を媒介として〝女性〟的なるものの優越性を主張する図式にのっとって、一方の他方に対する優越性が主張されたり、あるいは、そうした議論を否定する主張がなされたりする。こうした議論に関しては、〝自然〟と〝文化〟の境界というものが、いかに文脈依存的に画定されるものであり、また〝自然〟と〝文化〟の間には、常に複数の境界が同時に画定されている点について把握しておくことが、議論を行ううえでの一つのポイントとなる。

しかし、生物学の言説は、直接性差などを扱っていない言説であっても、「生物学曰く」というかたちで、必ず、議論の壇上に引き出される存在である、とりあえず、生物学の言説一般について考える際の基本事項として、(イ)生物学の言説が生産される過程で、その生産現場とされる〝自然〟の領域に〝女性性〟や〝男性性〟が錯綜したかたちとはいえ配当されている点、そして、(ロ)生物学の言説が生産される過程においては、生物学の言説が、社会 - 経済関係の説明原理として動員されるであろう存在であることがある程度自覚されている点については、確認しておいてよい。というのも、こうした認識があってはじめて、ジェンダーの社会関係が作用している現場が、そうした現場として把握されうるようになるからである。

(三)については、西欧近代科学の〝進歩〟に生物学の果たしてきた役割について指摘することもできる一方で、生態学関連分野が、テクノサイエンスと対置される〝自然《ウィルダネス》〟領域の全体性を下から支えつつ、〝自然《ウィルダネス》〟を媒介として、〝土着なるもの〟を〝自然《ネイチャー》〟の側に配当しつづけてきた過程についても把握しておく必要がある。マザー・アースといった概念に見られる、〝自然《ウィルダネス》〟と、いま一つの代表的媒介項である〝母性〟との関係なども、当然、検証されるべき項目として挙がってくる。

こうした緊張関係が内在する自然‐文化の対立軸であるが、その双方には、確実に各種のシンボルが配置されてきたわけで、そのイメージ規定力は極めて強い。ともあれ、生物学の持ち場とされる〝自然〟領域の設定に、こうした各種の社会関係が関与していることの意味は、生物学関連の事象について考えるうえで、失念されてはならないことがらとなる。

ところで、生物学をめぐる言説では、この自然‐文化／テクノサイエンスの対立軸において〝自然〟の範疇を画定するとされる境界の移動の頻度や度合いがかなり高い。以前であれば〝自然〟以外の何ものでもなかった事象が、テクノロジーの進展によって、文化やテクノサイエンスの側の事象としての色合いを深めたり、特定の事象が、ある文脈では〝自然〟に属することがらとして扱われ、別の文脈では、文化やテクノサイエンスに属することがらとして扱われることもめずらしくない。一般に、新技術は、〝自然〟の領域を狭める傾向が強い。そして、生物学決定論の文脈では、〝自然〟の領域が拡大され、文化決定論の文脈では、〝自然〟の領域が縮小されることが多い。「氏か育ちか」(nature vs. nurture) と称されることも多い、特定の事象を遺伝の側に配当するか、環境の側に配当するか、という争いにしてみても、目の位置をずらしてみれば、〝自然〟の境界をどう移動させるかという境界移動戦以外の何ものでもない。

こうした〝自然〟の範囲を画定する境界の移動は、少なくとも直接的には、先述したような〝女性性－男性性〟や〝土着－西欧近代〟の対立軸でのシンボル体系の配置と連動していない。むろん、後者も、時代や文脈によって配置を異にするわけで、固定的な存在というわけではないのだが、〝自然〟の境界線と自然－文化のシンボル体系では、その移動・変動のしかたが、とりあえず独立している以上、そして、〝自然〟の境界の移動速度の文脈依存性の方がはるかに高いことが多い以上、〝自然〟の範囲を画定している境界が移動して〝自然〟が伸び縮みするたびに、特定のシンボル（先述した事例に即していえば、母性を想起させる何らかのイメージや、前人未踏の地に赴くヒーローのイメージ）が、〝自然〟の範疇に含まれるような存在として見えるようになったり、〝自然〟の範疇の外の（すなわち、〝文化〟の範疇内部の）事象として見えるようになったりするのも無理はない。また、その見え方には、目の位置に応じた視差もある。目に映じた景色に一喜一憂するのも悪くはないかもしれないのだが、〝自然〟が伸び縮みする現場と、シンボル体系を成立させている社会・経済関係の双方を、それぞれにウォッチし、同時に分析する冷静さを身につけたいものだとも思う。

〝からだ－肉体－身体－生体〟という場と〝いのち－生理－生物－生命－生体〟現象

生物学が、生き物や生命現象に関わるディシプリンとして定義されてきた点については、先にも触れたとおりである。一例として、『生物学辞典第四版』（岩波書店）の〝生物学〟の項の記載を引用するなら、その冒頭は、「生物およびそれのあらわす生命現象を研究する科学」となっている。であるとすれば、生物学について検証する際には、〝生物〟や〝生命〟といった概念について検証するプロセスが欠かせず、その際には、語彙としての〝生物〟や〝生命〟に着目する作業が欠かせない。語彙としての検証が必要になるのは、「科学は言語を使用することによって運用され、その言語は、非科学の場面――日常の場面――によって規定される。ゆえに、言語を媒介として、科学は日常によって支配される」という、それ自体、うそとも言いきれないロジックに依拠してのことではない。むしろ、科学の現場で概念を構成する作業に占める造語作業の重み、そして、そうして造語された術語を媒介としつつ概念構築が行われるという、語彙の体系が科学の現場にストレートに作用している状況にかんがみてのことである。では、〝生物〟や〝生命〟を語彙として分析するとは、どういうことなのだろう。

見ての通り、〝生物〟や〝生命〟は、現代語の術語としては典型的な、いわゆる〝漢字二字単語〟である。しかし、〝漢字二字単語〟が術語として採用されたのは、何も、漢字やひらがな、かたかながそれぞれに備えている本質に即してのことではない。〝漢字二字単語〟が術語の王座としての位置を獲得した背景としては、まず、言文一致のプロセスと、西欧近代科学用語の輸入のプロセスという本来別々のプロセスが相前後して進行し、つまり、言文一致のプロセスが本格的に進行する前に西欧近代科学用語の輸入のプロセスが進行したという幕末から明治中葉までにかけての事情をあげておかねばならない。語彙というものは、それが埋め込まれる文章に応じて作出される宿命をもつ。術語は、それが埋め込まれた漢文ないし漢文直訳体の文章に適合するかたちで作出された（宮島［一九六九］）。幕末の知識人は、猛烈な勢いで漢籍にあたり、造語や借用の作業に邁進したのである。もう一つの背景としては、戦後になって、ルビの使用が激減するプロセスと、カタカナによる欧州語、特に英語からの外来語の移入が激増するプロセスが相前後して生じたことがあげられる。かくして、術語に関しては、（イ）漢字語、特に漢字二字語やその組み合わせ、（ロ）ひらがな語ないし漢字ひらがな混じり語、（ハ）カタカナ語[9]の三層構造（あるいは、これに、（ニ）原語表記語を加えた四層構造）が成立してくることとなったし、実際、同様の概念に対して、これら、（イ）、（ロ）、（ハ）がすべて揃っているものも多い。このうち、（ロ）、（ハ）の安定性が比較的高いのに対して、術語のチャンピオンたる（イ）漢字語、特に漢字二字語は、語彙そのものの交代や含意の変動の頻度、そして、類義語間での意味内容の境界変動が激しい。むろん、語彙そのものの交代や含意の変容は、基本的には、その語彙を使用している集団に無理なく受け入れられる範囲でしか進行しない。しかし、そうした語彙そのものの交代や含意の変容が成立しうる背景として、（ロ）、（ハ）、（ニ）、特に、（ロ）ひらがな語ないし漢字ひらがな混じり語が、安定した存在かつ含意を発信しうる存在として担保されている点については、はっきり押さえておく必要がある。

　語彙としての〝生物〟や〝生命〟も、こうした一般原則の例外ではない。語彙としての〝生物〟や〝生命〟について検討するうえでは、まず、こうした語彙だけの歴史を追うのではなく、その周辺の同位相の語彙群や造語成分の配置状況について検討し、他方で、異なる位相からそうした語彙群を支えているひらがな語やひらがな混じり語の語彙群についても、その多様な場面について検討しておくことが必須となる。(10)

とりあえず、ここ何十年かについて見てみよう。子どもたちは、各語彙の含意の変容はあるにせよ、ともかくも、〃いきもの〃や〃いのち〃や〃からだ〃について語ってきただろうし、(11)〃生物〃ということばは、どの時期であっても、それなりの意味をこめて使用されてきたものと思う。しかし、その一方で、ずいぶんいろいろな変化も生じている。まず、一九六〇年代後半から一九七〇年代にかけて、リブ（女性解放運動）は、〃からだ〃ということばに意味付与して、〃からだ〃がポリティクスの現場であることを実証した。一九七〇年代後半以降、社会学やフェミニズムは、リブの〃からだ〃の受け皿として〃身体〃という語彙を使用するようになった。この時期を境として、〃肉体〃は相対的に含意を縮小し、また、それまでであれば、医学・生物学関連の専門書にも散見された〃身体〃は、特定の文脈以外では使用されなくなり、生物学関連の文章でも〃からだ〃は著しく使用しにくくなり、そうして〃身体〃や〃からだ〃が使いにくくなった分、当時は〃生きているからだ〃という含意が濃厚な語彙であった〃生体〃が、使用可能な場面では使用され、(12)使用不可能な場面では、〃体内／外〃や〃人体〃といった表現が工夫されるという状況となった。女性解放運動が〃からだ〃を前景化したのは前述の通りであるが、この過程では、「自分のからだのことは自分で決める」という自己決定権や、「わたしのからだは、わたしのもの」という自己所有権の概念ばかりではなく、「内なる自然」とでもいうべき近代医学や近代科学の介入を拒絶する概念も明確に提示された。〝からだ〟や〝おんな〟（表記は漢字表記の方が多かったものの、その場合には文字デザインが工夫されることが多かった）ほどの頻度で使用されたわけではないものの、この「内なる自然」に対応することばは、〝いのち〟だったのだと思う。また、〝からだ〟とかな書きされねばならなかった理由としては、〝からだ〟として描出された場が、近代医学や近代科学に対置される〝土着〟側の領域で、語彙も相応のものとして区別される必要があったこともあるだろうが、より直接的には、埋め込まれる文章の文体が異なっていた点があげられる。(13) 女性解放運動の文体が、同時期の社会運動の中で、（書きことばよりは）はなしことば側、（漢字よりは）ひらがな側、（説明文というよりは）物語り文の側に振れていたことのもつ意味合いについて、ここで立ち入ることはしない。しかし、文体と語彙が不即不離であることを通じて、〝からだ〟は、どちらかといえば近代主義的な色彩の濃い自己決定権や自己所有権の含意のみならず、近代主義に対置される〝いのち‐自然〟の含意をも含み混んだ場――要するに〝何もかも〟という外延をもつポリティクスの場――として提示された。

これと前後する時期に、〝生命〟も多用されるようになる。背景としては、〝生理〟という語彙が、〝理〟から〝（ものごとの）ことわり〟や〝筋道〟がただちに想起されえた時代にもっていた生理学そのものの守備範囲より相対的に広い含意をすでに喪失していたこと、そして、生化学の各種手法が爆発的に普及し、同時に、遺伝情報は一方向にのみ流れ、形質の発現はそうした流れによって支配されているという「設計された生命」ともいうべき生命観がもたらされたことが挙げられる。〝生命〟という語彙のもつ決定論的色合いの強い〝根源〟や〝本源〟の含意は、「設計された生命」のニュアンスによくマッチするものであったし、〝生命現象〟という言い方がスタンダードの地位を獲得したのは、たとえば、『生物学辞典』の例でもみた通りである。この〝生命現象〟といった場合の〝生命〟は、前述した「内なる自然」としての〝いのち〟と共鳴関係を結ぶこととなった。

一九七〇年代半ばから続いたこの安定状況は、一九九〇年代はじめを境に一挙に崩れる。時代を画する小さな事件は、NIH（米国立衛生研究所）が、米国特許商標庁に対し、当時としては大量のヒトcDNAの部分配列（expressed sequence tag：EST）を特許出願し、この出願が、出願配列に対応する機能が明らかにされていないとの理由で[14]、米国特許商標庁によって拒絶された事件である。この経緯を通じて、まず、（一）かろうじて残っていたかもしれない基礎科学と応用科学の区別が、ほぼ無意味となった。かつてであれば、基礎中の基礎であったDNAの配列が、特許制度――発明の公開ならびに発明の実施と引きかえに、発明者に対して独占権を付与する制度――の対象となることが、はっきりと印象づけられたからである。また、（二）このように研究行為の直接的な経済活動としての側面が確認されたうえで、各部分配列に対して機能を記載することが求められたということは、各部分配列が診断や薬剤開発の目的で使用される場合も含め、基本的には、一方で、（イ）DNAが一つの遺伝情報媒体にすぎないことが承前の事項となったことを、（ロ）他方で、タンパク質をはじめとする〝生きもの〟に関わる各種の分子が、具体的にコントロールの対象として認識されるようになったこと意味する。

もちろん、この一九九一年のNIHによるESTの大量出願は、単に時期区分上の一つの象徴的マーカーにすぎないし、さらにまた、〝生きもののからだ〟について、その時代が実用化した／しつつあったインフラや製品に見合った情報工学の場として把握すること自体は何ら新規なことではない（ハラウェイ［二〇〇〇］第十章）。しかし、この時期ならではのインフラや製品としては、一方で、ネットワークでつながれたコンピュータという状況や、他方で、マイコン制御の家電といった存在はあったわけで、この時期ならではの〝生きもののからだ〟観というものは存在する。階層的に配置された交換可能な多数のモジュールから構成され、モジュール間で分子や原子などをやりとりしつつコミュニケーションが成立しているといったシステム論的な場としての〝生きもののからだ〟を表す語彙として、〝生物〟はいかにも制約の多い語彙であり、一九九〇年代初頭に〝生体〟という語彙が再発明され、この〝生体〟は、一九九四年を境に爆発的に普及することになった（高橋［一九九七］）。現在、生化学や工学分野に従事している人たちの多くは、自らが、〝生体〟における〝生体現象〟を研究する科学に従事していると考えているはずである。

こうした分野でも、〝生きもの〟が〝生きている〟ことは、もちろん認識されているだろうし、なればこその〝生体〟という用語でもあったろう。しかし、旧来の生物学ディシプリンの教育体系によって育成されてきたような、個々の生物が個々の生物に見え、その相互の関わりを奥行きをもった社会関係＝生態系として把握するという視線——すなわち、生きものを見たときに、生物個体を個体なら個体として把握しつつ、その内部や個体間の関係へと視線をずらしていくようなやり方——を、〝生体〟は必ずしも要求しない。〝生物〟に、旧来の生物学ディシプリンのテクニカルタームゆえの各種の制約や、〝〜物（ブツ）〟という造語成分ならではの制約があり、〝有機体〟が、特定の文脈以外では到底使用できない語彙となって、すなわち、〝生物一般〟を表すことばとしては死語化して久しい以上、大型哺乳類からウイルスに至るまで対象を選ばず、さらにはまた抽象概念にも使用しやすい〝〜体（タイ）〟という造語成分から構成されている〝生体〟は、個体の境界を流動化させつつ思考することが必須の工学領域の分野の要請にも、免疫学を嚆矢としてシステム論的な論理構成への変貌を完了しつつある分子生物学の要望にも、また、現代の造語法（〝生（セイ）〟＋〝〜体（タイ）〟）にもかなっている以上、選択肢や他ディシプリンとの共通性が増える分だけありがたいという従来からの生物学一般の事情にも合致するものとして、今後とも、その使用が増大するものと思われるし、英語の organism や biological などの定訳の一つとしての地位も、より確固たるものとしていくものと思われる。しかし、〝生体〟の含意がはっきりしてくると同時に、〝生きた生きもの〟の現在進行形の社会関係を視野に入れたアプローチのもつ重要性も認識されるようになるわけで、〝生きもの〟の周囲に形成された語彙群においては、〝生物〟と〝生体〟が乖離の度合いを深めつつも併用されつつ、各語彙間の境界変動や意味の交換の過程が進行する状況が今後も継続するものと思う。

興味深いのは、上述のように〝生体〟の使用が定着してくる過程で、〝からだ〟ということばも、生物学関連の文章で一気に使用しやすくなったことである。これは、一方では、〞からだ〞ということばが〞生体〞に対応するひらがな語としての地位を手に入れたということだろうし、他方では、〞身体‐生体‐からだ〞の外延が各種技術の実用化にともなって流動化してきた状況が、〞からだ〞ということばにも具体的に反映されてきたからだろう。

ともかくも、生物学の生産現場には、〞からだ‐身体‐生体‐生物‐生理‐生命‐いのち〞の周辺に形成された語彙群が直接作用している。そうしたことばの占める重みが、日本語の漢字語‐かたかな語‐ひらがな・ひらがな混じり語という状況ゆえに自覚されにくいのだとすれば、そうした状況に関しては整理しておくことが必要である。

〞起源神話〞としての役割

生物学は、対象が生体分子であれ、生態系であれ、基本的には、生体システムや生物集団を説明づけるにあたって、社会システムや社会集団をめぐる理論や言説を意識的・無意識的に援用しつつ、その時期なりの近未来社会を念頭において、生体システムや生物集団の理論を構築してきた。したがって、生物学は、社会システムや社会集団をめぐる理論や言説を内在させてきた。生物学が、社会システムや社会集団を説明しうる存在なのは当然の結果である。また、その時期なりの近未来社会が念頭におかれて構築された理論である以上、生物学の理論体系は、通常、ある程度の期間にわたって、社会システムや社会関係をある程度説明づけるポテンシャルをもつものでもあった。こうした作業を、具体的な〝自然〟現象と対峙しつつ行う生物学がおもしろくないわけはない。生物学のこうした存立構造を自覚することなく、生物学のツールや理論を社会関係の説明に流用する議論が生物学決定論である。生物学決定論であるか否かの別には、論者が議論を行う際の善意／悪意の別や、論じた内容の善／悪、左／右、利敵／非利敵性は、とりあえず関係がない。また、こうした事情こそ、生物学が、起源神話として機能してきたゆえんでもある。

生物学が、生体システムや生物集団を説明するうえで採択したシステムの構造の把握のしかたは、時代や文脈に応じて、さまざまに異なるものであった。その際の把握のしかたは、もちろん、検証の対象となる。ごくごくかいつまんでいえば、フェミニズム科学論が明らかにしてきたのは、そうした経緯である。であればこそ、フェミニズム科学論はおもしろい。

注

（1）トピックスとしては、遺伝子関係（DNA決定論、個々の遺伝子）、解剖学（脳の側成化、他）、ホルモン関係（性的アイデンティティ、トンボーイ、男性ホルモンと攻撃性、PMS、閉経、他）、本性（男性の競争指向性や攻撃性、動物実験系の組み方とその解釈、霊長類学の群れの研究）、能力（空間知覚や数学能力と言語能力、体力、他）などがあった。具体例については、たとえば、ファウスト＝スターリング［一九九〇］を参照のこと。こうした議論は、決して過去のものではない。最近では、内分泌撹乱物質をめぐって、こうした議論が蒸し返されている（北原［一九九九］）。

（2） 各種の生物学決定論において劣位とされ、その結果、議論の枠外に置かれてきた事象を可視化する作業は、もちろん重要である。しかし、優位とされてきた存在と劣位とされてきた存在を単に転倒させてみたのでは、思考実験の域を出ない。また、劣位とされてきた側の存在の意義を単に強調したのでは、むしろ、そうした優劣の背後にある事象の弁別のしかたを是認、固定化することになる。優位の側と劣位の側に配当された事象の相互の関係性を把握し、そうした配当が行われてきた歴史的経緯の把握につとめることは、むろん有意義である。

（3） 逸脱事例にも思いを馳せることはあらゆる思考の基本であるが、議論という側面からすれば、逸脱事例の指摘に終わっている限りにおいては、その逸脱事例のそのまた逸脱事例を指摘されて終わってしまう。逸脱事例に言及する場合には、そうした事例が、当該フィールドにおいてどのような多様性を例示する存在なのかについて示すことこそが求められるゆえんである。

（4） 残念なことに、邦訳書については、翻訳作業と校閲作業に著しい手抜きが認められる。当時の議論をよく伝え、論点も網羅されている良書であるだけにもったいない。原書は、少なくとも、バイアス批判を行うにたるだけの「科学性」、論理性、そして品格を備えている。なお、ファウスト＝スターリングの近著（Fausto-Sterling［2000］）では、性差をめぐってとりあげられることの多い生物学の各種の話題が、その歴史に遡ってわかりやすいかたちで分析されており、性差をめぐる生物学と生物学史の必読文献となっている。

（5） 苦手なことがらが後回しになるのは、ある程度いたしかたない。しかし、苦手な作業を、最初から to-do リストからはずしておくというのはまずい。ジェンダーと性《セックス》の要領のよい使い分けもこうした問題を内包しており、この時期のフェミニズム科学の批判の対象となった（高橋［一九九〇］、ハラウェイ［二〇〇〇］第七章）。

（6）ハートマン［一九九一］は、自らの分析事例を念頭において、性をめぐる社会関係として、家父長制（patriarchy）を、「男性間の一連の社会関係であって、物質的基盤を有しており、階層的であるとはいえ、男性の間に相互依存や連帯を確立、創出することによって、男性の女性に対する支配を可能とするような社会関係」であると定義した。ハートマンが具体的事例にもとづいて鮮やかに描いてみせた階級関係とジェンダー関係の交錯する場面は、深く人々の心にとどまることになったものの、ハートマンの定義のしかたが、受け入れられたようには思えない。ハートマンの定義が受け入れられなかった理由と、動物の集団に関して、雌雄を含みこんだ関係を、雄間関係をもって規定するようなタイプの議論に対する違和感には、たぶん、共通点があると思う。

（7）本章のタイトルに「フェミニズム」とあるのに、ここで列挙した（一）、（二）、（三）のうち、フェミニズムに関連しているのは（二）だけではないのか、という疑問をお持ちの方もいらっしゃるかもしれない。こうした疑問に関しては、フェミニズムの作業があってこそ、（一）、（二）、（三）の密接な関連のしかたが明らかになってきた点について指摘しておく。

（8）従来〝自然〟を分析する際に使用されてきたツールや特定の概念が〝文化〟の領域に適用可能であるとして、〝自然〟を仮想的に拡張し、生物学のツールや概念を〝文化〟の領域にも適用する議論もある。こうした方法論は、議論を提出する場面に限っていえば、いってみれば自然科学という装甲をまとっているわけであって、〝文化〟の場面で蓄積されてきたさまざまな議論と正面から向き合っているわけではない。その意味で、こうした議論も、基本的には、〝自然〟をフィールドとした議論の一つのかたちである。こうした議論であっても、ひとたび場に提出されれば、その分析の内容が、〝文化〟領域に属するとされてきたディシプリンの批評の対象ともなることはいうまでもない。これは、〝自然科学〟領域の言説に言及した〝文化〟領域の分析において、その言及内容が〝自然科学〟によって吟味されるのと同じことである。

（9） 術語に関してであってさえ、カタカナ語は、外来語や専門語の枠内に必ずしもとどまっていない。カタカナ語は、「バイテク」や「サチる」のような場合はもちろんのこと、新来の用語が丸ごと使用される場合であっても、内輪受けするアクセントをつけて発音するなどの操作によって、容易に（ロ）ひらがな語ないし漢字ひらがな混じり語に相当する側面も獲得する。テクニカルタームのアクセントに尻上がりのものが多い理由については、こうした側面からも考察が必要である。

（10） ここで、明治期以来の上述したような語彙群の推移を追おうというわけではない。というのも、明治期と現代では、漢字語の作られ方や読まれ方、特に、漢字語を構成する個々の漢字の独立性がまったく異なる以上、同じ方法論での議論は成立しないはずだからである。一つだけ、現代にも通じる語彙についての用例を見てみたい。

「人格は、吾人の努力に依りて、無限に進化発展するものにして、又無限の生命を有するものなり。吾人の生理上の生命は、肉体の破滅と共に、雲散霧消して、復痕跡を留めずと雖も、人格は、毫も之が為めに影響を受けず、未来永遠に存続して、窮りなきものなり。」井上哲次郎『中学修身教科書』（金港堂、明治三五年、引用は明治三六年訂正再版）

現代の目からすれば、当時にあって〝生理〟は〝博物〟に対置される語彙で、であればこそ、ここでも〝生理〟が使用されているというだけのことになるのかもしれない。しかし、それだけのことだろうか。以下、宮島［1969］による〝輸出〟という漢字語の分析を借用する。〝輸出〟を〝生理〟に、〝輸〟を〝生〟に、〝出〟を〝理〟に読みかえていただきたい。

「「輸出」「輸入」という漢語全体の意味は、明治時代の人間にとっても現代のわれわれにとっても同様にあきらかだ。しかしこれを構成している「輸」の意味は、明治時代の知識人にとって透明であったようにわれわれにも透明だとはいえない。「輸出」の要素である「輸」や「出」と「輸出」全体との関係は、明治時代には語構成の問題だったのだが、現代ではすでに語源の問題になってしまっているのである。

「哲学字彙」も編んだ井上哲次郎のことである。〝生理学〟や〝博物学〟も念頭にあったろうが、書き手たる井上の脳裏には、〝生〟や〝理〟が、表意文字として、それぞれの訓を媒介しつつ積極的にもっていた意味内容も多声的に響いていたにちがいない。つまり、〝生理〟ということばを分析の俎上にあげるなら、単に〝生理〟という語彙を追う方法論ではなく、〝生〟や〝理〟が、井上哲次郎の時代にあってもっていた広がりをも把握する方法論が必要になる。が、われわれにとって同時代の語彙についてなら、語彙を追う作業を意識的に行うことによって、かなりの程度、〝生〟や〝理〟がもっている／いない独立性や表意性について、さらには、関連語彙との対応関係などを考察することとすることは可能である。

(11) 相手がこどもだからといって、ただちに〝いのち〟や〝いきもの〟といった語彙が選択されるわけではない。『ちいさいおうち』でも有名なヴァージニア・リー・バートンの遺作ともなったLife Story (Burton [1962]) の訳出にあたって石井桃子さんが採用したタイトルは『せいめいのれきし』(バートン [一九六四]) であった。これは、バートンがニューヨークの自然史博物館に通って構想を練ったうえで採用した内容——現在の米国ではこども向けの地球科学の本として紹介されることの方が多いような説明に際しての比重の置き方や、単線的な地質‐生物の進歩史観に即して選ばれた題材——を伝えることばとして、〝せいめい〟の方がふさわしいとの判断が訳語選択の背景にあったからだと思う。

(12)〝生体〟という語彙は、当時、当該個体の生存の有無の確認して記述することが必要とされる文脈で、〝生体解剖〟、〝生体間移植〟などの造語成分として、また、〝生体内〟、〝生体中〟、〝生体に〟といったかたちで場所を指し示す用法で使用されていた。また用例は少ないものの、〝生体高分子〟、〝生体膜〟といった場合には、語彙の使用時点での当該個体の生存の有無が特に規定されない文脈でも使用されていた。

(13) ひらがな語のかもしだす土着性については、これは、現代のひらがなに与えられた一つの役割ではあるかもしれないが、ひらがながそもそも備えている役割というわけではない。「ひらがな=土着、漢字=近代」といった単純な図式で把握できない点に関しては、七〇年代の例として、〝からだ〟の含意を具現化するかたちで〝身体〟が社会科学用語として採用され、多用されるようになった事例、また、八〇年代の事例として、ひらがな語としての〝いのち〟を媒介として、〝生と性〟のような漢字語の用法が作られた例を挙げておく。

(14) 審査時の拒絶理由としては、米国特許法一〇一条ならびに一一二条にもとづいて、有用性と実施可能性の欠如が挙げられたものと思われる。

(15) 三〇七頁に掲げた図版は、一九六八年にNew York Radical Womenによって刊行された冊子"Notes From the First Year"の表紙である。この冊子には、シュラミス・ファイアストーンの「米国における女性の権利運動」、アン・コートの「膣オーガズムの神話」などが収められている。フェミニズムの第二波が、アフリカン・アメリカンたちの運動の影響をいかに深く受けていたか、また、生物学的女性という「人種」横断的な存在が自覚されたことが、フェミニズムの第二波の始動に際していかに重要な意味をもっていたのか——そうしたことが、この冊子からはヴィヴィッドに伝わってくる。「我々の女性の生物学的特性はきちんと分析されていない」(アン・コート「膣オーガズムの神話」）という問題意識を真摯に引きついだのが、本章で扱った「フェミニズム科学論」である。

文献（邦文）

北原恵［一九九九］「境界攪乱へのバックラッシュと抵抗　「ジェンダー」から読む「環境ホルモン」言説」『現代思想』二七巻一号　二三八―二五三頁
高橋さきの［一九九〇］「フェミニズムと科学技術―生物学的言説の解体に向けて」、江原由美子（編）『フェミニズム論争』勁草書房　一四五―一七五頁
高橋さきの［一九九七］「身体／生体とフェミニズム」、江原由美子・金井淑子（編）『ワードマップ　フェミニズム』新曜社　二七〇―二九一頁
ハートマン、H［一九九一］「マルクス主義とフェミニズムの不幸な結婚―さらに実りある統合に向けて」、リディア・サージェン編『マルクス主義とフェミニズムの不幸な結婚』田中かず子訳、勁草書房　三一―八〇頁
バートン、V・L［一九六二］『せいめいのれきし』石井桃子訳、岩波書店
ハラウェイ、D［一九九二］「多文化的フィールドのバイオポリティクス」高橋さきの・松原洋子訳『現代思想』二〇巻一〇号　一〇八―一四七頁
――［二〇〇〇］『猿と女とサイボーグ―自然の再発明』高橋さきの訳、青土社（原著一九九一年）
ファウスト=スターリング、A［一九九〇］『ジェンダーの神話』池上千寿子・根岸悦子訳、工作舎
宮島達夫［一九六九］「近代日本語における漢語の位置」『教育国語』一六（頁数不明）→［一九

七七］鈴木康之（編）『国語国字問題の理論』むぎ書房　一三五—一八六頁
養老孟司［二〇〇〇］「〝生き物〟を扱えなかった20世紀の科学」『日経サイエンス』三〇巻一二号　一八—二三頁

文献（欧文）

Fausto-Sterling, Anne [2000] *Sexing the Body : Gender Politics and the Construction of Sexuality*, New York : Basic Books.
Hartmann, Heidi [1976] "Capitalism, Patriarchy, and Job Segregation by Sex", *Signs*, 1(3), part 2 : 137-169.

第一一章　概念史から見た生命科学

金森修

19世紀フランスを代表する生理学者、クロード・ベルナールの肖像

第一節　少数派としてのエピステモロジー

科学自体を対象化するメタサイエンスの多様な潮流のなかで、フランスで長い研究伝統を誇るエピステモロジー（épistémologie 科学認識論）の流れは、世界的な学問動向のなかで良くも悪くも突出した特徴をもつ。それはメタサイエンスのことを、科学的概念の意味内容の歴史的変化や、理論内部での機能の変化を対象とした、なかば歴史的、なかば哲学的な分析として位置づけることをあくまでも堅持し続ける。そして科学的理論や科学的概念、ひいてはそれを使用する科学者自身が、同時代の社会や文化からどのような影響を受けていたのかという科学外的因子への目配りを、二次的な規定因であるとしか見なさない。ニュートン（Isaac Newton 一六四二―一七二七）が敬虔なキリスト教信者であったという事実は、彼が『プリンキピア』（一六八七年）のなかで絶対時間や絶対空間という概念を使用したその仕方になんらかの影響を与えているかもしれない。だが彼が神経質で人嫌いだったという事実は、いかなる意味でも天体の運動に関する彼の理論に影を落としているとは考えられない。アインシュタイン（Albert Einstein 一八七九―一九五五）がマンハッタン計画の契機となる書簡に署名したことを悔い、その後原爆や水爆開発の推進に反対したという事実は、彼の社会的活動の印としては興味深い事実ではありえても、それはいかなる意味でも一般相対性理論をより正確に理解することとは重ならない。エピステモロジーの信奉者たちは、そう考える。科学者の人柄、科学者が生きた時代背景、同時代の文化的特徴や社会的事件など、一連の周縁的事象は、科学的理論や概念そのものの史的変遷や深化とは位相を異にする問題群である。そしてメタサイエンスはただ後者のみを拾い上げ、対象にすることだけに専念するのがその任務であり、義務である。こう考えるエピステモロジーは、科学史学でつい二〇年ほど前までよく使われたインターナル（内的）・アプローチ対エクスターナル（外的）・アプローチという対立図式に即していうなら、その前者を純粋に体現する動向である。それは、エクスターナルアプローチを分岐させ多様化しつつある現代の科学論（science studies）のなかでは、世界的に見てほとんど孤絶した研究伝統とさえいえる。現代科学論は、エピステモロジーのようには、概念史や理論史への沈潜をメタサイエンスの主要任務とは考えない。

とはいえ、エピステモロジーは、ただ漫然と惰性のように自国の伝統を墨守し続けるというのではなく、エピステモロジーなりの論理と判断に基づいてその研究伝統を守っている。この場合、それが多数派なのか少数派なのか、ということは、学問がもつ政治的権力図にとっては重要な情報ではあっても、それが即、その学問伝統自体の誤謬性や狭隘性を示すものだということにはならない。いまでもエピステモロジー的な視点は科学の理論的対象化にとって重要な示唆を与えるものだというのを、一概に否定することは難しい。この章では、エピステモロジーのなかでも生命科学のそれに絞り、しかも概念史の錬磨にその心血を注いだこの研究伝統がもつ面白さを実感してもらうために、あるひとつの生理学的概念がもつ歴史の断片を提示してみよう。それを見れば、エピステモロジーの研究対象がすでに踏査され尽くしたなどということはなく、まだまだやるべきことは残っているということが示唆されるだろう。

ただ、ただちにその話に入る前に、生命科学のエピステモロジーのなかからその歴史を彫琢してきた代表的な古典を最低限省みておくべきだろう。エピステモロジー自身の歴史的成立をより正確に辿ろうとすれば、それだけでひとつの膨大な作業になるし、昔に遡り始めれば、ある意味できりがないともいえる。ここはその詳説をする場所ではない。ある程度広範な史的展開を知りたければ拙著（金森［一九九四］）が参考になるはずだ。

二〇世紀中盤から一九六〇年代くらいまでにかけて、物理学史を中核にしたエピステモロジーはバシュラール（Gaston Bachelard 一八八四―一九六二）やコイレ（Alexandre Koyré 一八九二―一九六四）が代表していたが、それを補完するように生物学と医学を対象にしたエピステモロジーは、カンギレム（Georges Canguilhem 一九〇四―一九九五）によって練り上げられていた。カンギレムは地味で寡作な著者であるために一般読者には馴染みが薄いかもしれない。だが彼は、フーコー（Michel Foucault 一九二六―一九八四）に対する影響など、より一般的で広い射程での思想史的観点から見ても、少なくともフランスでは隠然とした影響力をもつ重要人物だった。事実、カンギレムは『狂気の歴史』（フーコー［一九七五］）を最も早くから評価していた人の一人で、フーコーの経歴に追い風を与えた。また『臨床医学の誕生』（フーコー［一九六九］）のような業績は、カンギレムという背景がなければ成立することは難しかっただろう。

カンギレム自身のなかでは『正常と病理』（カンギレム［一九八七］）と『反射概念の形成』（カンギレム［一九八八］）をあげておきたい。『正常と病理』は、一九世紀初頭に一時広範な影響を与えた医師ブルセ（François Joseph Victor Broussais 一七七二―一八三六）が提唱していた発想、つまり人間の生理状態と病理状態との間にはなんら質的変化はなく、特定の因子の量的変異があるだけだ、とする発想を、生理学者ベルナール（Claude Bernard 一八一三―一八七八）や外科医ルリッシュ（René Leriche 一八七九―一九五五）などの見解を俯瞰しながら吟味していくというものだ。そこからでてくる結論、それは正常と病理との間の違いは単に量的変異にすぎないものではなく、両者の間には質的飛躍とでもいえるものがあるということ、そしてそもそも正常を正常たらしめる基準は客観的なものではありえず、それを背景から規定する規範的な価値だということだった。人は、たとえば血糖値が「正常範囲」内にあるから自分を健康だと感じるというのでは必ずしもなく、自らが生気を帯びていると感じ、多様な生き方をする気になればいつでもできると感じられるときに、自分を正常だと感じ取る。その微妙な感覚を、多様な数値の集合として把握することはできない、というのがカンギレムの結論である。健康とは存在概念よりは価値概念の位階のなかで語られるべきなにかなのだ。

『反射概念の形成』は、生理学での反射という概念がもつ史的変遷を辿ったものである。われわれは熱いものに触れたとき「思わず」手を引っ込める。もし意識がわれわれの身体を統括しているとするのなら、この「思わず」というメカニズムは、意識の完全支配を免れる部分が身体内部に潜むということを意味するものではないのか。それは、われわれの身体に眠る、より原始的で機械的なもの、大脳の精神作用をすり抜ける不可解な擾乱分子ではないのか。この当然の疑問に対して、近代以降の生理学者たちはどのように答えてきたのか。それが本書の主題になる。そしてその過程で、機械論的含意をもつ反射概念は、近代初期に当時最も構想力の大きな機械論的生命観をうち立てたデカルト（René Descartes 一五九六―一六五〇）の『人間論』（一六六四年）のなかに見つけることができるはずだと考えた一九世紀の生理学史家たちの議論を俎上に載せながら、それが実は歴史のその後の展開をあまりに単線的に把握しようとする誤謬にすぎないということを明らかにしていく。そして、デカルトとほぼ同時代の医師ウィリス（Thomas Willis 一六二一―一六七五）という、いわゆる医化学的伝統（医化学とは、生理現象を化学によって説明する流派）に属する学者によって反射概念は生誕したということ、そしてその概念のその後の錬磨には、機械論とは正反対のものと見なされる生気論的伝統に属する学者の方がむしろ貢献したということが論証されていく。カンギレムは、あるひとつの生理学的概念の逆説的な史的来歴をえぐり出しながら、歴史記述が担いうるイデオロギー的倍音に人々の注意を喚起しようとしたのである。

カンギレムがいわばその模範を示した生命科学のエピステモロジーは、その後何人もの学者によって継承される。カンギレムの次の世代のなかで最も多産で影響力の強い学者はおそらくダゴニェ（François Dagognet 一九二四年生）であろう。なかでも、薬理学の哲学という特殊な着眼から練り上げられた『理性と薬剤』（Dagognet [1964 → 1984]）、パストゥール（Louis Pasteur 一八二二―一八九五）の一見多様で状況拘束的な知的変遷を若い頃の結晶学的問題関心という縦糸によって一貫したものと捉えた『真実のパストゥール』（Dagognet［1994］）などは重要文献である。ダゴニェは合理主義的伝統をほとんど極端なまでに敷衍し、現代のフランス思想界のなかでも若干特殊な知的風景を描き出している。現象学や解釈学的伝統に対する執拗な攻撃のために、より伝統的な哲学的心性をもつ人々からは憎まれ、攻撃されている。実は、彼をもってエピステモロジーの正統的な継承者と規定するのは、若干危険である。なぜなら科学的概念の歴史的かつ哲学的な分析をこととするエピステモロジーには、ある種の絶妙なバランス感覚と慎重さが必要とされるのだが、ダゴニェは、なかば意識的に慎重な穏和さを放棄した過激な議論を行っているからだ。いずれにしろ、現時点では国内での彼の影響力はかなり大きなものになっている。

またダゴニェの次の世代でも、何人もの学者が育っている。その内、ほんの数人しかあげないのはしょせんは恣意性を免れないが、ここではあえて生化学史に特殊な貢献をもたらしたドゥブリュ（Claude Debru）の『蛋白質の精神』（Debru［1983］）、ダーウィニズムの史的展開を分析したゲイヨン（Jean Gayon）の『ダーウィニズムの生存競争』（Gayon［1998］）、現代神経学を扱ったデュポン（Jean-Claude Dupont）の『神経伝達物質の歴史』（Dupont［1999］）の三冊をあげておこう。そのいずれもが、詳細な検討に値する重要文献である。

総じて、確かに世界的に見れば少数派に転落しているとはいえ、エピステモロジーが今後、どのような成果をもたらし続けるのか、われわれは一定の注意を払っておく必要があるということだけは、どうやら間違いなさそうだ。

第二節　内分泌概念史の素描的俯瞰

さて、本稿では一般的で概括的な鳥瞰だけに終始することを避けるために、歴史的に見て重要な役割を果たしたふたつの生理学的概念に注目し、その成立とその後の展開について簡単な素描を与えてみよう。具体的に私が念頭においているのは、先にも名前をあげた生理学者ベルナールがそもそも言葉としては作り上げた内分泌（sécrétion interne）という概念と、その理論装置の背景を彩る内部環境（milieu intérieur）という概念である。もしベルナール自身を主題として取り上げるのなら、彼自身いろいろな業績を残した重要人物なので、また別の記載が必要になる。先のカンギレムも『科学史・科学哲学研究』（カンギレム［一九九一］）のなかにベルナールを論じるいくつかの論文を載せている。だがここでは内分泌に直接関連する最低限の話題だけに絞って論じることにする。なぜなら、概括的な鳥瞰だけでは、エピステモロジーがもつ面白さは理解しにくいだろうからだ。

内部環境

内分泌概念をより正確に理解するためには、その理論的遠景を骨格づけるもうひとつの概念に目配りをしておかねばならない。それは、やはりベルナールの生理学体系のなかで重要な位置を占める内部環境という概念である。まずそれから見てみよう。

ベルナールのことを分析する多くの論者が、ベルナールにとってのその概念がもつ重要性に着目している。そもそも環境(milieu)というフランス語は、一八世紀百科全書の「環境」という項目を引いてみればわかるように、物理的倍音をもつ概念だった。その項目には「環境とは、運動中の物体がそこを通り抜ける物質的な空間、またはより一般的にいって、ある物体が動いているいないに拘わらず、それがそのなかに置かれている当の物質的空間のことをさす。だからエーテルは天体がそのなかを動いている環境である。空気は、地表の物体がそのなかを動いている環境である。ガラスはその孔を光が通り抜けることができる以上、光にとって環境である」という表現が見られる。それは現代でいえば媒質という程度の意味だった。その言葉はコント(Auguste Comte 一七九八―一八五七)の膨大な仕事をへて、より特異的に生物的なものと関係するきっかけを与えられる。だがコント自身はまだその物理的含意から完全に身を引き離すことはできず、彼が一般環境理論のようなものを提示するときにも(『実証哲学講義』第四三講)、その環境の要因としてあげられているものは、重さ、大気圧、水圧、運動、熱、電気、化学元素などである。それらはすべて数量的取り扱いが可能なものであり、環境は生物学に固有な概念として自律しそうでいて、自律できていない。コントはほとんど生態学に肉薄する学問構想をもちながらも、その主唱者になることはついにできなかったのである。

さてコントのその仕事が行われたのが、大体一八三〇年代終盤から四〇年代初頭であることを考えると、それからわずか二十年そこそこで、ベルナールがこの内部環境概念を模索するようになっていたという展開の早さには、若干の驚きを覚える。ベルナールは大体一八五四年から五五年にかけて最初にこの概念の練り上げを開始していた。それは外側に広がる媒質としての物理学的倍音から、すぐれて有機的で生物学的な概念にその意味あいを移行させていた。そもそも「内部」という言葉と、外側の総体としての「環境」という言葉の合体自体が、同時代人にはある種のショックを与える目新しさをもっていたはずである。

もっともベルナール自身がこの言葉を用いている最初期の箇所を調査してみれば、内部環境という言葉で彼が意味していたものは、ほとんど血液に等しかったということがわかる。その用法は一八五〇年代半ばから六〇年代に至ってもなお、表面的には保持されたままに留まる。変化があるとしても、単に血液だけでなくリンパ液などの他の種類の体液も考慮に入れているという程度の違いがあるにすぎないように見える。だがその言葉が使われている前後の文脈をよく読み込んでみると、その十年ほどの間に、より微妙で本質的な概念内容の変化が起こっていたということに気づかされる。つまり最初期には単なる体液という程度の意味しかもたなかった内部環境が、徐々に自律的な保護壁のようなものとして把握し直されるようになるのだ。内部環境をもつおかげで、生物は、外部環境の直接的変化にもろに影響を受けるのではなく、内部環境というクッションのなかで一定の安定性を確保することができる。内部環境は生物の自律性を保証する緩衝装置のようなものとして考えられるようになる。生体の組織は外界と直接交渉しながら生きていくのではなく、外界から必要なものを取り入れ必要でないものは通過するにまかせる内部環境の濾過と緩衝によって間接的な交渉をして生きていく。生物は内部環境のおかげで自律的で安定的な生を勝ち取ることができる。そのような含意をもつものとして、徐々に把握し直されるようになるのである。

そしてこの概念は、ベルナールの最晩年にさらに一層の成熟を迎える。一八七六年に行なわれた講義、『動植物に共通する生命現象』第二講でベルナールは、化学的に不活性な状態をとる「潜在的生命」、外界の物質的条件に一定の影響を受ける「変動的生命」というふたつの生命形態をあげた後で、変動的生命よりも一層自律性と独立性の高い「定常的生命」の存在を喚起している。その定常性を保証するのは内部環境自体の定常性である。そう確認した後で彼は次のように続ける。

「環境の固定は、外部の変化が瞬間瞬間に補正され釣り合いが与えられるような具合に発展した、有機体の完成された状態を想定している。したがって高等動物の場合、外部世界と無関係であるどころか、反対にこれと密接な関係にあり、その平衡状態は最も鋭敏な天秤で測ったように、絶えず正確に補正されることの結果として与えられる」(ベルナール［一九八九］八〇頁)。

生命の自律性という着想が示唆しえた外界との断絶という意味あいは、ここで積極的に放棄される。そして、外界と必然的に関係を保ちながら、むしろ内界の恒常性を外界とのやり取りのなかで調整していくという考え方が提示されている。内部環境は自律性の源泉というよりは、平衡的調節機構として位置づけし直される。高等な生物、ベルナールが「定常的生命」と呼ぶ段階の生物においては、生物は恒常的システムを作っているが、その恒常性は静的なものではなく、外部の絶えざる変動を補塡し、補償して逆向きに変わることで恒常性を保つ内部なのだ。外界の気温が低いとき、生体は寒さを補塡するためのメカニズムを発動して体温を下げないようにする。この場合、生体の「自律性」は外界に無関心なものという意味ではなく、外界に反応し呼応しながら、なおかつ自己の内部の論理を貫徹するようなものとして表象される。この発想はその後、調節概念が成熟し、さらに生物をシステム論的に見るようになる過程で出現する、いわゆる「流動平衡論」を予兆するものだったと考えてよい。流動平衡論とは、排水溝が開いているにもかかわらず、同量の水が蛇口から注がれるために風呂桶の水面が一定に保たれるようなものとして生体システムの恒常性を理解する考え方のことである。

こうしてベルナールの経歴を通して、内部環境論は、単なる体液の言い換えから生物の自律性論へ、そして調節的な平衡装置へと、徐々にその含意を変えていった。その後この概念は、半透膜の発見や浸透圧の定義というほぼ同時代の業績を背景に、血液の浸透圧研究や、海産無脊椎動物の体液と海水との関係の研究などという問題系と次々に連繫していく。そしてそれはスターリング（Ernest Henry Starling 一八六六—一九二七）の『体液論』（一九〇八年）、ヘンダーソン（Lawrence Joseph Henderson 一八七八—一九四二）の『血液論』（一九二八年）などをへて、キャノン（Walter

Bradford Cannon 一八七一―一九四五）の『体の知恵』（キャノン［一九八一］）を生み出すまでに至る。キャノンはそのなかでホメオスタシスという概念を提示し、その史的淵源として内部環境概念を敬意をもって引用していた。キャノンには、それ以外にも、二〇世紀初頭におけるシェリントン（Charles Scott Sherrington 一八五七―一九五二）の広範な神経研究からくる交感神経系と副交感神経系との対立、さらには一九二二年に発見されたインスリンと、アドレナリンとの対立的関係などというような、拮抗概念一般に対してより馴染みやすい知的背景が用意されていたので、生体の調節機構一般についての、より完成度の高い概念錬磨をすることが可能だった。生体のシステム論は、これらの理論的地盤を基礎にして初めて構想可能になったのである。

ベルナールの内分泌

古代人は、大量の食事をとりながらもどんどん痩せていき、さかんに渇きを訴えるある種の人々にいぶかしげな眼差しを与えた。いつしかそれは、尿に大量の糖が流れ出すせいで栄養を十分に補給できない人々、まるでサイホンのように大切な滋養分をただ通過させてしまうだけの人々として捉えられるようになった。糖尿病患者のことである。ベルナールがコレージュ・ド・フランスで行なった最初の講義を印刷した『医学に応用された実験生理学講義』（Bernard［1855-56］）第一巻第二講にはこの糖尿病に関する簡単な史的通覧が見られる。いま、そのいくつかを紹介しよう。一八世紀終盤人々は、胃液は食べるものの種類によってその性質を変えると考えていた。たとえば肉を食べるときにはアルカリ性になり、植物を食べるときには酸性になるなどというように。その影響下でロッロ（J.Rollo）は糖尿病を胃の病気、つまり未消化の植物性物質をなんらかの原因で糖に変えるようになった胃の変性からくると考えた。だから彼は患者の食物から植物を追放し、肉と脂肪をとらせた。一八〇三年グードヴィル（Gueudeville）らは、この病気は腸の疾患であると考えた。腸液の変性のために乳糜は「窒素なし」で作られ、その結果、非動物性の糖分ができあがる。だから彼らは窒素を補塡するためにもっぱら動物性の食事を与えた。だが一八二五年ティーデマン（Friedrich Tiedemann 一七八一―一八六一）らは、澱粉が消化されると正常でも腸内に糖ができることを示した。だからそれ以降、腸内の糖が消化機能の変性からくると考えることはできなくなった。一八四四年ミアレ（Louis Mialhe 一八〇七―一八八六）は病気の住処を血のなかに置いた。患者の糖はアルカリがあれば壊れたので、彼は糖が血液中の適当なアルカリに壊されずに蓄積した結果、それが尿に放出されると考えた。だから彼はアルカリを処方した……。このようにいくつかの事例を述べた後で、ベルナールは主張する。これらの議論はすべて、有機体中の糖が常にそしてもっぱら澱粉つまり植物性の食事からくるということを想定している。だがそれこそが生理学的な間違いなのだ。われわれは、糖が有機体にとって偶発的原理にすぎないのではなく、それは常に体内にあり、食事の性質に関わらない特殊な機能によって作られるということを証明した。その糖生成機能は動物にも存在する。糖尿病は、重要なものとしてのその機能の、正常からの逸脱に他ならない。――こう述べて彼は、自らが一八四〇年代終盤から五〇年代前半には確認していた動物の肝臓による糖生成の文脈のなかで糖尿病を位置づけようとする。

そもそもこの講義の第一巻の主題はこの糖生成、それも動物の肝臓による糖生成をめぐる一連の事象を対象にしたものだ。正常な糖代謝とその逸脱について調べる過程で、ベルナールは思いがけず糖合成という現象に突き当たった。つまり彼は糖が分解される様子を調べようとして、糖が合成されるメカニズムを見いだした。後に彼自ら、この発見が実験構想を逆転する結論に導くものだったというのを懐かしそうに語っている。そして私がここで取り上げる内分泌(sécrétion interne)という概念は、この糖代謝問題という、より大きな問題系の副産物として作られたのである。

肝臓糖生成は彼の全業績のなかでも代表的な発見とされる。当時生物科学者の間では、植物が炭酸ガスと水などの単純な物質から複雑な糖を合成する総合的装置であるのに対して、動物は植物を食べて(または植物を食べた他の動物を食べて)生きていくだけの破壊的装置であるという二元論的理解が通念とされていた。またその考え方は、動物が栄養をとるとき、高度の滋養実体をそのまま直接的に吸収して身体成分の材料にしているという「直接栄養説」を支持することにもつながっていた。

肝臓糖生成の発見とその含意の吟味は、そのふたつを同時に破壊することを意味していた。つまり一方で、高等動物は自ら糖を合成するメカニズムを体内にもっているのだから動物を単なる破壊的装置として位置づけるのは単純だということを明らかにし、他方では動物が食物をとる際、動物はその化学成分をそのまま身体成分の構成に使うのではなく、一度分解した食物をその動物の生理に見合うように合成し直して、それから体成分の構成に供するという「間接栄養説」の登場を意味するものだった。ちなみに間接栄養説は、食事と生理的システムの保存というふたつの行為がほぼ同時になされるものではないという意味を含むものである以上、生体に一種の時間性を刻み込むということも意味していた。生体はいまこの瞬間を生き抜くために食べるのではなく、近未来も健康に生き続けるために食べる。生体にとって意味充実の様態は、なによりも遅延という形をとって現われるのである。

ただし仮にベルナールが内分泌という言葉を作ったというのが確かだとしても、それを現代の内分泌学が意味するような意味で理解しようとすると、人は間違いをおかすことになる。ベルナールの「内分泌」は、われわれが理解するような、甲状腺や副腎皮質などのそれではない。では彼はその言葉をどのように使っていたのだろうか。

その最も早い使用例は、やはり先の『医学に応用された実験生理学講義』（Bernard［1855-56］）第一巻第四講に見られる。それはあくまで肝臓糖生成現象の枠内で語られる。ベルナールは肝臓による糖生成ならびにその放出を、肝臓による胆汁の分泌になぞらえる。だから肝臓は少なくともふたつの機能をもつことになる。つまりそれは一方で胆汁を分泌し、もう一方で糖を分泌するのだ。彼は続ける、これまで人々は分泌器官についてとても間違った考え方をしてきた。彼らは、すべての分泌は内部のまたは外部の表面に注がれるべきで、しかもすべての分泌器官は分泌物を外にだす導管をもっていなければならないと考えていた。だが内分泌と呼ぶべき現象がある。私たちは肝臓によって明らかに内分泌に直面する。つまり分泌物が外部に注がれる代わりに、血液のなかに直接移されるような分泌のことである。彼はこう述べて、胆汁の「外分泌」(sécrétion externe) と対比させるのだ。彼はその後『一般生理学』(Bernard [1872→1965]) でも再びこの概念に触れている。そして外分泌にも内分泌にも、それぞれに多くの種類があるとしながら、一般的にいって内分泌は、組織学的要素の滋養現象のためにあつらえられた直接的原理を準備する、滋養的な分泌である。たとえばグリコーゲン、アルブミン、フィブリンなどがそうである、と述べている。

いまや明らかだろう。ベルナールは内分泌という「言葉」の父親ではあったが、内分泌という「概念」の父親ではなかったのである。それには、体内の情報伝達がどのように行なわれるのかということについての、彼なりの発想の限界もあった。ここは現代的意味での内分泌概念史を詳説する場所ではない。だが以下に最低限、その話題の回顧を行ない、その後であらためてベルナールの史的定位を試みることにしたい。

内分泌の言葉ではなく、その概念の黎明期はどのように築かれていったのだろうか。一八世紀には一度排泄されたら元に戻らない「排泄性体液」と、一度分泌器官から血液中に放出されても、吸収路によって再び血液に戻るか体構成部分に存続する「再帰性体液」の二種類が区別されていた。生気論でも名高いボルドゥ (Théophile de Bordeu 一七二二―一七七六) は『腺の位置とその作用に関する解剖学的研究』(一七五二年) のなかで、体中に散在するいくつかの腺に、それに固有な感受性と特殊な運動能力、さらには物質的錬磨の役割さえ与えたという。一九世紀初頭ルガロワ

(Julien Jean César Legallois 一七七〇―一八一四)は明確な導管をもたない腺として脾臓、胸腺、甲状腺、副腎などをあげ、それらに「血液腺管」という名前を与えた。だがベルナールの師マジャンディ(François Magendie 一七八三―一八五五)は『生理学要覧』第四版(一八三六年)のなかで腺に触れ、その時点でもなお、それらの腺のなかでいったい何が起きているのかはほとんどわからないと明言していた。

そしてその後でベルナールがくる。だが先にも述べたように彼の内分泌は内分泌概念ではなかった。肝臓糖生成に一応の決着をつけた後、彼は副腎や甲状腺にその目を向けてもよかったのではないか、とわれわれは考えたくもなるのだが、実際にはそうはならなかった。せっかく体内の糖代謝異常だろうと当たりをつけた糖尿病にしても、彼は膵臓の脂肪消化研究には長年取り組んできたにもかかわらず、その臓器と糖尿病とを結びつけることを思いつかなかった。そして糖尿病のことを、肝臓のある種の神経が過剰に作用することで大切な代謝物質を壊してしまう一種の神経疾患だと考えた。内分泌系と神経系という(きわめて現代的に見るのなら話は別だが)概略的には異なる情報伝達方式をとるシステムの違いについて、彼は想像することさえできなかった。解剖をすれば目前に顕わになる、いわば電話線のように体を行き交う神経系が、いかにも何かを伝達しているという心象を与えるものなのに対して、彼は体内を微小な化学分子の形で飛び交う重要な情報伝達系が存在するというのを予想できなかった。だからせっかく一八五〇年代半ばに内分泌という言葉を作ったにもかかわらず、ベルナールは、それから一九世紀末に至るまでの多くの内分泌研究にほとんど貢献することはなかった。

その後の内分泌概念の理解により直結する一連の研究群のなかで最も古いものは、実は一八五六年ブラウン＝セカール（Charles Édouard Brown-Séquard 一八一七―一八九四）によってすでに行なわれていた。彼は、皮膚が褐色の斑点をもつという特徴を呈する致命的な悪性貧血が副腎に起源をもつのではないかというアジソン（Thomas Addison 一七九五―一八六〇）の観察（一八五五年）に注意を引かれ、いくつかの動物種に対して部分的または全的な副腎剔出実験を行なったのである。その結果彼は副腎が極めて重要な器官であり、中枢神経との間に多くの影響関係をもつということを見いだした。しかし彼はその器官が化学的実体によって体内に必要な情報を与えるという発想に思い至ることはなく、副腎のなかに神経系を正常に作動させるための解毒器官を見て取った。そもそも内分泌された物質よりも、その物質をだした内分秘腺に着目するということは、その概念がもつはずの発見的機能を台無しにするものだった。なぜならそれは、化学物質の代わりにそれをだした腺に縛られるという意味で、解剖学的枠内に留まる考え方だったからだ。

ブラウン＝セカールは、その後三十年以上も経て（一八八九年）、今度は動物の睾丸からとったエキスを自らに注射して、そこに回春機能を認めることで一時期欧米を騒然とさせるという事件によって、再び内分泌問題に関わることになる。それは臓物療法という、医学史を彩る逸話となって記憶される。また内分泌概念史の視座から見るなら、その事件は、それによって初めて明確に腺ではなく腺がだす化学物質の方に事の本質が宿るのだということを人々に否応なく認識させたという意味で、画期的な事件だった。同じ頃グレイ（Emile Gley 一八五七―一九三〇）は、水で若干のばした甲状腺抽出液を静脈に注射することで、甲状腺を全剔出した際に引き起こされる痙攣を緩和することに成功した。それを受けてブラウン＝セカールは一八九二年副腎を剔出した動物に対して副腎抽出物が好ましい効果をもたらすことを示す。さらに翌九三年には健康な動物の血液が副腎を剔出した動物の死を遅らせることを示した。それは、内分泌の産物が血液中を循環していることを証明するものだった。

グレイはその後『内分泌に関する四つの講義』（一九二一年）のなかで、一八九一年にブラウン＝セカールが専門論文で書いていた次の文章を引用している。

「この特殊な可溶性の産物は血液中に入り込み、その液体の媒介を通して有機体の解剖学的要素の他の細胞に影響を与える。だから調和の多様な細胞は、神経系の作用とは異なるメカニズムによって互いに連合的にされるのである」（Gley［1921］p.32）。

ブラウン＝セカール自らが研究生活の大部分を捧げてきた神経系は、全能であることをやめたのだ。それは解剖学から化学へ、構造から機能へと生理学的眼差しの重点が移ったことを意味していた。それは神経系とは独立な、諸器官の相関を統べる能動的作用因という新たな概念の生成、つまりわれわれが理解するような意味での内分泌概念の真正なる誕生の瞬間だった。その後、人口に膾炙するホルモンという概念は一九〇五年に提唱されることになる。

なおブラウン＝セカールは、同時代に進行しつつあった細菌学の業績も、この新しい発想に力を与えるものだったと述べている。つまり細菌の産物は微小生物が作り出す化学成分がどれほど強力でありうるかを人間に知らしめた。それとのアナロジーによって、生きた細胞はそれがどの組織に帰属するにしても、なんらかの効力をもつ物質を分泌しているに違いないと推論することが可能になったというわけだ。そこにはいくぶんの勇み足があったといわねばならないが、いずれにしろその後この種の一般化がそれほど的外れではないということが、神経ペプチドやサイトカインの同定などによって沸き立つ体内情報伝達系研究によって間接的に証明されることになろう。

さてこのような史実を背景にして再びベルナールに目を向けてみよう。彼は体内情報伝達システムとしては何よりも神経系を念頭においており、それ以外のシステムが可能だという考えをもつことができなかった。彼には化学的メッセンジャーという概念がまったく欠けていた。だから彼は、体内になんらかの遠隔作用があるとしても、有機体の統合ではなくただ病理的解体の位相においてのみ、遠隔作用がありうると考えた。彼の内分泌概念は、生理学者としての彼が、いまだ十分生理学者ではなく、解剖学的発想に引きずられていたという逆説的事実をはからずも明らかにするものだったのである。

＊　＊　＊

以上、おもにベルナールの主要業績を念頭におきながら、そのなかでも内部環境と内分泌概念だけに絞って話を進めてきた。内部環境によって、外界の擾乱に対する微妙な調整機構としての内界が生理学的に確立された。そして内分泌概念は、ベルナール自身はともかく、その後の数十年の努力によって、思いがけない情報伝達機構が体内に存在するという重要な事実を白日の下にさらす。しかもその情報伝達機構は、分子的にみれば巨大な空間である体内を比較的小さな分子がごく微量だけ経巡ることで生体に合目的的な作用を果たすということを示すものだった。その事実は、十分驚嘆すべきものとして迎えられた。

ところが周知のようにここ数年、われわれは内分泌を巡るまた新たな問題状況に直面している。二〇世紀に入ってから大量に合成され環境に放出された化学物質のいくつかが、エストロゲンのように生体に作用し、生物の生殖機能に微妙な乱れを与えているという驚くべき事実が徐々に明らかにされつつある。いわゆる環境ホルモン問題である。ホルモンは極微量でも生体の重要な情報となるという、もともとあった事実が、環境に放出され多大の希釈をへた後でも、ある種の物質はホルモン様の作用をもたらすという事実として、予想もつかない文脈のなかで浮上してきたのである。しかも本来、内部環境の恒常性によって、生体滋養に関与しない物質は、排除ないしは無視されるはずだったのだが、人工的に合成した無数の化学物質が、本来生体が合成する物質群と分子的に類比的な構造や機能をもつという未曾有の事態によって、生物の論理や防備体制をすり抜けることを可能にしたのである。

「定常的生命」がもつ調節能力は、人工物質の世界の瀰漫によって侵食される。そして内と外との揺れを含むとはいえ大枠は安定していた境界線は重大な擾乱をこうむる。内分泌系の精妙な均衡が外界からの化学物質の侵襲によって混乱をきたす、という概念的な逆説は、内部環境と内分泌概念を通覧してきたわれわれにとって、一層皮肉な重大さを帯びているように思える。内部環境概念も、内分泌概念も、二〇世紀終盤に至りまた新たな段階に入ったといって過言ではなく、それが今後どのような履歴を辿ることになるのかを正確に透視できる人は、今のところ誰もいない。

第三節　結語

さて、内部環境と内分泌という生理学的な概念を巡るわれわれの史的素描も、これぐらいでその本質的論点は提示しえた、と考えておこう。

医学だけに限っても、まだいくらでもこの種の概念史的アプローチによって興味深い成果をあげることができるに違いない。特に比較解剖学、細菌学、免疫学、神経学などは着想や発見の宝庫であるような予感がする。またより広く生命科学一般ということになれば、形態学や分類学、ダーウィニズムなどを初めとする重要な話題がいくつも存在している。それらを扱うとき、別に概念史だけに限る必要はない。たとえば上記で扱った話題にしても、環境ホルモンが問題になるときには、当然ながらその背後の産業的状況が実質的背景として関与しているのは明らかなのだ。要は、対象を切り取る多様な位相があるとき、同時代の学問的流行や覇権争いなどに過度に呼応した即断によって、思考可能性の幅を狭めるようなことをすべきではないということである。社会構成主義や物質論分析などが盛んな時代にあって、概念史もまた、間違いなく一定の機能と意味をもっている。より成熟した生命科学論が構想されるとき、それは、エピステモロジーの問題構制を端的に排除するのではなく、その一部として自らの内部に組み込み、咀嚼しながら立ち上げられるものになっているはずである。

文献（邦文）

オルムステド、J・M・D・オルムステド、E・H［一九八七］黒島晨汎訳『クロード・ベルナール』文光堂（原著一九三四年）
金森修［一九九四］『フランス科学認識論の系譜』勁草書房
――［一九九六］『バシュラール』講談社
――［二〇〇〇］『サイエンス・ウォーズ』東京大学出版会
カンギレム、G［一九八七］『正常と病理』滝沢武久訳、法政大学出版局（原著一九六六年）
――［一九八八］『反射概念の形成』金森修訳、法政大学出版局（原著一九七七年）
――［一九九一］『科学史・科学哲学研究』金森修監訳、法政大学出版局（原著増補第五版一九八三年）
キャノン、W［一九八一］『からだの知恵』舘鄰・舘澄江訳、講談社（原著一九三二年）
コアレ、A［一九九九］野沢協訳『コスモスの崩壊―閉ざされた世界から無限の宇宙へ』白水社

（新装復刊）（原著一九五七年）
コイレ、A［一九八八］菅谷暁訳『ガリレオ研究』法政大学出版局（原著一九六六年）
ダゴニェ、F［一九九〇］『面・表面・界面』金森修・今野喜和人訳、法政大学出版局（原著一九八二年）
――［一九九二］『バイオエシックス』金森修・松浦俊輔訳、法政大学出版局（原著一九八八年）
バシュラール、G［一九七六］関根克彦訳『新しい科学的精神』中央公論社（原著一九三四年）
フーコー、M［一九六九］『臨床医学の誕生』神谷美恵子訳、みすず書房（原著一九六三年）
――［一九七五］『狂気の歴史―古典主義時代における』田村俶訳、新潮社（原著一九六一年）
ベルナール、C［一九三八→一九七〇］三浦岱栄訳『実験医学序説』岩波書店（岩波文庫）（原著一八六五年）
――［一九八九］「動植物に共通する生命現象」、長野敬監修『ベルナール』朝日出版社（原著一八七八―七九年）

文献（欧文）

Bernard, Claude [1855-56] *Leçons de physiologie appliquée à la médecine*, 2 vols., J.B.Baillière.
―― [1872→1965] *De la physiologie générale*, Paris, Hachette, rééd. Culture et civilisation.
―― [1947] *Principes de médecine expérimentale*, P.U.F.
Comte, Auguste [1838→1968] *Cours de philosophie positive*, tome 3. *Oeuvres d'Auguste Comte*, tome III, Anthropos.
Dagognet, François [1964→1984] *La raison et les remèdes*, P.U.F., 2 ed.

——— [1988] *La maîtrise du vivant,* Hachette.

——— [1994] *Pasteur sans la légende,* Synthélabo.

Debru, Claude [1983] *L'esprit des protéines,* Hermann.

Dupont, Jean-Claude [1999] *Histoire de la neurotransmission,* P.U.F.

Gayon, Jean [1998] *Darwinism's struggle for survival,* Cambridge U.P.

Gley, Emile [1921] *Quatre leçons sur les sécrétions internes,* J.B.Baillière.

Gremek, Mirko [1973] *Raisonnement expérimental et recherches toxicologiques chez Claude Bernard,* Droz.

Lesch, John E. [1984] *Science and Medicine in France, The emergence of experimental physiology,* Harvard U.P.

おわりに
――読書案内とともに

編　者

二〇世紀後半から、バイオの時代と言われ続けている。生命科学がわれわれの社会にもたらす影響も多大になっている。このような状況を踏まえて、生命科学がわれわれの社会に対してもつ影響を考究しようという志を抱く若い世代も増加しつつある。喜ばしい事態であろう。だが、そうした考究をする上で必要な生物学史・医学史の知識をまとまって簡便な形で得る手段は意外に少ない。本書の狙いは、こうした欠落を補うところにある。

もとより、必要十分な知識をここで提供しえてはいないことは自覚している。しかし、そうした知識を得るための十分なスプリング・ボードにはなりえているであろう。さらに生物学史・医学史に関する理解を深めていただければ幸いである。しかし、このように言い放つだけでは、不親切のそしりを免れないかもしれない。そこで、生物学史について、さらに理解を深めるために有用な著作を紹介しておきたい。

以下の読書案内は、二次文献（研究書）を中心にしてあるので、一次文献（原典）については基本的に掲載していない。また、専門家向け著作よりは、入門的な書籍を中心に選んである。一次文献、専門書に関する情報については、各二次文献・入門書から遡及されたい。現時点で入手の容易なものを選ぶように心がけだが、残念ながら、昨今の出版事情のご多分に漏れず、現在では購入不可能なものも多い。その場合は、図書館で参照していただけると幸いである。

著書名の次にある年号は初版出版年であり、邦語文献の場合、改訂版の出版年はその後の矢印で示してある。本書が一般向け読書案内であることを鑑み、邦訳文献には必ずしも原著情報をあげていない。邦訳文献において著者名の後にあげられているのは、邦訳出版年である。末尾には原著の出版年も記した。

各章末の引用・参考文献リストも活用していただけると幸いである。各章末の文献は、基本的に日本語で読めるもの、専門的なものよりは入門的な書籍を挙げる方針をとったが、必ずしもこの方針が満たされているとは限らないことはお詫びしておきたい。各章末の引用・参考文献で、読書案内においても紹介されているものは＊印を付しておいた。

日本語で読める生物学史の通史で、比較的入手しやすいものには、次のようなものがある。

中村禎里・溝口元［二〇〇一］『生物学の歴史』放送大学教育振興会（日本放送出版協会）

オーソドックスな通史でありながら、現代的な問題まで視野に入れている点が特徴。

シンガー、C・J［一九九九］『生物学の歴史』西村顕治訳、時空出版（原著一九三〇年）

生物学史・医学史の大家による、一九世紀末までの網羅的な歴史記述。

また、価値のある通史の著作として以下のようなものがあるが、残念なことに手に入りにくい。

中村禎里［一九七三→一九八三］『生物学の歴史』河出書房新社

八杉龍一［一九八四］『生物学の歴史（上）（下）』日本放送出版協会

筑波常治［一九九二］『生物学史』放送大学教育振興会（日本放送出版協会）

生物研究の領域で活躍した人物を通覧することで、生物学史に関する見通しが得られるのが、次の二冊である。

中村禎里［一九七四→二〇〇〇］『生物学を創った人々』日本放送出版協会→みすず書房

長野敬［一九八〇→二〇〇二］『生物学の旗手たち』朝日新聞社→講談社学術文庫

特徴的な著作として次のようなものがある。

ジャコブ、F［一九七七］『生命の論理』島原武・松井喜三訳、みすず書房（原著一九七〇年）

近代生物学史によい見通しを与えるくれる。

井上清恒［一九七八］『生物学史展望』内田老鶴圃

人物史および学説史としてはたいへん詳しく、何より現在も入手可能である。

木村陽二郎［一九九二］『原典による生命科学入門』講談社学術文庫

重要な一次文献に沿った歴史がわかる。

二〇世紀生命科学の歴史に対象を絞った著作としては次のものがある。いずれも入手しにくい。

アレン、G・E［一九八三］『20世紀の生命科学』（全二巻）長野敬・鈴木伝次・鈴木善次訳、サイエンス社（原著一九七五年）

包括的な二〇世紀生物学史の著作は貴重である。

中村禎里編［一九八二］『生物学（上）（下）』（20世紀自然科学史6・7）三省堂、

分野別に分けて二〇世紀の生物学史を論じている。シリーズ唯一の刊行。

現代生物学史については次のような著作がある。

オルビー、R・C［一九八二、九六］『二重らせんへの道（上）（下）』、道家達将ほか訳、紀伊國屋書店（原著一九七四年）

DNAの分子構造の発見等、生化学、生物物理学、分子生物学の歴史。

ラビノウ、P［一九九八］『PCRの誕生』渡辺政隆訳、みすず書房（原著一九九六年）
産業化された生命科学の一端を知ることができる。
ラトゥール、B［一九九九］『科学が作られているとき』川崎勝・高田紀代志訳、産業図書（原著一九八七年）
生命科学研究の現場の社会学的分析。

ナチュラル・ヒストリーに関しては、それぞれ角度の違う以下の著作が役に立つ。
上野益三［一九七三→一九八六］『日本博物学史』平凡社→［一九八九］講談社学術文庫
レペニース、W［一九九二］『自然誌の終焉』山村直資訳、法政大学出版局（原著一九七六年）
木村陽二郎［一九八三］『ナチュラリストの系譜 近代生物学の成立史』中公新書
松永俊男［一九九二］『博物学の欲望』講談社現代新書
西村三郎［一九九九］『文明の中の博物学（上）（下）』紀伊國屋書店

細胞説について
宮地祐司［一九九九］『生物と細胞』仮説社
基本的に仮説実験授業の授業書であるが、細胞学史に関する好著ともなっている。
ヒューズ、A［一九九九］『細胞学の歴史―生命科学を拓いた人びと』西村顕治訳、八坂書房

（原著一九五九年）

細胞説以後の細胞学の歴史に詳しい。

進化論史・進化学史

この分野は、豊富な文献があり、ここでは到底本格的な文献案内は望むべくもない。さしあたり手がかりとなる本をあげたが、それでもこれだけある。ピーター・ボウラーや八杉龍一・松永俊男・小川眞里子・横山輝雄・鵜浦裕・太田邦昌の諸氏が進化学史研究に造詣が深いので、これらの人々の書籍・論文を参照にするとよい。

ボウラー、P［一九八七］『進化思想の歴史（上）（下）』鈴木善次ほか訳、朝日新聞社（原著一九八四年）

日本語で読める最も概括的な進化思想史である。

八杉龍一［一九八九］『ダーウィンを読む』岩波書店

横山輝雄［一九九七］『生物学の歴史―進化論の形成と展開』放送大学教育振興会（日本放送出版協会）

ダーウィンに至る進化論の形成史を概観できる。八杉のものは古代以来の進化思想についても言及されている。

江上生子［一九八一］『ダーウィン』清水書院

デズモンド、A・ムーア、J［一九九九］『ダーウィン――世界を変えたナチュラリストの生涯』渡辺政隆訳、工作舎（原著一九八四年）
ボウラー、P［一九九七］『チャールズ・ダーウィン――生涯・学説・その影響』横山輝雄訳、朝日新聞社（原著一九九〇年）
トール、P［二〇〇一］『ダーウィン――進化の海を旅する』平山廉監修、南條郁子・藤丘樹実訳、創元社（原著二〇〇〇年）

以上の四冊は、ダーウィンその人に関する標準的知識を与えてくれ、ダーウィンがどのようにして進化論に至ったかを教えてくれる。デズモンドとムーアのものは大部であり、詳しい。

松永俊男［一九八八→二〇〇〇］『近代進化論の成り立ち』創元社

ダーウィン以降の進化論史を扱っている、数少ない文献の一つである。

右記は基本的には通史であるが、個別のテーマに絞ったものには以下がある。

松永俊男［一九八七］『ダーウィンをめぐる人々』朝日新聞社
――［一九九六］『ダーウィンの時代』名古屋大学出版会

前者は、ダーウィンに関係をもった人々に触れながら、ダーウィンの時代における進化論をめぐる状況を彷彿とさせる書物。後者は、ダーウィンの時代における科学と宗教の関係が論じられている。「はじめに」で言及したダーウィン学説と神学テーゼの関係が詳しく扱われている。

佐倉統［二〇〇二］『進化論という考え方』講談社現代新書

人工生命やミーム論の方面で有名な著者に映じた進化論史・進化学史が伺える。後者には進化心理学などの最新の動向が含まれている。

ボウラー、P［一九九二］『ダーウィン革命の神話』松永俊男訳、朝日新聞社（原著一九八八年）

――［一九九五］『進歩の発明―ヴィクトリア時代の歴史意識』岡嵜修訳、朝日新聞社（原著一九八九年）

前者は、ダーウィンの進化論をめぐる一つの神話、パラドックスが論じられている。後者は、進化論誕生当時の一般思想における進歩の概念が、進化の概念に照らしながら、論述されている。ともに良書である。

内井惣七［一九九六］『進化論と倫理』世界思想社

基本的には進化倫理の書籍であるが、進化論史の簡潔なまとめは有用であろう。

シュペーマン、R・レーブ、R［一九八七］『進化論の基盤を問う　目的論の歴史と復権』山脇直司・大橋容一郎・朝広謙次郎訳、東海大学出版会（原著一九八一年）

基本的には生物哲学の書であるが、目的論という一般思想から進化学説を照射している。

生命思想史については、以下の二冊が定番である。

スミス、C・U・M［一九八一］『生命観の歴史（上）（下）』八杉龍一訳、岩波書店（原著一九七六年）
ホール、T・S［一九九〇、一九九二］『生命と物質―生理学思想の歴史―（上）（下）』長野敬訳、平凡社（原著一九六九年）

より広い医学の歴史については以下を参照。
小川鼎三［一九六四］『医学の歴史』中公新書
酒井シヅ［二〇〇〇］『医学史への誘い――医療の原点から原点まで』診療新社
広範極まりない医学史を簡潔に小著にまとめあげている。この二冊は最初にヨーロッパ医学史通史の概観を得るための格好の書物である。
川喜田愛郎［一九七七］『近代医学の史的基盤（上）（下）』岩波書店
シンガー、C・J・アンダーウッド、E・A［一九八五、一九八六］『医学の歴史』（全四巻）酒井シズ・深瀬泰旦訳、朝倉書店（原著一九六二年）
アッカークネヒト、E・H［一九八三］『世界医療史――魔法医学から科学的医学へ』井上清恒・田中満智子訳、内田老鶴圃（原著一九五五年）
以上は本格的な医学史の通史である。川喜田［一九七七］は本文一二二六頁に及ぶ大著であり、本書から学ぶべきものは多い。

近代医学の誕生に関しては、次の各著作がそれぞれ詳しく、有用である。
フーコー、M［一九六九］『臨床医学の誕生』神谷美恵子訳、みすず書房（原著一九六三年）
アッカークネヒト、E・H［一九七八］『パリ病院　一七九四—一八四八』舘野之男訳、新思索社（原著一九六七年）
シンガー、C・J［一九八三］『解剖・生理学小史　近代医学のあけぼの』西村顯治・川名悦郎訳、白揚社

近年、研究が活発になってきた、植民地科学論のうち、生物学・医学にかかわる文献に次がある。
見市雅俊・斎藤修・脇村孝平・飯島渉編［二〇〇一］『疾病・開発・帝国医療—アジアにおける病気と医療の歴史学』東京大学出版会
飯島渉［二〇〇〇］『ペストと近代中国』研文出版
ドラポルト、E［一九九三］『黄熱の歴史——熱帯医学の誕生』池田和彦訳、みすず書房

生物学史・医学史研究に関心をもった方、文献情報をさらに得たい方は、日本科学史学会の生物学史分科会（http://www.ns.kogakuin.ac.jp/~ft12153/hisbio/）にアクセスして頂ければ幸いである。

本書はいろいろな人たちのおかげて成立したものである。特に、右記の読書案内の著者として名をあげさせていただいた方々をはじめとする、編著者達を育ててくれた、生物学史分科会および日

本科学史学会・日本医史学会の諸先輩方には、いくらお礼を言っても足りない。今度は私たちが育てる方に回りつつある。

確かに、生物学史・医学史の知識は現代の問題を考える上で必要である。だが、そもそも生物学史・医学史そのものも十分魅力的な探求分野である。かつてわれわれが右記の書物のいくつかに魅せられ、この分野に進んだように、本書が、生物学史・医学史の魅力を後進に伝え、意欲的な後進がさらに研究を進展させる契機になったとしたら、これに過ぎる喜びはない。

最後に、本書の出版・編集を引き受けて下さった、勁草書房および松野菜穂子さんに感謝の意を表したい。

編者一同

二〇〇二年　初夏

金森　修	遺伝子改造	四六判	三一五〇円
金森　修	自然主義の臨界	四六判	三一五〇円
金森　修	負の生命論　認識という名の罪	四六判	二六二五円
坂野　徹	帝国日本と人類学者　一八八四―一九五二年	A5判	五九八五円
森岡正博	生命学に何ができるか　脳死・フェミニズム・優生思想	四六判	三九九〇円
森岡正博	生命学への招待　バイオエシックスを超えて	四六判	二八三五円
立岩真也	私的所有論	A5判	六三〇〇円
大岡頼光	なぜ老人を介護するのか　スウェーデンと日本の家と死生観	四六判	二九四〇円
浅野智彦	自己への物語論的接近　家族療法から社会学へ	四六判	二九四〇円
上野千鶴子編	構築主義とは何か	四六判	二九四〇円
三井さよ	ケアの社会学　臨床現場との対話	四六判	二七三〇円
崎山治男	「心の時代」と自己　感情社会学の視座	A5判	四〇九五円

＊表示価格は二〇〇九年一一月現在。消費税は含まれております。

生命科学の近現代史

2002年10月20日　第1版第1刷発行
2009年11月5日　第1版第2刷発行

編　者　廣《ひろ》野《の》喜《よし》幸《ゆき》
市《いち》野《の》川《かわ》容《やす》孝《たか》
林《はやし》真《ま》理《こと》

発行者　井村寿人

発行所　株式会社　勁《けい》草《そう》書房

112-0005 東京都文京区水道2-1-1　振替 00150-2-175253
（編集）電話 03-3815-5277／FAX 03-3814-6968
（営業）電話 03-3814-6861／FAX 03-3814-6854
平文社・鈴木製本

ISBN978-4-326-15366-4　Printed in Japan

執筆者紹介

〈編著者〉

廣野喜幸

1960年生まれ

東京大学教養学部教養学科（科学史・科学哲学）卒業。東京大学大学院理学系研究科（相関理化学）博士課程修了。

現在、東京大学大学院総合文化研究科助教授。理学博士。専攻、科学史・科学論。

市野川容孝

1964年生まれ

東京大学文学部社会学科卒業。東京大学大学院社会学研究科博士課程単位取得退学。

現在、東京大学大学院総合文化研究科教授。専攻、社会学（医療社会学）。

林真理

1963年生まれ

東京大学教養学部教養学科（科学史・科学哲学）卒業。東京大学大学院理学系研究科（科学史・科学基礎論）博士課程単位取得退学。

現在、工学院大学工学部教授。専攻、科学史・科学論。

〈執筆者〉

小松真理子

1952年生まれ

お茶の水女子大学理学部物理学科卒業。東京大学大学院理学系研究科（科学史・科学基礎論）博士課程単位取得退学。

現在、帝京大学理工学部准教授。専攻、科学史・医学史。本名、鈴木真理子。

坂野徹

1961年生まれ

九州大学理学部生物学科卒業。東京大学大学院理学系研究科（科学史・科学基礎論）博士課程単位取得退学。

現在、日本大学経済学部准教授。学術博士。専攻、科学史・人類学史。

松原洋子

1958年生まれ

筑波大学第二学群生物学類卒業。東京大学大学院理学系研究科（科学史・科学基礎論）修士課程修了。お茶の水女子大学大学院人間文化研究科（人間発達学）博士課

程修了。
現在、立命館大学大学院先端総合学術研究科教授。専攻、科学史・科学論。

篠田真理子
1963年生まれ
横浜市立大学文理学部文科（西洋史）卒業。東京大学大学院総合文化研究科（科学史）博士課程単位取得退学。
現在、恵泉女学園大学人間社会学部准教授。専攻、科学史・環境思想史。

斎藤光
1956年生まれ
京都大学理学部生物系卒業。北海道大学大学院環境科学研究科修士課程修了。東京大学大学院理学系研究科（科学史・科学基礎論）修士課程修了。
現在、京都精華大学人文学部教員。専攻、科学史・科学論。

高橋さきの
1957年生まれ
東京大学農学部林学科（森林植物学）卒業。東京大学大学院農学系研究科（森林植物学）修士課程修了。
現在、工業所有権関連文書・科学書籍翻訳に従事。大学非常勤講師。専攻、科学史・科学技術論・ジェンダー論。

金森修
1954年生まれ
東京大学教養学部教養学科（フランス科）卒業。東京大学大学院人文科学研究科（比較文学比較文化）博士課程単位取得退学。
現在、東京大学大学院教育学研究科教授。専攻、科学論・科学史。

人名索引

原則的には、本文中に出てくる人物のうち、歴史上の人物と重要な歴史家を姓のアルファベット順に並べ、本文、注他の登場ページ数を示した。ただし、中世の人物については、必ずしも姓の順ではない。

A

アブール＝カーシム（Abū'l-Qāsim）→ Albucasis
アジソン（Thomas Addison, 1795-1860） 357
エギディウス・ロマヌス（Aegidius Romanus, 1243頃-1316） 154
アルベルトゥス・マグヌス（Albertus Magnus, 1200頃-1280） 124,148-150,154
アルブカシス（Albucasis, 936-1013） 130,135
アルドロヴァンディ（Ulysse Aldrovandi, 1522-1605） 124,150
アリー・イブン・アッバース（Alī ibn Abbās）→ Hally Abbas
アリー（Warder Clyde Allee, 1885-1955） 246
アッ＝ラージー（al-Rāzī）→ Rhazes
アリストテレス（Aristotelēs, 前384-前322） 5,9,37,47,60,61,64,65,124,126,130,131,144,145,147-150,152-155,162,163,274,279,280,305
アルナルドゥス・デ・ヴィラノーヴァ（Arnaldus de Villanova, 1240頃-1311） 134
アーノルド（David Arnold, 1946-） 257
アウグスティヌス（Augustinus, 354-430） 149,154,156
エイヴリー（Oswald Theodore Avery, 1877-1955） 18,19
アヴェロエス（Averroes, 1126-1198） 155
アヴィセンナ（Avicenna, 980-1037） 130,131,136,143,144,150,155

B

バシュラール（Gaston Bachelard, 1884-1962） 342
ベイコン（Roger Bacon, 1214-1292） 148,149
バリーヴィ（Giolgio Baglivi, 1668/9-1707） 62
ベーツスン（William Bateson, 1861-1926） 212
バイイ（Etienne Bailly, 1796-1837） 109,110
ボーアン（Caspar Bauhin, 1541-1613） 146,150,151
ベル（Alexander Graham Bell, 1847-1922） 211
ブロン（Pierre Belon, 1517-1564）

150,151
ベレンガリオ・ダ・カルピ（Berengario da Carpi, 1460頃-1530）　121,144
ベルグソン（Henri Bergson, 1859-1941）63,70,71,72
ベルナール（Claude Bernard, 1813-78）17,46,339,343,346-356,359,360
ベルタランフィ（Ludwig von Bertalanffy, 1901-1972）　70-72,74,88
ビシャ（Marie-François Xavier Bichat, 1771-1802）　48,73,86,87,95-100,103,117
ブロック（Marc Leopold Benjamin Bloch, 1886-1944）　256
ブルーメンバッハ（Johann Friedrich Blumenbach, 1752-1840）　62,67,181,182,192,193
ボアズ（Franz Boas, 1858-1942）　194
ボック（Hieronymus Bock, 1498-1554）150
ボダン（Jean Bodin, 1530-1586）　252
ボナヴェントゥラ（Bonaventura, 1221-1274）　153,154
ボルドゥ（Théophile de Bordeu, 1722-1776）　355
ボレリ（Giovanni Alfonso Borelli, 1608-1679）　53,62
ボウラー（Peter J. Bowler, 1944-）186,370
ボイヤー（Herbert Boyer, 1936-）　30
ブロカ（Pierre Paul Broca, 1824-1880）192
ブルセ（François Joseph Victor Broussais, 1772-1836）　343
ブラウン＝セカール（Charles Édouard Brown-Séquard, 1817-94）　357-359
ブルンフェルス（Otto Brunfels, 1488-1534）　150
ブルーノ（Giordano Bruno, 1548-1600）177
ビュフォン（Georges Louis Leclerc de Buffon, 1707-1788）　180,182,193,252
ピサのブルグンディオ（Burgundio of Pisa, 1110-1193）　130
バターフィールド（Herbert Butterfield, 1900-1979）　37-39,56,158

C

カナーノ（Giovan Battista Canano, 1515-1579）　144
カンギレム（Georges Canguilhem, 1904-1995）　ix,342-344,346
キャノン（Walter Bradford Cannon, 1871-1945）　350,351
カレル（Alexis Carrel, 1873-1944）49
カーソン（Rachel Carson, 1907-1964）247,259
ケラリウス（Christophorus Cellarius, 1638-1707）　38
ケルスス（Celsus, 前25頃-50頃）　144
チェレノフ　300
チャーチル（Winston Leonard Spencer Churchill, 1874-1965）　211
クラーゲット（Marshall Clagett, 1916-）127
クレメンツ（Frederick Clements, 1874-1945）　245,246
コーエン（Stanley Norman Cohen,

1922-)　30
コント（Auguste Comte, 1798-1857)　110-113,117,276,347
コンドルセ（Marie Jean Antoine Nicolas de Caritat, Marquis de Condorcet, 1743-1794)　118
コンラッド-マルチウス（Hedwig Conrad-Martius, 1888-1966)　202
コンスタンティヌス・アフリカヌス（Constantinus Africanus, 1015頃-1087)　129,130,157
コペルニクス（Nicolaus Copernicus, 1473-1543)　51,151
コルドゥス（Valerius Cordus, 1515-1544)　150
クリック（Francis Harry Compton Crick, 1916-)　18,19,122
クロムビー（Alistair Cameron Crombie, 1915-1996)　127
クロノン（William Cronon, 1954-)　253-255
クルーン（William Croone, 1633-1684)　62
キュヴィエ（Georges Léopold Chrétien Frédéric Dagobert Cuvier, 1769-1832)　22,73,100

D

ダゴニェ（François Dagognet, 1924-)　344,345
ダゲール（Louis Jacques Mande Daguerre, 1787-1851)　60
ダーウィン（Charles Robert Darwin, 1809-82)　iii iv xiii,13,22,43,77,185-188,200,208,211,213,215,233,244,259,283,286,287,288,298,370-372
レオナルド・ダーウィン（Leonard Darwin, 1850-1943)　211
ダヴェンポート（Charles Davenport, 1866-1944)　211,212,220
ドゥブリュ（Claude Debru)　345
デカルト（René Descartes, 1596-1650)　15,33,55,57-62,67,72,93,94,97,98,106,117,344
ディクステルホイス（Eduard Jan Dijksterhuis, 1900-1973)　158
ディオスコリデス(Dioscorides, 40頃-90頃)　132,134,143,146
ドリーシュ（Hans Adolf Eduard Driesch, 1867-1941)　63,69
デュ・ボア・レイモン（Emil Heinrich Du Bois-Reymond, 1818-1896)　62
デュエム（Pierre Maurice Marie Duhem, 1861-1916)　127
デュポン(Jean-Claude Dupont)　345
デュルケーム（Émile Durkheim, 1858-1917)　107-110,113,114,194

E

イーズリー（Brian Easlea)　160
エーリック（Paul Ehrlich, 1932-)　250
アインシュタイン（Albert Einstein, 1879-1955)　340
エリス（Henry Havelock Ellis, 1859-1939)　216,288,291,293,295-297
エルトン（Charles Sutherland Elton, 1900-1991)　246
エティエンヌ（Charles Estienne, 1504-

1564)　145
エウスタキオ (Bartolomeo Eustachio, 1520-1574)　145
エクスナー (Max Joseph Exner) 300,301

F

ファブリチオ (Fabricio＝Hieronymus Fabricius, 1537-1619)　145
ファロッピオ (Gabriele Falloppio, 1523-1562)　145
ファウスト＝スターリング (Anne Fausto-Sterling, 1944-)　313, 331,332
フェーヴル (Lucien Paul Victor Febvre, 1878-1956)　256
フェルネル (Jean François Fernel, 1497?-1558)　125,145
フィッシャー (Eugen Fischer, 1874-1967)　212
フレミング (Alexander Fleming, 1881-1955)　29
フォーブス (Stephen Alfred Forbes, 1844-1930)　247
フォレル (August-Henri Forel, 1848-1931)　211
フーコー (Michel Foucault, 1926-1984) ix,45,100,125,160,269,342
フラカストロ (Girolamo Fracastro, 1478-1553)　145
アッシジの聖フランチェスコ (Francesco di Assishi, 1181頃-1226)　233
フロイト (Sigmund Freud, 1856-1939) 293,297-299,303
フックス (Leonhart Fuchs, 1501-1566) 146,150,151
フラー (Richard Buckminster Fuller, 1895-1983)　248

G

ガレノス (Galēnos, 129-199)　39,47, 49,125,126,129,131,132,135-137, 144,145,152-156,161,162,305
ガル (Franz Joseph Gall, 1758-1828) 190,191
ゴールトン (Francis Galton, 1822-1911) 203,208,209,212,215,220
ガルヴァーニ (Luigi Galvani, 1737-1798)　62
ゲイヨン (Jean Gayon)　345
ゲデス (Patrick Geddes, 1854-1932) 287,295
ジョフロア・サン＝チレール (Étienne Geoffroy Saint-Hilaire, 1772-1844)　73
クレモナのゲラルド (Gerardo de Cremona, 1114頃-1187)　130
ゲスナー (Conrad Gessner, 1516-1565) 124,148,150
ギルバート (William Gilbert, 1544-1603)　151
グレイ (Emile Gley, 1857-1930)　358
ゴダード (Henry Herbert Goddard, 1866-1957)　217
ゲーテ (Johann Wolfgang von Goethe, 1749-1832)　244
グールド (Stephan Jay Gould, 1941-2002)　191
グリージンガー (Wilhelm Griesinger, 1817-1868)　104-106,117

グロステスト (Robert Grosseteste, 1175頃-1253)　148,149
グードヴィル (Gueudeville)　352
メールベクのギヨーム (Guillaume de Moerbeke, 1215頃-1286頃)　131
グーテンベルク (Johann Gutenberg, 1400頃-1468頃)　143
ギイ・ド・ショーリアック (Guy de Chauliac, 1300頃-1368)　135

H

ハッキング (Ian Hacking, 1936-)　112,113
ヘッケル (Ernst Häckel, 1834-1919)　242-245
ヘールズ (Stephen Hales, 1677-1761)　15
ハラー (Albrecht von Haller, 1708-1777)　62
ハラー (Mark H. Haller)　202
ハリー・アッバース (Hally Abbas, 930-994)　129
ハラウェイ (Donna Jeanne Haraway, 1944-)　313,314
ハーディン (Garrett Hardin, 1915-)　248
ハーヴィ (William Harvey, 1578-1657)　35,39,42-45,47,61,158
ハスキンス (Charles Homer Haskins, 1870-1937)　128
ヒース (Stepan Heath)　271
ヘーゲル (Georg Wilhelm Friedrich Hegel, 1770-1831)　73
ヘンダーソン (Lawrence Joseph Henderson, 1878-1942)　350
ヘルムホルツ (Hermann Ludwig Ferdinand von Hermholtz, 1821-1894)　16,62
ビンゲンのヒルデガルト (Hildegard von Bingen, 1098-1179)　134, 139,140
ヒポクラテス (Hippokratēs, 前460頃-前370)　49,126,130,132,135-137, 142,144,152,153,161,163,252,305
ヒルシュフェルト (Magnus Hirschfeld, 1868-1935)　293-295,297,300
ホッブズ (Thomas Hobbes, 1588-1679)　57
フック (Robert Hooke, 1635-1703)　62
ホプキンス (Frederick Gowland Hopkins, 1861-1947)　xi
フンボルト (Alexander von Humboldt, 1769-1859)　227,243,244,259, 265
フナイン・イブン・イスハーク (Hunayn ibn Ishāq)　→Johannitius
ハント (James Hunt, 1833-1869)　192
ハンチントン (Ellsworth Huntington, 1876-1947)　256,257

I

伊東俊太郎 (1930-)　127,128

J

イブン・アル・ジャザール (Ibn al Jazzār, 929-1009)　129
ジェンセン (Arthur R. Jensen, 1923-)

203
ヨハンニティウス（Johannitius, 808-873）　129,136,137
ジョンソン（Virginia E. Johnson）　302
ヨンストン（John Johnston, 1603-1673）　125

K

ケイムス卿（Lord Kames Henry Home, 1696-1782）　182
カンパー（Peter Kamper, 1722-1789）　189
カント（Immanuel Kant, 1724-1804）　55,69,73-77,80-87,252
ケラー（Evelyn Fox Keller, 1936-）　122
ケヴルズ（Daniel J. Kevles, 1939-）　206,207,219
キンゼイ（Alfred Charles Kinsey, 1894-1956）　300-301,303,304
コッホ（Robert Koch, 1843-1910）　24,49
コイレ（Alexandre Koyré, 1892-1964）　37,56,158,342
クラフト＝エビング（Richard von Krafft-Ebing, 1840-1902）　289,290,292,299,301,303
クーン（Thomas Kuhn, 1922-1996）　158,159

L

ラマルク（Jean-Baptiste de Lamarck, 1744-1829）　iii,11,22,215,244,276,278-281
ランフランコ（Lanfranco de Milan, 1240-1306）　135
ローリン（Harry H. Laughlin, 1880-1943）　217
ルガロワ（Julien Jean César Legallois, 1770-1814）　355
ライプニッツ（Gottfried Wilhelm Leibniz, 1646-1716）　73
レオナルド・ダ・ヴィンチ（Leonard da Vinci, 1452-1519）　144
レオポルド（Aldo Leopold, 1886-1948）　238-241,259,261
ルリッシュ（René Leriche, 1879-1955）　343
ル＝ロワ＝ラデュリ（Emmanuel Le Roy Ladurie, 1929-）　256,257
リービッヒ（Justus Freiherr von Liebig, 1803-1873）　16,23,73
リンネ（Carl von Linné, 1707-1778）　6,7,33,179,180,245
リスター（Joseph Lister, 1827-1912）　49
レーブ（Jacques Loeb, 1859-1924）　17,62
ロング（Crawford Williamson Long, 1815-1878）　49
ラドマラー（Kenneth M. Ludmerer）　203

M

マッケンジー（Donald MacKenzie）　203
マクリーン（Ian Maclean, 1945-）　155

マジャンディ（François Magendie, 1783-1855） 63,99,100,103,356
マイヤー（Anneliese Maier, 1905-1971） 127
マリノフスキー（Bronislaw Malinowski, 1884-1942） 169,194,297
マン（Gunter Mann） 205
マーシュ（George Perkins Marsh, 1801-1882） 252
マスターズ（William H. Masters, 1915-2001） 302
モース（Marcel Mauss, 1872-1950） 194
メイヨウ（John Mayow, 1643?-1679） 62
マイアー（Ernst Mayr, 1904-） v
マクラレン（Angus McLaren） 156
メンデル（Gregor Johann Mendel, 1822-1884） 23,212
マーチャント（Carolyn Merchant, 1936-） 160,236,238
ド・ラ・メトリ（Julien Offray de La Mettrie, 1709-1751） 62,67,68
ミアレ（Louis Mialhe, 1807-1886） 352
マイケル・スコット（Michael Scot 1195頃-1235頃活躍） 130
三好学（Miyoshi Manabu, 1861-1939） 245
モンディーノ（Mondino de' Liuzzi, 1275頃-1326） 135,144
マネー（John Money, 1921-） 302, 303
モンテスキュー（Charles de Secondat, baron de Montesquieu, 1689-1755） 252
モレル（Benedict Augustine Morel, 1809-1873） 185
モルガン（Lewis Henry Morgan, 1818-1881） 186
モーガン（Thomas Hunt Morgan, 1866-1945） 220
モートン（Samuel G. Morton, 1799-1851） 191,193
ミュラー（Johannes Peter Müller, 1801-58） 16,63
ミューア（John Muir, 1838-1914） 259,266

N

ネス（Arne Naess, 1912-） 238
ニーダム（Joseph Needham, 1900-1995） 153
ニュートン（Isaac Newton, 1642-1727） 10,51,159,340
ニッコロ・ダ・レッジョ（Niccolò da Reggio） 130
ダマスクスのニコラオス（Nicolaos of Damascus, 前1C） 147
ニエプス（Joseph Nicephore Niépce, 1765-1833） 60

O

オド（Odo de Meung, 11C後半活躍） 134
オダム（Eugene Pleasants Odum, 1913-2002） 248
オレイバシオス（Oreivasios von Pergamon, 4C） 132
オズボーン（Frederick Osborn, 1889-

1954)　219

P

パラケルスス（Philippus Aureolus Theophrastus Paracelsus, 1493/4-1541）　145,159,177
パレ（Ambroise Paré, 1510頃-90）　48,145
パストゥール（Louis Pasteur, 1822-95）　24,49,344,345
ピアソン（Karl Pearson, 1857-1936）　212
ペパー（David Pepper, 1940-）　234
ペリール（Edmond Perrier, 1844-1921）　211
ピンショー（Gifford Pinchot, 1865-1946）　238
プラトン（Platōn, 前427-前347）　149,213
プリニウス（Plinius, 23/24-79）　6,39,47,132,143,146
プレッツ（Alfred Ploetz, 1860-1940）　209-211
プロクター（Robert Procter）　205

Q

ケトレ（Lambert Adolphe Jacques Quetelet, 1796-1874）　112

R

ラッツェル（Friedrich Ratzel, 1844-1904）　255,256
レイ（John Ray, 1627頃-1705）　7,125
レツィウス（Anders Retzius, 1796-1860）　192
ラーゼス（Rhazes, 865-925）　130
リドル（John M. Riddle）　126,157
カール・リッター（Carl Ritter, 1779-1859）　255
ロゲルス（Rogerus）　→Ruggiero de Parma
ロキタンスキー（Carl von Rokitansky, 1804-1878）　49
ロッロ（J. Rollo）　352
ロマネス（George John Romanes, 1848-1894）　287
ロンドレ（Guillaume Rondelet, 1507-1566）　146,150,151
ローゼン（George Rosen, 1910-1977）　92
ルソー（Jean-Jacques Roussean, 1712-1778）　108
ルー（Wilhelm Roux, 1850-1924）　17
パルマのルッジェロ（Ruggiero de Parma, 1170頃活躍）　135,136
イブン・ルシュド（Ibn Rushd）　→Averroes

S

サイード（Edward Said, 1935-）　172,173
サン-シモン（Henri Saint-Simon, 1760-1825）　109,110
シャルマイヤー（Wilhelm Schallmayer, 1857-1919）　209,210
シャッツ（Albert Schatz, 1922-1973）　47
シェリング（Friedrich Wilhelm Joseph

Schelling, 1775-1854)　73
シッパーゲス（Heinrich Schipperges, 1918-)　131,133,137,139
ショーンライン（Johann Lukas Schönlein, 1793-1864)　103-105
シュライデン（Matthias Jacob Schleiden, 1804-1881)　12,43
シュレンク＝ノッツィング（Albert Phillbert Franz Schrenck-Notzing, 1862-1929)　293
シューマッハー（Ernst Friedrich Schumacher, 1911-1977)　248
シュヴァン（Theodor Ambrose Hubert Schwann, 1810-82)　12,14,43,73
ゼンメルバイス（Ignaz Philipp Semmelweis, 1818-1865)　49
シェルフォード（Victor Ernest Shelford, 1877-1968)　247
シェリントン（Charles Scott Sherrington, 1857-1952)　351
シヴァ（Vandana Shiva, 1952-)　160,250
ジンメル（Georg Simmel, 1858-1918)　108,109,114,115
シンプソン（James Young Simpson, 1811-1870)　49
イブン・シーナ（Ibn Sīnā）→ Avicenna
シライシ（Nancy G. Siraisi)　128
スペンサー（Herbert Spencer, 1820-1903)　187,213,276
シュプルツハイム（Johann Casper Spurzheim, 1776-1832)　190,191
シュタール（Georg Ernst Stahl, 1660-1734)　62,67
スターリング（Ernest Henry Starling, 1866-1927)　350
サムナー（James Batcheller Sumner, 1887-1955)　xi
スワロー（Ellen Swallow, 1842-1911)　259

T

タッデオ・アルデロッティ（Taddeo Alderotti, 1210頃-1295)　135
タンズリー（Arthur George Tansley, 1871-1955)　246,247
テムキン（Owsei Temkin, 1902-2002)　132
テオフラストス（Theophrastos, 前372-前287)　5,147
ティーデマン（Friedrich Tiedemann, 1781-1861)　352
トマス・アクィナス（Thomas Aquinas, 1225頃-1274)　148-150,153,154,162
トマス（Lewis Thomas, 1913-1993)　46
トムソン（John Arthur Thomson, 1861-1933)　287,295
ソロー（Henry David Thoreau, 1817-1862)　259,266
トレヴィラヌス（Gottfried Reinhold Treviranus, 1776-1837)　10-12,44,275
トロトゥーラ（Trotula, -1097)　134,140
タイラー（Sir Edward Burnett Tylor, 1832-1917)　186

U

ユクスキュル（Jakob Johann Baron von Uexküll, 1864-1944）　63
ウルリヒス（Karl Heinrich Ulrichs, 1825-1895）　289

V

ヴェサリウス（Andreas Vesalius, 1514-1564）　39,40,42-45,47,125,141,144
ヴィルヒョウ（Rudolf Ludwig Karl Virchow, 1821-1902）　24,25,86,91,101-104,108,114-116
フォークト（Karl Vogt, 1817-1895）　188
ヴォルテール（François Marie Arouet, dit Voltaire, 1694-1778）　182,183

W

ワックスマン（Selman Abraham Waksman, 1881-1973）　47
ウォレス（Alfred Russel Wallace, 1823-1913）　287
ワールブルグ（Otto Heinrich Warburg, 1883-1970）　xi,18
ワトソン（James Dewey Watson, 1928-）　18,19,122
ウェーバー（Max Weber, 1864-1920）　160
ヴァイスマン（August Friedrich Leopold Weismann, 1834-1914）　62,215
ワイス（Sheila Faith Weiss）　205
ヴェストファル（Karl Westphal, 1833-1890）　289,291
ホワイト（Gilbert White, 1720-1793）　258-260
ホワイトヘッド（Alfred North Whitehead, 1861-1947）　73
ウィリス（Thomas Willis, 1621-1675）　344
ウィルソン（Edward Osborne Wilson, 1929-）　203,250
ヴォルフ（Kasper Friedrich Wolff, 1733-1794）　62

Y

山本宣治（1889-1929）　301
柳田国男（1875-1962）　171
安田徳太郎（1898-1983）　301

Z

ツィルゼル（Edgar Zilsel, 1891-1944）　51

事項索引

「・・/・・」は斜線の前後の複数の表現があることを示す。(・・・)はカッコ内の表現が付随する意味での出現を意味する。日本語以外の術語がある場合や決まった表現の日本語訳の場合には、その原語を挙げた。

あ行

アカデミー・ド・シアンス (Academie de Science) 20
アナール学派 (l'ecole des Annales) 255,256
アニマ → 霊魂
アノミー的分業 113,114
アフリカ起源説 177
アーリア民族/人種 (至上主義) 192, 200,216
アルティケラ (Articella) 136,137, 145
医化学 (iatrochemistry) 145,344
医学小論集→アルティケラ
遺伝決定論 (genetic determinism) 203,216,219,221
遺伝子工学 (genetic engineering) 30,31
遺伝子プール (gene pool) 218,222, 223,235
移民制限法 204,217
医力学派 (iatromechanist) 62
入れこ説 (theory of emboitment) 152,153
インターナル・アプローチ → 内的アプローチ
ウィルダーネス (wilderness) 241, 261,321
エクスターナル・アプローチ→外的アプローチ
(環境主義における)エコ中心主義 234-235,237,238,241
エコフェミニズム (ecofeminism) 160,235
エコロジー (ecology) 230-232,235, 242,244,245,247,259 [「生態学」も参照]
SSK → 科学知識の社会学
STS → 科学技術社会学
エディンバラ学派 203
エピステモロジー (épistémologie) ix,x,340-342,344-346
エンテレヒー (entelechy) 69
オーガニゼーション/オルガニザチオーン → 有機構成
オリエンタリズム (orientalism) 172,173

か行

外的アプローチ (external approach) iii,v,vi,x,202,341
外的生命 (la vie externe) 96,97,117
科学革命 (Scientific Revolution) 37

-47,51,55-57,59,155,158,236,272,
305
科学技術社会学（science, technology and society, STS）　202
科学者集団の社会学　iv
科学知識の社会学（sociology of scientific knowledge, SSK）　iv,202,203
科学認識論→エピステモロジー
科学の社会史　iv
獲得形質の遺伝（inheritance of acquired character）　215
下級医療職　124,140-143,161,162
仮死（Scheintod）　95
カリカック家（Kallikak family）　217,218
カルチュラル・スタディーズ（cultural studies）　205,206
ガレニズム（Galenism）/ガレノス学説/ガレノス説　39,47,48,125,132,144,145,156
環境決定論（environmental determinism）　255,257
環境史（environmental history）　253,257
環境主義（environmentalism/ecologism）　228,230-235,240-243,257,265
環境ホルモン　360,361
環境問題　228,230,231,236,238,247,250,251,260,264
還元主義（reductionism）　13,33,67,68,70,72,73,86,240
顔面角（facial angle）　189,190
顔面角度計（goniometer）　191
機械論（mechanism）　iii iv viii,39,49,55-64,66-74,85,86,148,155,236,344
機械論哲学（mechanical philosophy）　55,57,162
擬似科学（pseudoscience）　191,200,205,220
逆淘汰（adverse selection）　214
共有地→コモンズ
キリスト教（Christianity）　vii,6,7,37,60,126,133,139,146-149,153,154,156,161,162,180,233
群落（vegetation）　245
形質人類学（physical anthropology）　168
形相（因）（eidos）　64-66,152
血液循環（論）（blood circulation）　35,39,61,158
血管縫合術　49
健康の園　133,146,160
原生自然 → ウィルダーネス
公害　228-231,235,264,310
構成的原理（das konstitutive Prinzip）　81,87
抗生物質（antibiotic）　29,46,49
後成説（epigenetic theory）　152-154
コールドスプリングハーバー研究所（Cold Spring Harbor Laboratory）　212,217
国民国家（nation state）　173
個体（individu/Individuum）　86,96,99-103,106-109,112-114,116[「不可分体」も参照]
固体病理学　49,161
骨相学（phrenology）　190,191
ゴニオメーター → 顔面角度計
コモンズ（commons）　232,248

コンタギオン → 接触感染
コンサベーショニスト（conservationist） 238

さ行

細胞（説）(cell/Zell) viii,12-14,43,281
細胞病理学（Zellularpathologie） 24,100
作用因 64-67,74,77,81,236
サレルノ（医学校） 123,124,129,134,135,140,141,161
産児制限（運動）（birth controll） 214,222
参与観察法 169
（自然の）産出力 153-155
ジェンダーアイデンティティ（gender identity） 303
システム論（system theory） vii,55,68-70,72-74,83,85,87,88,234,235,237,328,329,350,351
自然誌/自然史（natural history） x,11,33,36,44,47,122,123,125,126,128,132,143,146,150,160,231,245,258,259,266,271［「博物学」「ナチュラル・ヒストリー」も参照］
自然選択・自然淘汰（説）（natural selection） 13,77,78,186,208,210,213,214,244,283,284,285,287
自然の三界（three kingdoms of nature） 8,9,33,278
実体論（Ontologie） 103,104
質料（因）（hyle） 64-66,152,154
（自然の）支配 50,233,234,236
社会化（socialization） 20,23,26,27
社会科学（sociale Wissenschaft/social science） /社会学（Sociologie/sociology） 92,102,107-111,113,116-118,194,268,296,325
社会生物学（sociobiology） 203,312-314
社会ダーウィニズム（social Darwinism） 186,187,205,213
宗教改革（the Reformation） 37,38
修正優生学（reform eugenics） 207,219,220,222,223
修道院医学 123,126,131,132,134,160,161
雌雄二種説（two seed theory） 152,153
十二世紀ルネサンス 47,124,127-129,161
種子的理法（ratio seminalis） 154
瘴気（miasma） 139
消毒法（disinfection） 49
植物生物学（Pflanzenbiologie） 245
植物的生命 117
植民地（colony） 171-173,181,184,193,233,254
食物連鎖（food chain） 240,246
進化の発端（問題） 78,79
進化論（evolution theory） iii-v,xiii,13,14,43,78,174,178,185-188,200,234,235,242,257,258
人種衛生学（Rassenhygiene） 205,209-211
人種主義/人種差別（racism） 175,184,194,203,222
新生気論（neovitalism） 69
人民のための科学（science for the people, SFTP） 310

新優生学（new eugenics） 221-223
新ラマルク主義（neolamarckism） 215,216,219
頭蓋学（science of craniology）/頭蓋計測学 191,193
頭蓋指数（cranial index） 192
頭蓋測定器（craniometer） 191
性逸脱 283,288,290,292,299
生化学（biochemistry） xi,18,27,73,326,328,345
性科学（sexology） viii,267-269,271-274,282,283,288,290-300,303-305
性革命（sexual revoluiton） 204,269
精気（spiritus, pneuma） 147
生気論（vitalism） iii,55,56,62-64,67-74,85,86,99,344
性自認→ジェンダーアイデンティティ
生殖の自律性（reproductive autonomy） 223
性選択・性淘汰（sexural selection） 216,282-288,292
聖俗革命 40
生体 328-331,336
生態学（ecology） 122,227,231,234-236,238,240-243,245-251,258,259,264-266,319,321［「エコロジー」も参照］
生態系（ecosystem） 246,249,253,261,319,328
性倒錯 288,290,292
制度化（institutionalization） 2,3,20,26,27
生物医学（biomedicine） 28,46,49,122
生物学（の成立・誕生）（biology） 2,3,4,8,10-12,19,36,43,55,122,160,273,275,276,278,305
生物学決定論（biological determinism）/生物学的決定論 194,200,203,311,312,315,317,319,321,332
生物機械論 57,61
生物多様性（biodiversity/biological diversity） 249,250
生物物理学（biophysics） 18
生命固有の力/生命固有力 63,64,70,72,74
生命力（Lebenskraft） 12
生命論 54-56,86,87,147
セクソロジー → 性科学
接触感染（contagion） 139
遷移（succession） 246
先在説（preexistence theory） 153,154
前成説（preformation theory） 8,152,153
僧医 123,131
創発性（emergent property）/創発的特性（emergency） 68,70
促進的優生学（positive eugenics） 216
存在の連鎖（chain of being/scala naturae） 250,274,275,278,279

た行

ダーウィニズム（Darwinism）/ダーウィン主義/ダーウィン説 185-188,213,215,257,345,361
第一科学革命 38-45,47,51
体液学説（theory of the humours）/体液病理医学/体液病理学 49,133,

134,137,161
退化（論）（degeneration）　180,182,185,214［「変質」も参照］
体制化　20
（人種の）多起源（説）（polygenism）　177,178,182-184,187-189,192
第二科学革命　38,40-42,45
多地域進化説　177,188
（人種の）単起源（説）（monogenism）　177,178,180,182-184,187-189
断種法　217,218
男性狩猟者（仮説）（man the hunter）　314
超有機体（論）（superorganism）　246
ディープ・エコロジー（deep ecology）/ディープ・エコロジスト　235,238
定常的生命（349,350）
（環境主義における）テクノ中心主義　234-238,241
テレオノミー（teleonomy）　81
テレオロジー → 目的論
同性愛（homosexuality）　288-291,293-295,297,300,304
統制的原理（das regulative Prinzip）　81,87
動物機械論　15,59
動物寓意物語（bestiary）　125,147
動物的生命（la vie animale）　96,97,117
土地倫理（landethics）/土地の倫理　238,239
特許（制度）（patent）　327
奴隷（制度）（slave）　184

な行

内的アプローチ（internal approach）　ii,iii,v,vi,x,202,341
内的生命　95,96,117
内部環境（milieu intérieur）　346-351,359-361
内分泌（sécrétion interne）　17,346,351,353-361
ナチュラルヒストリー（natural history）　5-10,12,21,22,33［「自然誌/自然史」「博物学」参照］
（デカルト的/心身）二元論（dualism）　58,93,94,97,98,106,107,117
日本人（の起源問題）174
脳死（brain death）　93-95,97,98,117
二命名法（binominal nomenclature）　180

は行

ハーディーワインバーグの法則（Hardy-Weinberg's law）　218
博物学（natural history）　iv,11,26,33,36,44,100,122,123,125,128,162,171,179-181,243,259,266,276,277［「自然誌・自然史」も参照］
発見法（heuristics）　81
発生機構学（Entwicklungsmechanik）　17
発生（の問題）151-155,277,279,280,305
パリ学派　45,48,73,86,103
パンゲネシス（pangenesis）　152,153
汎自然主義/パンピュシズム（panpsism）　148

反射（概念）（reflex）　343,344
微生物学（bacteriology）　24,49
ヒトゲノム（human genome）　50,201,207,221,222
ヒューリスティック → 発見法
フェミニズム（feminism）　ix,159,160,205,206,230,308-314,316,317,325,331-333,336
フォーメーション　245
不可分体（individu/Individuum）　85,86,100,103,106-108,112-114,116［「個体」も参照］
プシュケー→霊魂
プネウマ→精気
フュシオログス（physiologus）　6,147
変質（degeneration）　185,214,215［「退化」も参照］
本草（学）　123,124

ま行

麻酔法（anesthesia）　49
ミアズマ→瘴気
民俗学　170,171
民族学（ethnology）　169-171,192,283,296
メンデリズム（Mendelism）/メンデル遺伝学　194,212,215,220
目的因　64,66,67,74,76-79,81,236
目的論（teleology）　62,70,71,72,76,77,81-83,86

や行

雄一種説（one seed theory）　152,153
有機構成（organization）　11,74,83-87
有機体（論）　viii,70,72,73,237
有機的生命（la vie organique）　96-98,117
優生学（eugenics）　viii,24,185,200-223
有性生殖（la generation sexuelle）　280
要素還元一分析主義　66,71,72
抑制的優生学（negative eugenics）　216

ら行

理髪外科　39,141
臨床医学（派）（clinical medicine）　25,45,48,49,122,128,160［「パリ学派」も参照］
ルネサンス（Renaissance）　37,38,56,126,143,150,162［「十二世紀ルネサンス」も参照］
霊魂（anima, psyche）　123,124,147,148,154,236
霊長類（Primate）　179,313-315,331
連関体としての生物　277
ロイヤル・ソサエティー（Royal Society）　20
ロマン主義（romanticism）　235
ロマン派医学（romantic medicine）　103,104,106